网络信息传播 与 青少年心理发展

李志专 著

应急管理出版社

·北京·

图书在版编目（CIP）数据

网络信息传播与青少年心理发展/李志专著 . – – 北
京：应急管理出版社，2020
ISBN 978 – 7 – 5020 – 8331 – 1

Ⅰ.①网… Ⅱ.①李… Ⅲ.①网络传播—影响—青少
年—心理健康—研究 Ⅳ.①B844.2

中国版本图书馆 CIP 数据核字（2020）第 186370 号

网络信息传播与青少年心理发展

著 者	李志专
责任编辑	陈棣芳
封面设计	优盛文化

出版发行	应急管理出版社（北京市朝阳区芍药居 35 号 100029）
电 话	010 – 84657898（总编室） 010 – 84657880（读者服务部）
网 址	www. cciph. com. cn
印 刷	定州启航印刷有限公司
经 销	全国新华书店

开 本	710mm×1000mm$^1/_{16}$ 印张 17 字数 300 千字
版 次	2020 年 9 月第 1 版 2020 年 9 月第 1 次印刷
社内编号	20193302 定价 68.00 元

教育部人文社会科学研究青年基金项目（编号：19YJC190011）

安徽省省级教学研究重点项目（编号：2019jyxm0267）

随着网络信息技术的飞速发展，互联网普及程度越来越高，网络信息传播在人们的生活中扮演着越来越重要的角色，并对人们的思想和行为产生了潜移默化的影响。作为互联网用户中最庞大、最活跃的群体，青少年正处于人生观、世界观和价值观形成的关键期，网络中的海量信息一方面为其身心健康发展提供了无限可能；另一方面，由于对鱼龙混杂的互联网信息尚缺乏较强的辨识能力，青少年极易受到不良信息的侵蚀，为身心健康发展埋下了隐患。未来世界竞争，乃是青年素质的竞争。习近平总书记在党的十九大报告中曾提到"青年兴则国家兴，青年强则国家强""中华民族伟大复兴的中国梦终将在一代代青年的接力奋斗中变为现实"。可见，青少年对一个国家，对一个民族未来发展的重要性。本书从网络信息传播入手，系统探讨了其对青少年心理发展的影响，并尝试性地提出了相应的应对策略与实现路径，以期能为网络信息传播背景下青少年健康心理的促进与维护工作提供些许启发。

本书内容共九章。

第一章为心理发展，从心理发展的概念和内涵入手，对心理发展的理论进行了系统的梳理，同时对心理发展的影响因素以及青少年心理发展的特点进行了详细解读。

第二章为网络信息传播，主要对网络信息传播的概念、发展历程、表现形式以及网络传播的特点进行了详细分析，并系统梳理了网络信息传播相关理论，初步探讨了网络信息传播中的心理过程。

第三章为网络信息传播与青少年心理健康，从青少年网络心理健康的概念和内涵入手，具体分析了网络信息传播与青少年认知改变、人格发展、社会化、压力应对、情绪情感的关系，对网络信息传播背景下青少年的心理健康提升与干预路径进行了较为系统的论述。

第四章为网络信息传播与青少年道德失范，从青少年网络道德心理与网络道德失范及其表现入手，以青少年网络犯罪为重点对青少年网络道德失范行为进行了系统论述，并在此基础上深入讨论了网络信息传播背景下青少年网络道德教育的主要内容、存在的主要问题、应遵循的基本原则，以及具体解决路径。

第五章为网络信息传播与青少年道德情感，在第四章的基础上，进一步以青少年道德情感为切入口，重点对网络信息传播时代青少年的爱国感、社会正义感、责任感、奉献感、诚信感等道德情感及其培育进行了深入探讨。

第六章为网络信息传播与青少年成瘾行为，在系统介绍成瘾行为的概念、类型、形成机制及预防干预策略基础上，进一步对青少年网络成瘾、色情成瘾展开了更为深入、详细的解读和分析。

第七章为网络信息传播与青少年人际关系，在阐明青少年网络人际关系与人际交往内涵、特点和影响因素的基础上，对网络信息传播背景下青少年的同伴关系、亲子关系、师生关系、亲密关系进行了详细的论述，提出了网络信息传播背景下青少年人际关系的发展策略与路径。

第八章为网络信息传播与青少年职业生涯发展，在明确职业生涯内涵、系统梳理生涯发展经典理论基础上，讨论了网络信息传播背景下青少年职业生涯发展的特点及存在的问题，提出了网络信息传播背景下青少年生涯发展教育的若干应对策略。

第九章为青少年心理发展视角下网络信息传播监控与引导，从网络舆论形成机制与规范引导入手，对网络意见领袖及其网络舆论引导作用、网络集群心理机制及其疏解、网络媒介素养及其培育、网络文化安全管理等问题进行了详细论述，以期能为网络信息传播背景下青少年心理的健康发展提供有益启发。

本书是教育部人文社会科学研究青年基金项目"网络非正义信息对大学生社会正义感影响的心理机制及应对策略研究"（项目编号：19YJC190011）以及安徽省省级教学研究重点项目"网络思政视域下大学生社会正义感的情感涵育研究"（项目编号：2019jyxm0267）的阶段性研究成果。写作过程中，我们借鉴了相关领域专家、学者的大量研究成果，在此向他们的杰出工作表示诚挚的敬意！我的学生王培培、刘丽娟、王潇晗和李子豪在成书过程中做了大量的资料搜集和文字编辑、校对工作，在此也向他们表示衷心的感谢！

由于作者水平所限，虽经反复校阅，书中错漏之处仍在所难免，敬请学界同仁和广大读者批评指正。

李志专

2020 年 5 月于阜阳师范大学

目录
Contents

第一章　心理发展

第一节　何为心理发展

如果把生命比喻成一个奇迹，人类的成长与发展则是这个奇迹中最神奇的部分。人的一生要经过婴儿期、幼儿期、少年期、青年期、成年期、老年期等各个阶段，在这一过程中，人类的心理要经历各种变化，完成从量到质的改变。

一、心理发展与发展心理学

人的发展既包括生理发展，也包括心理发展。生理发展包括人的身高、体重的变化、全身功能的增强以及各个器官的发展。而心理发展有广义和狭义之分。广义的心理发展包括心理的种系发展、种族发展以及个体心理发展；而狭义的心理发展则专指个体的心理发展。本书所涉及的心理发展主要指狭义的心理发展，是指个体从受精卵开始，到出生、成熟、衰老直至死亡的整个生命进程中所发生的一系列心理变化，其中既包括积极的、进步的状态和变化，也包括消极的、衰退的状态和变化，具体主要体现在认知发展、个性发展和社会性发展三个方面。其中，认知发展包括感觉、知觉、记忆、想象、思维、言语、问题解决等的发展；个性发展包括情绪、需要、动机、信念、理想、兴趣、能力、性格等方面的发展；社会性发展则概括人际交往技能、社会角色变化、社会适应等方面的发展。

对个体发展而言，生理与心理发展相互依存，缺一不可，关系十分密切，主要表现在两个方面。首先，生理发展是心理发展的基础。健全的生理基础是健康心理的必备条件。一般来说，个体生理缺陷往往会导致自卑心理，而长期身患疾病的人，多脾气暴躁、不近人情。此外，生理发展与心理发展还具有同步性的特点。例如，婴幼儿时期、青春期是人的生理迅速发育期，而这两个时期也是人心理上的迅速成长期。老年时期，人的生理机能出现衰退，与此同时，人的心理发展也呈现出衰退的情况。由此可见，个体的心理发展在一定程度上依赖于生理发展。人的心理发展对于生理发展的依赖还表现在，在婴幼儿时期，有些能力在某个时期特别容易形成，而一旦错过这一时期，其形成就变得比较困难。例如，儿童的口头言语学习能力。其次，心理发展对生理发展也会产生一定的影响。例如，积极的情绪对人的生理发展产生积极的影响，而消极的情绪则会加速人体生理机能的衰退。

研究心理发展的学科即为发展心理学，它是研究人类生命周期中个体生理、心理和社会性发展变化的一门学科，以个体心理发展为核心内容，主要包括以下四个方面：

（1）对人类一生的心理发展过程中各阶段特征的研究。心理发展的研究是分年龄段展开的，包括对婴儿期、幼儿期、少年期、青年期、成年期和老年期的发展过程和特征研究，其中儿童青少年的心理发展是发展心理学研究的主干部分，但近年来随着老龄化趋势在全球范围内加快，老年期的研究也逐渐增多（林崇德，2019），体现为狭义的儿童发展心理学向毕生发展心理学迈进。

（2）对各种心理机能发展过程的研究。个体发展中的感知觉、语言、思维、情绪等基本心理机能的发展是发展心理学研究的主要内容，对心理学的应用与实践有重要的指导意义。比如，6～12岁的儿童对语言的掌握更加流利，家长和教师应抓住这个快速发展期促进儿童的语言能力提高。

（3）对心理发展内在机制的研究与探讨。对内在机制的探讨也就是对心理发展发生特定变化的过程的探讨，如角色引导机制、社会比较机制。随着研究的深入，心理发展的内在机制研究成为当前发展心理学的前沿课题。

（4）对心理发展基本原理的研究。对于心理发展的基本原理，各大学派都提出了自己的观点，比如弗洛伊德的精神分析论、皮亚杰的相互作用论、维果斯基的社会文化理论等。但可以归结为对以下四个问题的探讨：人的心理行为是先天的还是后天的，人对待环境是主动的还是被动的，人的心理发展是分阶段的还是连续的，发展的终点是开放的（发展变化能持续下去）还是有最终目标的（林崇德，1994）。

二、心理发展的阶段

心理发展是一个持续不断的过程，个体从出生到死亡，心理一直处于不断变化之中。而这一发展历程中的发展速度不均衡，不同时期的心理特点区别也很大，因此，心理学家可以依据不同的标准对心理发展阶段进行明确的划分。例如，埃里克森以社会心理危机为标准将心理发展划分为八个阶段。皮亚杰以智力或思维水平为标准，将儿童心理发展分为四个时期。国内学者（王春阳等，2017）则按照个体在同一时期内所具有的共同的心理特点和主导活动将个体的心理发展划分为以下八个阶段。

第一阶段，乳儿期（0～1岁）。这一时期是个体心理的起始阶段，包括从出生到满28天的新生儿时期。

第二阶段，婴儿期（1～3岁）。这一时期个体心理发展速度最快，无论是在生理还是心理的各个方面，都有明显的发展，尤其是在动作和言语方面，发展十分迅速。3岁时，婴儿已经学会基本的跑、跳动作，并能使用语言进行简单的交流，表达自己的需求。

第三阶段，幼儿期（3～6岁）.这一时期，儿童的活动形式主要为游戏，即通过游戏对成人世界进行模仿或想象。在游戏中，儿童边玩、边说、边思考，因此，在游戏过程中，儿童的语言、动作、思维能力得到了全面的锻炼与发展，逐渐从直观行动思维向具体形象思维转变。

第四阶段，童年期（6～11、12岁）。这一时期，儿童正式进入学校学习，在学习过程中，儿童要学习如何思考和记忆，因此，学习促进了儿童抽象逻辑思维能力的发展。与此同时，班级的学习形式，以及与同学之间的交际也促进了儿童群体意识的形成。这些都对儿童的心理产生了重要影响。

第五阶段，少年期（11、12～14、15岁）。这一时期是个体生理与心理发展的矛盾期。这一时期个体的身高、体形以及性发育成熟导致个体的生理发展趋向成熟，从外观上来看，这一时期的个体与童年期有明显差异。然而，与生理发展相比，这一时期个体心理发展却相对落后，呈现出明显的不协调性。具体表现在两个方面：一方面，个体外观上更接近于成年，出现了"成人意识"，并且掌握了一定量的系统知识；另一方面，个体在行动上还流露出些许稚气，看问题也较为片面，辨别是非的能力以及自我控制能力较弱。

第六阶段，青年期（14、15～25岁）。这一时期个体心理发展趋于成熟，是个体人生观、价值观、世界观形成的时期。个体生理发展成熟，与此同时，随着知识水平的提升，认知能力的发展以及自我意识趋向成熟，个体充满了对未来的憧憬和对生活的热爱。因此，青年期也是一生中最富有活力和朝气的时期。然而，这一时期的个体心理发展还未完全成熟，因此容易因高估自己而遭遇挫折，而在遭遇挫折后又容易出现低估自己的错误判断。

第七阶段，成年期（25～65 岁）。这一时期个体心理发展成熟，进入了相对稳定时期。成年期是个体一生中最长的一个时期，也是最具有责任感的一个时期。具体来说，这一时期还可细分为成年前期、成年后期。成年前期，个体心理还保留着许多青年时期的特点，例如，充满活力，擅长学习，富有进取精神等。但从心理发展上来看，这一时期较青年时期更加成熟。成年后期，随着个体的事业和生活方式逐渐稳定，社交圈子也相对固定，个体的心理也呈现出安于现状的特点。然而，这一时期，也是个体心理压力最大的时期。一方面，个体倾向于保持现状；另一方面，家庭和社会压力又使其难以安于现状。在这种压力面前，个体心理也呈现出明显的差异性，有的人愿意承担艰辛工作来直面压力，以图变革；而有的人则以降低生活标准来达到心理平衡。

第八阶段，老年期（65 岁以后）。这一时期，个体从家庭中的"强者"变成"弱者"，对于家庭与社会不再起支配作用，而欢度晚年成为这一时期的主要内容。老年期是个体生理和心理的衰退期。在生理上，面临着器官衰落、各种疾病的侵袭，人体各方面机能下降明显。在心理上则面临着意志衰退、注意力减退、知觉退化、记忆力和想象力衰退等问题，由此导致个体心理的微妙变化。

三、个体心理发展的主要特征

综观上述个体从出生到死亡的整个过程，个体的心理发展主要呈现出以下四个特征。

（一）阶段性和连续性

心理发展具有变化性，这一点毋庸置疑，然而关于心理发展是连续不断变化的，还是分阶段变化的，当前各个学者所持的看法不一。目前主要存在着三种观点：其一，心理发展是连续且渐进的，而且这种连续性的变化只体现在数量上；其二，心理发展是阶段性的且具有间断性特征；其三，心理发展是连续性和阶段性并存的。本书倾向于第三种观点。心理发展是一个从量变到质变的过程，当具有某种特征的量变积累到一定程度后，就会呈现出质变，因此心理发展表现出阶段性的特征。以言语发展为例，婴幼儿从无意义的发音到模仿发音，再到有意识地使用言语表达情绪或需求即是一种从量变到质变的过程。与此同时，前一个阶段的特征是孕育下一个阶段特征的基础，体现出心理发展的连续性。以个体的独立性发展为例。个体婴幼儿时期，认为世界是以自己为中心的。两三岁时，幼儿开始产生了"我"的概念，开始将"我"与其他人区分开来，并能够清晰地表达"我的玩具""我的事情"等，表明幼儿的独立意识开始萌芽；进入学校后，儿童开始承担社会赋予他的责任，个体独立性开始增强；青春期到来后，个体的独立意识显著增强，他们强烈地想摆脱家长及教师的管束，追求成为独立的个体；成年时期，个体的独立性完成。由此可见，追求个体独立性的过程是一个连续的、不间断的过程，而与此同时，也呈现出明显的阶段性特点。因此，心理发展具有阶段性和连续性相统一的特征。

（二）定向性和顺序性

个体的心理发展是按照一定的顺序由低级向高级发展的，这种方向和顺序是不可逆的。例如，个体的思维发展，是由最初的直观、表象的思维向抽象的逻辑思维发展；个体的心理机能的发展也按从上到下，从中心到边缘的顺序进行。早期个体的心理发展是后期心理发展的基础，因此，个体婴幼儿时期的性格、气质、生活习惯等对个体成年后的心理发展有较大影响。不同时期，不同个体的发展速度是存在差异的，但大体的发展顺序是相仿的，也是不可逾越的。

（三）发展的不平衡性

不平衡性主要体现在个体的发展速度、达到某一水平的时间、最终达到的高度等方面，在不同的发展阶段和不同方面呈现出多样的发展态势。一方面，个体心理发展的速度在不同阶段有着较明显的不平衡性。在不同阶段，发展的速率差别较大。从发展的总体情况来看，整个发展的速度不是等速的而是呈波浪式发展。具体而言，首个加速发展期在幼儿前期，接下来是平稳发展期——童年期；紧接着是第二个加速发展期——青春期，之后为成年的平稳发展期，最后为老年的下降期。另一方面，个体内部各组织系统、机能特性的发展不尽相同。神经系统和生殖系统的发展尤为突出。神经系统在发展中呈现先快后慢的特征，在幼儿期之前，80% 的大脑已经发育完成，约 9 岁时大脑发育基本完成；生殖系统则呈现为先慢后快的特点，青春期之前发育较为缓慢，青春期时则快速发展。需要注意的是，女孩的青春期一般开始于 11 ～ 12 岁，男孩的青春期则开始于 13 ～ 14 岁。

（四）发展的差异性

个体心理发展的差异性主要表现在以下几个方面。其一，个体心理发展的速度不同。例如，有的幼儿在两三岁时就已经能够熟练地用言语表达需求，而有的在两三岁时还在牙牙学语。又如，有些人心理发展成熟较早，在青年时期就已发展成熟；有的人心理发展成熟较晚，直到中年时期历经坎坷后心理发展才能真正成熟。有的人在某一方面的才华显露较早；而有的人虽然有同样的才华，但是显露时间较晚，即大器晚成。其二，个体心理发展最终达到的水平不同。例如，有的人智力超群，智商能达到180；而有的人则智力发展缓慢。又如，同一年级的儿童，有的过目成诵有的背诵一篇短文也要花费较长时间。其三，个体心理发展的优势领域不同。例如，有的人音乐素养极高，而有的人则五音不全；有的人擅长绘画，而有的人则擅长写作等。此外，个体心理发展的差异性还表现为发展类型的差异。例如，有的人喜动，有的人喜静；有的人喜欢交际，而有的人则喜欢独处；等等。需要说明的是，个体心理发展虽然千差万别，但却是在共同规律下的特殊性体现。

第二节　心理发展的相关理论

心理发展理论最初源于儿童心理学的研究，1882年普莱尔的《儿童心理》发表，科学儿童心理学正式诞生，之后，许多心理学家从不同角度对心理发展理论进行了阐述。

一、行为主义理论

行为主义理论由美国心理学家华生创立，代表人物为华生和斯金纳。

（一）华生的经典行为主义理论

华生认为，心理学是一门自然科学，而意识、心理状态以及想象等均可外化为行为，各种心理现象都是行为的组成因素。华生还提出了著名的"刺激—反应"公式，认为一个人的行为是受刺激，尤其是受环境刺激所影响的，这些"环境刺激"既包括人体内部的刺激也包括人体外部的刺激，它们是个体各种心理反应的决定因素，这就是华生行为主义理论的核心假说——环境决定论。华生的环境决定论有两个最主要的观点：一是否认遗传的作用。华生认为个体的行为受遗传的影响很小，行为的反应公式是"刺激—反应"，行为的反应是由刺激决定的，而刺激因素是环境中的客观因素而不是遗传因素。另外，华生承认个体的构造差异来自遗传，然而遗传仅限于生理构造，却不能说明功能也来自遗传。即便是遗传形成的构造，其未来发展如何也要取决于个体所处的环境。二是强调环境和教育的作用。华生极其强调环境和教育对于个体行为的重要性。他曾经有过一个著名的论断，那就是"教育万能论"。他认为只要在合适的环境中，他可以把世界各地、各个民族的健康婴儿培养成任何人。除了教育万能论外，华生还强调学习对于个体的刺激作用。他认为外部刺激是学习的决定条件，不管多么复杂的行为都可以通过对外部刺激的操控而形成。

（二）斯金纳的新行为主义理论

斯金纳（B. F. Skinner，1904-1990）深受华生的影响，主张用实证的实验方法来研究行为，他提出了"操作—强化"理论，发展和完善了行为主义理论，形成了独特的新行为主义理论。

斯金纳是操作性条件作用理论的提出者，他认为通过愉快或不愉快的后果可以塑造人的行为。为此，他设计了一个实验装置，即斯金纳箱，箱内装有一个操纵杆，操纵杆与另一个提供食物的装置相连。斯金纳把饥饿的白鼠放在箱内，一开始老鼠在箱内蹿来蹿去，直到偶然碰到操纵杆提供食物的装置才马上送来食物，白鼠于是津津有味地吃起来。以后每次碰到操纵杆的时候，都会送出一些食物，久而久之，次数多了，白鼠从中"悟"出了一个道理：只要碰一下操纵杆，就会有食物吃了，于是白鼠很快就学会了按压杠杆。在此基础上，斯金纳总结归纳出了著名的"操作性条件作用原理"：个体在某种环境中做出某种反应，如果之后伴随着一种强化物（实验中的食物），那这个反应在类似环境中发生的概率就会提高，我们把这种因个体某种自发操作或活动得到强化而形成的条件作用称为操作性条件作用。斯金纳强调行为是机体自发做出的而不是被动的，强调强化发生在反应之后，强调行为结果对后来行为的影响，这也是操作条件反射与华生的条件反射的不同之处（周宗奎，2011）。

在此基础上，斯金纳认为人的行为具有高度的可塑性，因此儿童的行为可通过强化来塑造。强化分为正强化和负强化两种。正强化指给个体施加其喜欢的刺激以增加个体的某种行为。例如，当孩子考了全班第一名后，家长买玩具对其进行奖励，施加了"买玩具"这一正性刺激，增加其好好学习的行为。负强化则指消除或中止个体不喜欢的刺激以增加个体的某种行为。例如，家长对孩子说考试进步了就可以一星期不做家务，撤销了"做家务"这一负性刺激，增加学生好好学习的行为。由此可见，强化是为了增加个体某种行为的出现概率。行为得不到强化就会消退，比如当儿童无理取闹、发脾气摔东西时我们给予其无视处理，即"冷处理"，则可消退这种不良行为。这里还需要特别强调两对关系，一是奖励和强化的关系，二是负强化与惩罚的关系。具体而言，并非所有的奖励都能起到强化的作用（郭利，2013）。例如，教师因某学生努力学习当众表扬他作为奖励，如果学生喜欢这种表扬，就可以强化学生努力学习的行为。但如果学生不喜欢被当众表扬，这种奖励就起不到强化的作用，甚至适得其反。负强化不等同于我们常说的惩罚，前者是撤销刺激使行为增加，后者是增加负性刺激或撤销正性刺激使行为得到抑制。此外，强化还可根据时间和频率的不同分为连续式和间隔式。连续式强化对个体的每个反应都进行强化，而间隔式强化只对个体部分反应进行强化，两者的强化效果和适用情境也有所不同。连续（即时）强化可使行为和后果之间联系更明确，也增强了反馈信息的价值，适用于行为形成之初；间隔式（延缓）强化则比连续强化具有更高的反应率和更低的消退率，适用于行为的巩固阶段。

虽然斯金纳用简单的动物行为来推测具有高级心理活动的人类过于简单、片面，但是其理论不仅为行为主义开拓了一个新的天地，对个体良好行为习惯的养成和心理健康发展也具有一定的现实意义。

二、社会学习理论

社会学习理论的代表人物是班杜拉（1925—），他于 1977 年出版的《社会学习理论》一书中系统地阐述了其社会学习理论的基本观点，其观点主要包括以下三个方面。

（一）交互决定论

环境决定论强调外部环境对个体心理的决定作用；个人决定论则强调本能、驱力和特质等内部事件在个体心理发展中的作用。班杜拉认为"环境决定论""个人决定论"都是单向决定论思想，不足以揭示个体心理发展的本质，并提出了行为的交互决定论思想，即行为（B）、环境（E）与个体的认知（P）之间的影响是相互的，行为本身是个体认知与环境相互作用的副产品。

（二）观察学习及其过程

观察学习是指个体通过观察榜样在处理刺激时的反应及其受到的强化而完成学习的过程。这种学习的方式不同于行为主义理论所提出的"刺激—反应"公式。"刺激—反应"学习是一种直接学习的过程，而观察学习则是观察者站在第三方角度，通过观察他人行为受到强化而完成学习的过程。观察学习不需个体被直接强化，而只需被间接地"替代强化"，因此属于一种间接的学习过程。班杜拉认为，无论是动作、语言、态度还是人格均可以通过观察学习来完成。整个观察学习过程包括以下四个阶段。

第一阶段：注意过程。学习者的注意力对观察学习极为重要，学习者需要对外部榜样行为给予足够的注意，并准确地感知到其行为特点和突出线索，而不能只是泛泛地看。学习者的注意力集中在哪些地方，则观察者的观察、知觉以及学习就更侧重于这些地方。观察者观察什么以及能否产生模仿行为主要受以下因素的影响：观察者更倾向于观察那些优秀、热门和有力的榜样；依赖性强、自身概念低或焦虑的观察者更容易模仿他人行为；观察者更愿意观察那些与自己具有较高相似性和亲密度的榜样行为；强化获得的可能性或外在的期望也可能影响个体观察谁、观察什么。

第二阶段：保持过程。学习者将榜样行为转换成记忆表象，再转换为言语编码（形成动作观念），并同时以表象和言语两种符号表征储存在头脑中，以期对自己未来的行为起指导作用。

第三阶段：运动复现过程。这一过程实际就是学习者将榜样的示范行为转化为自己实际行动的过程。由于观察学习者所得到的是间接经验，又因为模仿者最初的模仿行为技能不熟练，因此在最初的运动复现阶段易发生许多错误，只有不断地练习以及自我行为调整，才能最终熟练地掌握。

第四阶段：动机过程。学习者因表现所观察到的行为而受到激励，以形成相应动机的过程。动机过程贯穿观察学习始终，它引起并维持着个体的观察学习活动。这些动机主要由强化引起，包括直接强化、替代性强化与自我强化。直接强化即通过外界的因素对观察学习者的行为进行直接干预，从而达到强化的目的，如教师对取得较好成绩的学生进行表扬；替代性强化即观察者看到榜样受到强化而受到强化，如看到别人成功的行为得到肯定就会产生同样行为的倾向；自我强化即当个体因自身行为表现符合甚至超过其自行设定标准时而对自己的行为进行奖励。

（三）观察学习在个体社会化发展中的作用

班杜拉十分重视观察学习对个体心理发展的作用，他认为攻击性、性别角色、亲社会行为乃至自我强化等事关个体社会化发展的心理品质都可通过观察学习形成。

首先，攻击性。班杜拉认为儿童的攻击性可以体现在游戏中，并通过观察学习而习得。儿童在观察攻击行为时，往往会注意攻击行为在什么条件下被强化，并据此决定是否加以模仿。班杜拉在实验中让三组 4 岁儿童分别观看一名男孩暴力对待玩偶后受到表扬、惩罚以及无反馈等三种视频，发现受惩罚组男孩在单独与玩偶相处时攻击玩偶的行为最少，而受表扬组男孩攻击行为最多。

其次，性别角色。班杜拉认为，儿童的性别角色是通过观察与模仿而获得的。儿童通过观察相同性别的人，并进行模仿，在社会的强化作用下，儿童甚至会停止对异性的细致观察，而将注意力集中在同性榜样的身上，并对其行为进行模仿。

再次，亲社会行为。亲社会行为是指个体帮助或打算帮助其他个体或群体的行为与倾向，如合作、分享、捐献、捐赠等。班杜拉认为，通过适当的榜样，可对个体的亲社会行为施加影响。为此，班杜拉在实验中将 7～11 岁的儿童分成两组，他们都会与一个实验助手一起玩滚木游戏，并得到一些现金兑换券，但第一组中的实验助手会在游戏结束后将部分兑换券捐赠给"贫苦儿童基金会"，而第二组中的实验助手则不会在游戏结束后向"贫苦儿童基金会"捐赠兑换券。实验结果发现，第一组儿童在实验中向"贫苦儿童基金会"捐赠兑换券的金额远大于第二组。

最后，自我强化。班杜拉认为，儿童的自我强化行为也是其模仿榜样的结果。为此，将 7～9 岁儿童分成两组，一组儿童观看了一个榜样滚木球比赛的视频，视频中榜样只有在获得高分时才对自己进行奖励，分数过低则做自我批评；而另一组儿童则未观看该视频。之后，班杜拉让两组儿童分别单独玩滚木球比赛，结果观看过视频的儿童会模仿视频中的儿童进行自我奖励或批评；而没有观看过视频的儿童则凭自己的好恶而对自己进行奖励。

三、心理发展的文化观

苏联心理学家维果斯基和列昂捷夫的社会文化理论，以及玛格丽特·米德、露西·本尼迪克等心理学家持有的文化人类学观，是心理发展的文化观中最具代表性的理论观点。

（一）社会文化理论

社会文化理论产生于 20 世纪初期，当时行为主义理论泛滥，苏联心理学家列夫·维果斯基（1896—1934）却认为以行为主义为代表的传统心理学存在着深刻危机。20 世纪 30 年代，维果斯基在分析儿童认知心理发展时提出了社会文化理论。所谓社会文化理论，是关于人类的认知发展的理论，其强调社会文化因素是儿童生活的一部分，对于儿童的认知发展具有核心作用，具体包括两方面内容。

其一，文化历史发展论。维果斯基认为，人的心理机能有高低之分。其中，低级心理机能包括感觉、知觉、冲动性意志、直观动作思维等，是个体作为动物进化的结果；而具体的高级心理机能则是人类社会所特有的、以符号系统为中介的心理机能，包括观察、逻辑记忆、预见性意志等。个体的心理发展过程是高、低级心理机能相互融合发展的过程。维果斯基认为，人类心理机能从低级向高级的发展过程取决于三个方面：第一，人的心理发展起源于社会历史发展，受社会规律所制约；第二，语言符号等中介环节是人类掌握高级心理机能的关键工具；第三，高级心理机能是各种活动、社会性相互作用、不断内化的结果。

其二，社会文化内化与活动理论。维果斯基是内化学说的最早提出者之一。他认为人类的心理工具就是各种各样的符号，这些符号可以使个体的心理活动得到根本改造，这种改造和转化不仅体现在整个人类的发展中，还体现在个体的发展中（林崇德，2009）。人类的每种活动都蕴含着一定的社会文化，涉及一定的显规则和潜规则，每个人在成长的过程中要经历很多次活动才能掌握与该活动有关的知识。内化就是把蕴含于活动中的文化（如文化规范等）变成自身结构的一部分，并据此来掌握和指引自身的心理活动的过程。学习即社会文化内化的过程。这种内化的过程是可以通过多种形式实现的，例如，日常社会生活、劳动、教学、游戏等。列昂捷夫则强调活动在内化过程中的作用，认为一切高级心理机能最初都是以外部活动的形式表现出来的，只有经过多次重复、多次变化之后，才能内化为个体内部的智力动作。其中的活动并非简单的个体行为，而是发生在社会关系系统中的社会性实践。

此外，维果斯基还强调了教育和认知发展的关系。为此，他还提出了"最近发展区"概念。儿童有两种心理发展水平：一种是实际发展水平，为儿童独立解决问题的能力；另一种是潜在发展水平，即儿童在成人指导下或与能力较强同伴合作时能达到的最高水平。维果斯基将最近发展区定义为"实际的发展水平与潜在的发展水平之间的差距"。他认为"教学应该走在发展的前面"，即教学应着眼于学生的最近发展区，为学生提供带有难度的内容，调动学生的积极性，发挥其潜能，超越其最近发展区而达到下一发展阶段的水平，推动儿童认知发展。如果教学内容的难度低于儿童最近发展区下限，那么儿童无须帮助就能顺利完成学习任务，对其认知发展无益；如果教学内容的难度高于儿童最近发展区上限，那么即使有额外的帮助，儿童仍然难以理解接受，教学也难取得实效。唯有教学难度高于其现有水平，又不超过其所能够到达的最高水平，才能调动其"跳一跳摘桃子"的强烈动机，实现其对现有认知水平的突破。

（二）文化人类学观

玛格丽特·米德、露西·本尼迪克等文化人类学家提出了"文化决定论"与"文化相对论"，强调社会环境对人个性发展的重要性。因不同社会中的社会制度、风俗习惯、道德规范及经济模式不同，人类有着不同的个性发展。文化人类学观认为遗传因素和环境因素在人类发展中均发挥着一定的作用。其核心观点主要包括四个方面。

首先，人类学家认为，社会文化背景是儿童与青少年发展的关键因素，对青少年融入社会起着重要作用。人类的后代如果不生活在社会环境里，即使遗传提供了儿童心理发展的可能性，这种可能性也不会变成现实（周宗奎，2011）。比如"野孩"，他们脱离了人类社会文化背景与野兽一起生活，表现出野兽而非人类特性，尽管后期被人类收养却难以适应人类社会，因为"野孩"在大脑形成意识的关键时期离开了人类所特定的文化环境，中断了其社会化的过程（张晓静，2015）。不同的人类社会背景也会对青少年的发展产生影响。如萨摩亚人不溺爱孩子或给孩子施加巨大压力，以一种随和的态度对待人生，对任何冲突或任何过于强烈的情境都能顺利地回避（玛格丽特·米德，1998），其随和的态度使得青少年可以顺利地融入社会，而与其文化背景不同的其他青少年融入社会就没有那么顺利。需要注意的是，即使萨摩亚人对青少年教育较好，但套用一个模板来教育所有青少年也是不可取的，而要根据不同文化背景下孩子的不同需求因材施教（马晶晶，2018）。

其次，人类学家认为青少年的成长模式是相对连续的，因此其行为模式也具有渐变性。人的发展是变化的、相对稳定的，后一阶段的发展变化总是在前一阶段积累的基础上逐渐发生（周宗奎，2011），尽管某些人会出现超前发展或倒退现象，但总体来说成长模式是相对连续的。随着青少年身心的连续发展，其行为模式也开始慢慢发生变化，如开始关注自我、注重自己与他人的内心世界、渴望脱离父母的掌控、不像幼时一样依赖父母、对同伴交往的需要日益强烈等。

再次，人类学家认为青少年期生理变化带来的紧张和压力是文化导致的，而不是纯粹的内在生物特性造成的。众多文化对死亡和性方面都讳莫如深，因此关于生与死的教育及性教育都十分匮乏，导致青少年面对自身生理变化惊慌无措，不知道自己的发展是正常的，有的青少年甚至以为自己得了不治之症，写好了遗书准备告别世界。如果像萨摩亚人那样对生死及性有着开放的态度，或许青少年就像萨摩亚青年一样不会有太多的紧张和压力，而是心平气和、情绪稳定。

最后，人类学家认为青少年应在社会生活和政治生活中发出更多的声音，以促进青少年期向成人期过渡的平稳性。在我们的教育中，孩子从小就被灌输自己要处处都比别人优秀的思想，从小到大，家长不顾孩子的感受强行安排好了一切，各种补习班、艺术班轮番上阵，可不管孩子做成什么样，永远有一个全能的别人家的孩子存在。从儿童到青少年，随着年龄的增长，他们接受了各种文化的冲击，面临各种矛盾、冲突与选择，自我意识觉醒形成了自我独特的思想，但家长还是和以前一样用条条框框制约着他们，他们就会本能地想要反抗，希望冲破这种束缚，因此才会有一系列逆反、攻击、暴怒的行为（朱未、多杰昂秀，2016）。青少年应多发出自己的声音，与家人和社会交流，让他人得知自己的所思所想，从而使得社会对青少年的发展形成开放、包容、理解的态度，更好地引导青少年向成人期过渡。

四、认知发展观

认知发展观的代表学者有皮亚杰和塞尔曼。

（一）皮亚杰的认识发展观

皮亚杰（1896—1980），是世界著名心理学家、哲学家，也是发生认识论的创始人，其提出的儿童认知发展理论是发展心理学的经典理论。

皮亚杰认为人的认知发展是受大脑成熟与环境双重影响作用的结果。皮亚杰的认知发展观中包括四个最基本的概念。其一为图式。所谓图式就是动作的结构或组织，皮亚杰认为图式是人类最初的思维模式，最初来源于遗传。其二为同化。皮亚杰所说的同化是指个体将新鲜刺激纳入原有的图式中，同化既包括物质的同化，也包括行为的同化与思想的同化。同化受个人已有图式的影响，个人已有图式越少，同化的范围越窄；反之同化范围越广。其三为顺应。皮亚杰所指的顺应，指的是个体通过对自身内部的调节以适应新的刺激。当个体遇到不同于自身已有图式的新事物时，就对自身已有的图式进行改造或重建，以达到适应环境的目的。同化与顺应均属于适应。其四为平衡。人类认识发展的过程即是从平衡到不平衡再到平衡的过程。

皮亚杰的认知发展观主要以儿童为研究对象，他认为，人的动作图式通过不断地同化、顺应以及平衡过程，形成了儿童心理发展的不同阶段，具体可分为四个阶段。

第一个阶段为感知运动阶段。该阶段儿童年龄范围为 0 ～ 2 岁，这一阶段儿童认知发展主要依靠感觉和知觉，以及动作的分化，在此过程中形成一些低级行为图式，以适应环境。例如，儿童最初往往是依靠吮吸、抓、握等动作对世界进行探索的。

第二个阶段为前运算阶段。该阶段儿童年龄范围为 2～7 岁。这一阶段儿童的认知水平得到了飞速发展，儿童开始从具体的动作中摆脱出来，运用语言符号和表象符号等代替外界事物，在头脑中形成了"表象性思维"。在这一阶段儿童的思维还具有不可逆性、缺乏守恒性，以及自我中心等特点。

第三个阶段为具体运算阶段。该阶段儿童年龄范围为 7～11 岁。这一阶段儿童最重要的智力成长表现为获得可逆性以及守恒性概念。例如，6 岁的孩子不具备体积守恒的概念，将两瓶体积相同的可乐分别倒入一个大杯和两个小杯中，6 岁的孩子不具备判断二者体积是否相等的能力，而 8 岁的孩子则能准确判断出两者的体积相同。

第四个阶段为形式运算阶段。该阶段的儿童年龄范围为 11～16 岁。这一阶段儿童的思维水平已接近成人的思维水平，具体表现在能够使用逻辑思维方式解决抽象问题，其思维方式的科学性更强，同时对于社会问题以及自我身份认同更加关注。

（二）塞尔曼的社会认知阶段理论

罗伯特·塞尔曼（1850—1909），在"观点采择"理论基础上提出了"社会认知阶段理论"。所谓"观点采择"是一种站在他人的角度看问题，从他人的立场、视角来理解他人的思想和情感的认知技能。在塞尔曼的理论中，儿童的观点采择能力是随着年龄的增长而逐渐发展的。他按照儿童观点采择技能的发展将儿童的社会认知分为五个阶段。

阶段 0：儿童年龄为 3～6 岁，属自我中心的无区分阶段。这一时期的儿童往往不能认识到自己的观点与他人观点的不同，也意识不到自己的感知可能是错误或不真实的。这一时期的儿童最常见的表现即是以自己的喜好作为他人的喜好。例如，这一时期的孩子会将自己喜欢的糖果送给妈妈，或其他喜欢的人，因为他认为糖果是大家都喜欢的东西，意识不到有的人可能不喜欢糖果。因此，常常根据经验对事件做出反应。

阶段 1：儿童年龄为 6～8 岁，属有区分的主观视角采择阶段。这一时期的儿童开始意识到他人可能会有不同的观点，然而对于他人的判断仍然依赖于身体外在的观察，无法真正站在对方的立场进行思考，不能准确判断对方的观点是什么，也不能理解他人观点与自己观点差异性的原因。因此，这一阶段的儿童对他人视角的构想是单方面的，单纯地认为他人的行动即是他人的想法，而不能对他人行动之前的思想进行深入的观察和了解。

阶段2：儿童年龄为8～10岁，属自我反射思考或互换视角采择阶段。这一时期的儿童逐渐意识到面对相同的信息或事物，自己的观点可能会与他人的观点产生冲突。该阶段儿童会反过来扮演他人的角色，从而考虑他人的观点，与此同时认识到他人的观点也和自己的观点一样合理。在行动上可以理解他人的观点并对他人的观点和行为进行预期。例如，在这一阶段，儿童能够认识到父母对自己的惩罚是出于对自身有利的视角。

阶段3：儿童年龄为10～12岁，属第三人或共同视角采择阶段。这一时期的儿童能够同时考虑到自己和他人的观点，并能够以旁观者的身份或从旁观者的角度对事件做出解释或反应。这一阶段儿童自我意识的程度增加，认识到个体与他人之间发生冲突是双方的原因。例如，这一时期的儿童认识到友谊并不单纯地只是"你对我好，我就对你好"，而是认可了友谊是一种长期的互动行为，当友谊双方发生冲突时，需要站在双方的立场上寻找产生分歧的原因，并通过解决冲突和分歧，推动友谊进一步向前发展。

阶段4：儿童年龄为12岁至15岁以上，属深度社会视角采择阶段。这一时期的儿童开始通过社会系统和信息来对自己和他人的观点进行分析和比较，这种视角又反过来推动儿童对自己和他人观点的深度理解，从而推动双方更好地进行沟通。

五、布朗芬布伦纳的生态系统论

个体心理发展是在多元背景下进行的，这些背景包括家庭、社会、社区、国家等，这些背景所构成的成长环境在青少年的身心发展中起着重要作用。布朗芬布伦纳（1917—2005）所提出的生态系统论从不同角度论证了环境或背景对青少年发展的影响。他认为个体的发展在多元背景下进行，受不同层次系统的影响，这些影响个体发展的因素包括五个层次（张丽锦，2016）。

第一个层次，微系统。这是对个体发展影响最大的因素。所谓微系统，即个体活动和交往的直接环境以及个体与环境的相互作用模式，其是由直接的、面对面的交流所形成的。微系统的特点主要有三点。首先，对于婴儿来说，微系统即指家庭。对于幼儿来说，微系统指家庭、幼儿园。随着个体的成长，微系统的范围越来越大，变得越来越复杂。其次，微系统中的个体与人的关系是双向的。一方面，成人对儿童的态度会对儿童成长产生重大影响；另一方面，儿童的生理特征以及表现出来的心理特征也影响着成人对儿童的态度及反应。最后，微系统中的个体交往受第三方的影响。例如，母亲和婴儿间的交往受到家庭中父亲的影响。微系统健康对孩子的成长有着重要影响。例如，幸福家庭的儿童一般心理发展也相对健康。

第二个层次，中间系统。中间系统指包括微系统在内的相互关系。布朗芬布伦纳十分重视微系统之间的关系。他认为，微系统间的关系越融洽，相互间建立的支持性关系越强，那么个体的发展也越优化。例如，个体与父母之间，个体与同学之间建立起良好、和谐的关系后，个体更容易获得父母的呵护以及同学与同伴的支持，从而形成良好的个性特点和行为方式。相反，个体与微系统间的关系越糟糕，越容易影响个体的心理发展，而个体的心理发展又反过来对个体与微系统间的关系产生影响。

第三个层次，外层系统。布朗芬布伦纳所指的外层系统即是个体成长的社会环境。外层系统虽然没有直接作用于个体的成长，但对于个体的发展影响较大。例如，父母对儿童的教育受到当前社会环境、社会关系网的影响。

第四个层次，宏观系统。所谓宏观系统，即个体发展最外层的系统结构，是包含特定的文化意识、习俗等在内的个体所处文化或亚文化的总和。宏观系统对个体心理发展影响的最大特点是，宏观系统并不直接作用于个体，而是通过前三个层次的影响对个体产生积极或消极的间接影响。

第五个层次，历时系统。这一系统与前四个系统的观察角度不同，它是从时间维度对个体发展的观察。无论是微观系统还是中间系统、外层系统和宏观系统均不是一成不变的，而是处于不断的变化之中，这些变化对个体的影响又体现在各个层次的系统中。

总之，个体的发展既受各个层次环境的影响，同时也对各个层次加以影响或改造，个体与环境间相互作用，形成了一个相互依存的网络。

第三节　心理发展的影响因素

个体的心理发展十分复杂，是从出生直到死亡的整个过程，也是一个从不成熟到成熟的过程。这一过程受各种因素的影响，其中包括遗传因素、环境因素、个体的主观能动性因素。

一、遗传因素

个体的发展离不开遗传因素和环境因素的影响，但哪个对于个体的影响更重要呢？这一问题是心理学上的两难问题，也是人类发展中的永恒话题。所谓遗传因素是指个体从亲生父母处继承的一些先天特征或特质，心理学上关于遗传对个体的影响一直争论不休，有的学者认为遗传因素对于个体成长的影响远超其他任何因素；而有的学者则认为遗传对于个体的发展有一定的影响，但不是决定性的。科学的心理观认为遗传因素对于个体差异的影响是不可忽略的。其一，遗传因素影响个体的智力发展。美国心理学家加德纳提出了多元智力理论。他认为人类智力包括言语智力、空间智力、逻辑—数学智力、音乐智力、运动智力、社交智力以及自知智力七种智力，而这七种智力都与遗传因素有关。例如，有的人天生具有音乐才能，嗓音独特，而有的人则五音不全；有的人对色彩十分敏感，而有的人却是色盲，分不清颜色。这些遗传因素决定着个体的未来发展。五音不全的人成为音乐家十分困难，而色盲之人要成为画家也无比艰难。其二，遗传因素还会导致男女两性心理发展的差异。研究发现，男性和女性的思维偏向不同，女性擅长形象思维和求同思维，而求异思维较弱；男性擅长逻辑思维和抽象思维。与女性相比，男性对于同一问题的处理方法更加灵活。而女性的言语优势则强于男性。此外，男性更加坚毅，独立性和进取性较强；而女性则更加温和、敏感、善解人意，同时依赖性心理也较男性更强。这些差异的一个重要来源就在于男女生理结构的差异。其三，遗传因素影响个体的气质特征。现代心理学将个体的气质分为四种类型，多血质的人性格活泼好动，反应灵敏、迅速，且更容易适应环境变化；胆汁质的人性格直率，脾气急躁，易冲动，反应虽快但准确性较差，情绪外露，在行为上表现出不均衡性；黏液质的人性格安静，反应迟缓，不善言辞，又善于忍耐、性情沉着坚定；抑郁质的人性格孤僻，多愁善感，情绪内敛。现代心理学研究表明，个体的气质特征是与生俱来的，后天的环境和教育可能会使个体克服其中的某些不良特点，但无法使其发生根本改变。

二、环境因素

遗传决定了个体心理发展的总体空间，而环境因素则决定了个体心理发展的高度。环境因素包括家庭因素、学校教育因素和社会文化因素。

首先，家庭因素是个体接触最早，也是最重要的环境因素之一。家庭对于环境的影响与家庭早期经验、家庭教育价值观、家庭教育方式、家庭结构及家庭经济条件有关。个体的大脑在 0～6 岁时发展最快，可塑性最强，因此早期经验对个体影响十分重要。家长的教育价值观以及家长对于孩子的期望也对孩子的成长和发展有着较大影响。例如，家长重视教育，对孩子抱有较高的期望，能够激励孩子发奋学习。美国心理学家怀特通过心理调查实验发现不同的家庭教育方式决定着个体一生的主要个性品质。家庭教育缺乏，父母长期不在身边，则易导致个体心理问题。此外，家庭结构是否完整、个体享受的关爱与呵护是否健全也会对个体心理产生影响。家庭经济条件则关乎个体能否受到良好的教育，有调查显示，我国中西部贫困地区儿童早期认知发展明显滞后于发达地区，城市婴幼儿认知发展水平明显高于农村地区（李英、贾米琪、郑文廷、汤蕾、白钰，2019），足见家庭经济条件对于个体智力与心理发展的影响。

其次，学校教育因素。学校教育在个体的心理发展中起着主导作用，能够对个体进行有目的、有计划的针对性培养和教育。学校教育因素对于个体的成长主要从教育内容、校风、教师、同伴交往几个方面体现出来。学校的教育内容既包括自然科学也包括人文社会科学。其中，自然科学有助于个体唯物主义世界观的形成；人文社会科学则能够使个体掌握社会现象与社会发展规律，同时也为个体发展提供了榜样。个体通过这些内容的学习在获得科学文化知识的同时，也形成了各种能力、价值观与社会行为规范。校风是学校文化环境的重要组成部分，良好的校风可以促进个体养成良好的行为习惯，助力个体知识的学习与能力的掌握。在学校教育中，教师对于个体心理发展的作用毋庸置疑，一方面教师对待个体的态度直接影响个体的心理成长，另一方面教师的榜样作用会对个体产生潜移默化的影响。除教师外，个体在学校中的社会交往对于其人格、性格、价值观等的形成也起着潜移默化的作用。

最后，社会文化也是影响个体心理发展的重要环境因素。众所周知，不同的民族社会文化传统不同，其个体心理发展也会呈现出不同的特点，社会文化在个体心理发展中具有重要作用。而在信息科学技术高度发展的今天，网络、报刊、电影、电视、广播等大众媒体越来越成为人们生活中不可缺少的部分，由此形成的社会文化景观对个体心理发展的影响也不可忽视。比如，互联网由于其虚拟性，不受现实生活中种种偏见的羁绊，每个人都可以做最真实的自己，都能找到与自己志趣相投的朋友，收获在现实生活中无法感受到的支持与理解；当然，在这里还有着无穷无尽的知识，我们可以自由地学习自己感兴趣的一切。但是有好就有坏，移动互联网的高速发展同样带来了许许多多的社会性问题。在虚拟世界里每个人都经过精心的包装打扮，把自己想让别人看到的一面呈现出来，长时间沉溺在虚拟世界的"我"中，往往会使人迷失了真正的自己，造成角色混乱，严重者还会引起人格障碍，对自己的生活造成不可挽回的损失（罗明、林玲，2001）。再如，著名的传播学者乔治·格伯纳研究表明，看电视的时间越长，个体就越容易根据电视内容建构现实世界观，如果电视的内容总是充满暴力的，那么电视受众就会认为现实社会也是充满暴力和犯罪的，从而对个人的心理产生不良的影响（Gerbner & Gross，1976）。

三、个体的主观能动性因素

遗传因素与环境因素对个体心理发展影响很大，但主观因素的影响也不可忽视。主观能动性是个体认识和改造客观世界的基础。皮亚杰认为心理发展是内因和外因相互作用的结果，认知结构是主体认知活动的产物，主体能主动接收外界刺激并使其适应已有的概念以达到平衡的状态。我国学者朱智贤也强调个体主观能动性是个体心理发展的内在动力，遗传与环境因素只有通过个体主观能动性才能对个体心理发展发挥作用，并指出高于儿童原有水平并经过儿童努力能够达到的要求最适合儿童心理的发展（周宗奎，2011）。可见，主观能动性是个体心理发展的内部条件之一，对个体心理发展起着重要的促进或延缓作用。因此，同样的教育环境中培养出来的学生，个体的心理发展速度、水平由于个体的主观能动性的影响，可能不完全一致。个体主观能动性在教育方面的作用更不可忽视。比如，学习是一种复杂的脑力劳动，将知识转化为内在思维的过程只能靠学生自身完成，教师只起引导作用，学生主观能动性的发挥有利于提升学生的学习能力（杨兰，2013）。再如，现实生活中，智力出众、成绩优异的学生最后未必一定能成才；而平时成绩平平但能持之以恒的学生最终成为有力竞争者的事例也不少见。这其中蕴含着一个深刻的道理：除了一定的遗传与环境因素外，个人的意志力、心理韧性对个人成功也起着非常重要的作用（王文、孙芳玲、刘婷婷，2019）。意志力更强的青少年在成长过程中往往更容易养成好的习惯，更专注学习，有更高的自我期望和更好的学习成绩（钟粤俊、董志强，2017）。因此，意志力对个体心理发展的作用不可小觑。此外，成就动机研究也表明，个体追求成功的动机越强烈，大学生越能积极制订目标和参与竞争，在实现目标过程中也更充满自信，遇到困难能够坚持，善于向他人求助，更容易获得成功；相反，一个害怕失败的人在学习和生活中总是逃避，不能有效发挥自己的才能，甚至出现倦怠感，较难取得好的学业成绩（邹媛园，2011）。这些无不体现出主观能动性在个体心理发展中的重要作用。

四、心理发展是内外部因素相互作用的产物

个体的心理是在遗传因素的基础上，经环境因素影响，并通过个体的主观能动性的影响而最终形成的。三者之间相互影响、相互制约。

首先，环境因素对于遗传因素起制约或促进作用。科学研究表明，环境对于个体的心理成熟起着重要作用。例如，胎儿在母亲的腹中孕育时，胎内的营养是否充足，供给胎儿脑细胞成长的蛋白质是否充足等对于胎儿的正常生长、发育起着重大影响。而婴儿出生后，所处的家庭环境是否和谐幸福、家庭经济条件是贫困还是富裕对于个体的心理与发育也有着极为重要的影响。比如，同样是先天嗓音条件良好的儿童，一个出自贫困家庭，父母不重视儿童的特长；而一个出自富裕家庭，父母对于儿童的特长十分重视。那么，出自贫困家庭的儿童的特长可能会被湮没或抑制；而出自富裕家庭的儿童的特长则会被开发并加以培养，最终成为歌唱家。又如，出生时健康的儿童由于后天的意外因素，生病或残疾，也会对儿童的心理发展产生重大影响。

其次，遗传因素对于个体后天环境作用的发挥起着制约作用。个体的性别、最初的气质等遗传特征自个体出生时就已确定，这些是后天环境所不能改变的，并可能对外界环境产生微妙影响。例如，个体的性别不同，父母对于个体的期望不同，所选择的培养方式也不尽相同，而这些外界环境又反过来巩固或制约遗传特征。

再次，遗传因素与环境因素对于个体心理发展的影响不是固定不变的，而是处于不断的变化之中的。在心理发展的低级阶段，个体生理和心理发展中遗传因素的作用大于后天环境因素。例如，世界各地的风俗不同，对于刚出生的婴儿抚养方式也不同的。印第安人在婴儿出生时就将婴儿捆在背上，很少让婴儿练习翻身、站立、走路等动作，大约到1岁才将儿童放到地上练习走路。然而前期的抑制并不会影响印第安人婴儿的正常行走。又如，有的婴儿出生后即生长在充满言语的环境中，而有的婴儿出生后则由于特殊原因，很少与外界进行言语交流，然而，当婴儿2岁左右时，让其在正常的人类环境中生长，婴儿的语言能力均会得到良好的发展。而在心理发展的高级阶段，高级情感以及抽象思维能力，其受环境的影响则要远大于遗传的影响。

综上所述，个体的心理发展是受环境、遗传以及主观因素共同影响的，遗传与环境之间是相互作用的关系，是个体心理发展的外部因素；而主观能动性则是个体心理发展的内部因素，在个体心理发展中起决定性作用。只有辩证地看待遗传、环境与主观能动性对个体心理发展的作用，才能有效促进个体身心健康发展。

第四节 青少年心理发展的特点

青少年的心理发展具有明显的过渡性，这具体表现在生物性过渡、认知性过渡和社会性过渡三个方面。首先是生物性过渡。青少年时期是人生第二次发育时期，是身体的第二次"生长高峰"。此时，人体的外形，如身高、体重、体型与面部特征等向成人化特征发展，青少年第二性征出现；与此同时，循环系统与呼吸系统、心肺系统也发育成熟。这些生理变化会直接导致其心理的微妙变化。比如青春期性特征的凸显对于青少年来说具有重要意义。青少年不仅对自身的外表变化持有一定的期待心理，还会观察他人对于自身变化的评价或反应，这就会推动青少年做出相应的自我调整以达到某种理想状态，进而在客观上实现其心理的不断发展、完善。其次是认知性过渡。青少年正处于皮亚杰儿童认知发展理论的第四个阶段，在这一时期，其认知方式发生了重要转折。比如，青少年与儿童相比，思维能力更加抽象与系统；不仅如此，青少年的社会认知也有长足发展，他们已能站在他人的立场和社会系统的高度来看待问题，不断向成年水平发展、过渡。最后是社会性过渡。随着年龄的增长，外界开始将青少年视为成人，并以成人的标准来要求青少年。相应地，青少年的法律地位、人际地位、政治地位和经济地位也会发生明显变化。这种变化则会进一步敦促青少年重新评价自己，对自己提出更高的要求，进而推动其心理不断向前发展，表现出与之前儿童期不一样的特点，比如责任心和独立性更强了。这对青少年社会性发展成熟来说显然是一个很重要的过渡。总之，青少年期是个体从儿童期到青春期的重要过渡阶段，常被称为"第二次危机"。充分了解青少年心理发展的特点对于社会各界做好青少年的培养工作都具有极为重要的意义。

一、青少年认知发展特点

前文提到皮亚杰根据儿童认知结构的不同，将儿童的认知发展划分为四个阶段，而青少年正处于儿童认知发展的第四个阶段。这一时期，个体思维方式、社会认知发生了重要转折，具体表现在以下几个方面。

首先，形式运算思维有了较大发展。青少年阶段之前，儿童的思维多局限于形象思维，其思考问题时常局限于特定的时间、空间或具体的情境中，不能跳出情境考虑问题。因此，儿童的思维多用于解决"到底是什么"的问题。青少年时期，个体的思维得到发展，可以像科学家一样通过假设、检验来解决问题。青少年的思维与儿童时期相比，形式运算思维有了较大突破，他们不再以具体的东西为思维对象，而是通过自我内部反省形成新的逻辑原则。青少年形式运算思维的两个重要特征是假设—演绎推理以及命题思维的形成。假设—演绎推理即青少年先对事件可能出现的结果进行预测和假设，然后对这种假设进行具有逻辑性的、可检验的推理，在这一过程中青少年会对影响该事件的变量进行排列组合，以对该事件在现实生活中的演化结果进行详细推理。这突出地表现在青少年能够运用科学的假设检验来解决问题上。例如，小狗是动物，青少年会有意识地通过将小狗的特征、行为与动物的特征、行为相对照，从而证明这一判断。此外，青少年的命题思维也得到了充分发展。命题思维即青少年在对通过语言表述的命题进行评价时，可以跳出现实社会的环境，不依赖于具体事物，得出某些结论。

其次，推理性的抽象思维能力得到较快发展，这主要表现在青少年可以预见性地解决问题上。随着知识面的扩大，青少年认识到事物具有多样性，因此，其对于事物或问题的看法不再局限于直观的感性认识以及直接经验，而是更具有预见性，从而能够有计划地解决问题。同时，青少年的元思维能力更加突出。所谓元思维能力是关于个体认知自己思维过程的知识和调节这个过程的一种能力，它使得青少年能够深入地思考问题，理解自己认识事物的方式，也使得青少年能够对自己的行为进行反思和自省。例如，对同一个问题，儿童和青少年都能够解决，然而儿童却不能说出解决问题的具体思路，而青少年则清楚地知道解决问题的过程以及解决问题需要做什么。元思维能力的产生和发展，推动着青少年抽象思维能力和科学推理能力的提高，这对青少年逻辑思维能力发展至关重要。

再次，青少年的认知特点不仅体现在思维方面，还体现在社会认知方面。青少年不仅能够站在自己的立场上思考问题，也能够站在他人的立场上以及第三方角度看问题。这是由于青少年达到了相互观点采择水平，在人际互动中能够系统地考虑问题。同时，青少年还认识到，个体对于问题的看法受社会文化的影响，所以青少年已经能够从社会系统的高度来看待问题。这一认知特点标志着青少年的社会认知能力达到或已经接近成年人的水平。

除此之外，青少年还坚持自我中心论，过分强调个人的独特性。这种"自我中心思维"使青少年认为自己无所不能，相信自己是独一无二的。心理学家用假想观众和个人神话对其进行了形象的描绘。所谓假想观众，即指青少年认为周围的每一个均像他自己一样对其行为特别关注（雷雳，2012）。这种不符合实际的观念，使得青少年过高地估计了自己在他人心中的地位，也使得青少年出现了过高的自我意识，过度关注他人的看法，并试图对他人的想法与反应进行预测。个人神话则是指，青少年认为自己是世界上乃至宇宙中独一无二的存在，是无所不能的。这种假想观众和个人神话的思维有助于青少年构思独立的自我，实现青少年分离——个体化，并对自我认同进行探索，但也不可避免地会带来一些不良影响，应予以辩证对待。

二、青少年情绪情感发展特点

青少年时期常被称为"暴风骤雨期"，因为这个时期的青少年经历着生理和心理的双重快速发展，他们常常面对着各种各样的困惑、矛盾和挑战，情绪也随之激荡。青少年由于情绪失控犯错甚至违法犯罪的例子比比皆是，因此全面剖析青少年的情绪情感发展特点十分必要。

首先，青少年情绪具有不稳定性和两极性。青少年情绪层次细腻，有着丰富的情绪情感生活。同时青少年情绪容易受外界事物左右，有时一点小刺激就可使青少年暴跳如雷。他们可以在两种不同情绪间迅速转换，容易从一个极端走向另一个极端，时而过度热情乐观，时而过度悲观消沉，情绪表现摇摆不定，不稳定性特征明显。

其次，青少年情绪具有易感性和直接性。青少年心灵比较敏感，他人眼中的一件普通的事可能会给青少年情绪带来巨大的冲击，他人的一个眼神、一句玩笑、一次批评都可能对青少年的心理造成剧烈影响，并直接产生不安、羞愧、沮丧等内在体验。

再次，青少年情绪具有冲动性和爆发性。青少年对社会已经有了初步的认识，并有了自己的理想信念，但他们的认知能力和情绪调控能力不足，一旦遇到挫折和阻碍就会迅速出现否定自己的情绪，反之出现炽烈的积极情绪，具有一定的冲动性。青少年往往情绪领先于思维，一旦遇到刺激性强的事物，青少年就容易失去理性，进入一种亢奋的激情状态，从而做出一些不计后果的事情（周梅花，2005）。

最后，青少年的情感具有内隐、文饰的特点。虽然青少年情绪具有冲动性和爆发性的特点，但同时其心理也带有明显的文饰倾向，加之此时青少年也已经具备了一定的情绪调节能力。在这个特点的共同作用下，他们常常会掩饰自己的真实情感，甚至代之以与其真实情感完全相反的情绪表现（渠改萍，

2014）。因此，虽然青少年情绪表现比较外显，却不一定能反映其内心的真实情感。从这个意义上说，青少年情感又带有一定内隐、文饰的特点。

三、青少年人格发展特点

青少年时期是个体发展的重要转折期。青少年生理上的加速发展使他们的个人需要、生活态度和心理体验都发生了重大的变化，这对青少年的人格发展起到了重要作用。总的来说，青少年人格发展具有以下几个特点。

首先，青少年的独立感和成人感日益增强，心理矛盾突出。青少年生理上的日渐成熟让他们觉得自己已经是成人了。因此，他们希望享有成人的权力和地位，渴望脱离父母的掌控，表现出强烈的逆反心理。然而，与此同时，他们在生活和情感上又不能完全摆脱对父母的依赖，这就使得青少年个体表现出这个年龄阶段所独有的矛盾心理。

其次，这一时期青少年开始关注自我，注重自己的内心世界。青少年有强烈的自我关切意识，迫切地希望了解自己，他们通过对自我的不断探索和思考或借助外部评价形成成熟的自我认同（雷雳，2012）。根据皮亚杰的认知发展理论，青少年处于形式运算阶段，具有抽象思维能力，已表现出从道德原则出发进行自我评价的明显倾向（周宗奎，2011），只是这种自我评价仍具有一定主观片面性，以致其现实人格与理想人格存在一定差异（胡军生、郭恺强、王登峰，2009）。

再次，青少年已慢慢开始了解、接纳以及掌握越来越多的规则和行为规范、价值标准，并逐渐建立自己未来角色的定位与认同。埃里克森也认为建立自我同一性是青少年时期面临的主要挑战，青少年需要花费大量精力思考自己的本质，建立符合自己内在认知结构和有效面对客观社会的同一性结构（周宗奎，2011）。此外，青少年时期也是价值观形成的重要时期，但由于思想观念和外界环境的变化，其价值观尚不稳定，具有相当大的可塑性。

总的来说，青少年时期是个体的"心理断乳期"，个体开始摆脱心理上对父母的依赖，自我意识快速发展，并开始形成自己的世界观和价值观，逐渐实现心理上的独立。

四、青少年道德心理发展特点

青少年的道德心理发展具有以下鲜明特征。

其一，青少年的道德心理具有独立性。青少年时期个体开始逐渐脱离父母的影响和控制，对外界事务慢慢有了自己的看法，这其中就包括自己所信奉的社会道德标准。当青少年面对某些社会道德现象时，他们不再需要参考或征求父母对该现象的看法，而是可以独立地将其与自己秉持的道德标准相比照，形成对该现象的评价。当他们认为这一现象与其秉持的标准吻合时，就会产生高兴、欣慰等心理；而当他们认为这一现象与其秉持的标准严重背离时，就会产生愤怒、不满等心理。也就是说，青少年道德心理已可在无成人指导下独立形成，具有明显的独立性。

其二，青少年的道德心理具有多重性及复杂性。前者体现在青少年道德心理存在不同的方向、维度和层次。如青少年，受到新媒体不同文化和知识的影响，又接受了外界多方向多领域的知识，因而青少年的知识面大大拓宽了，受此影响而形成的青少年价值观也体现出更深入和更富层次性的特点。对于后者，以网络社交心理为例，最初青少年的社交往往局限于同一空间和领域，而通过使用复杂多样的社交网络，青少年道德心理受外界环境影响越来越复杂，这一方面为增强青少年社交能力提供了机会，另一方面也使得其道德心理在接受这种复杂的外界环境锻炼后更趋于复杂化。

其三，青少年的道德心理具有一定的隐蔽性。青少年的道德心理潜藏于主体的心理之中，在不加以引导的情况下不轻易展示出来。如性道德观，在传统文化背景的影响之下，青少年缺乏性知识和性经验，对于性道德观的了解处于朦胧状态，而其父母受文化的影响谈性色变，甚至将其与个人道德品质挂钩，导致青少年不断进行道德设防（霍美辰、汝晓红，2008)，不愿将其性道德观念显露在外。青少年阶段道德心理的隐蔽性也与该时期个体心理闭锁性这一总体特点有关。

其四，青少年的道德心理具有不稳定性。青少年的道德心理会随着外在环境的变化而波动。青少年时期人的心理发展呈现出急剧变化的特点，其道德心理相应地也容易受到生理条件和外在环境的影响。例如，当社会中出现较具争议性的事件时，青少年道德心理的产生可能会受外界对这一事件的舆论导向的影响。同样一件事情，由于前期舆论导向偏向某一方，由此可能引发青少年个体对另一方的愤怒和指责；而到了后期舆论导向发生逆转，则又极易引起其对另一方的同情和怜悯。之所以出现这种情况，主要原因在于青少年时期个体思想还不够成熟，缺乏对外界事物冷静独立的思考，容易被外界风向所左右。

其五，青少年的道德心理具有广泛的社会性和鲜明的时代性。一方面，人类文明的一个重要组成部分就是社会全体成员在自觉或不自觉状态下参与道德活动时所创造的道德文明，青少年的道德心理呈现出一定的社会性特点不言而喻。另一方面，随着国家整体实力的不断提升和信息技术的普及推广，与传统时代提倡保守内敛的道德心理不同，信息时代中的社会道德开放自由，鼓励个性发展，而现在的青少年成长于信息时代和新媒体环境，受时代影响较为深远，其道德心理发展也必然深受网络主流思潮的影响，进而呈现出鲜明的时代特色。

此外，男生与女生的道德心理也展现出不同的特点。其中，男生对于公平感的感觉更加敏锐；女生则更注重关怀感，对于家庭或学校关怀道德氛围感知水平较高（毕钰，2017）。因此青少年的心理发展特点在性别角色上也存在着不同。

五、青少年网络心理发展特点

随着移动互联网技术的迅猛发展，网络已经变成一个更加丰富多彩的虚拟世界，它作为"第三空间"的存在展现出了与现实空间不同的特性，深刻地影响了个体在网络中的行为表现，反映出人类意识的新形态和新规律（周宗奎，2017）。青少年作为最活跃的网络用户，其自身发展的特点在网络中呈现出来，网络的特点也使青少年的网络心理别具一格，具体表现在以下几点。

第一，青少年在网络使用行为方面表现出了一定的个体差异。比如，性别对青少年的网络心理影响甚大，女生对网络比较敏感，表现出更多的防御心理；而男生则轻松对待（赵倩，2018）。在社交网络使用中，男生偏好娱乐服务，如打游戏和听音乐。而女生偏好自我展现方面的服务，如发表观点和上传照片（姜永志、白晓丽、刘勇，2017）。网恋方面，男生比女生有更多的网络卷入倾向（雷雳，2012）。再如，随着年级的递升，青少年网络身体自我呈现总体水平和网络化身修饰知觉水平呈下降趋势；在网络信息搜索中存在一定的互联网信息焦虑，初中学生的信息焦虑程度要低于高中学生（雷雳，2012）。

第二，青少年网络失范行为频发。正处于身心发展中的青少年求知欲旺盛，自控能力弱，且稳定的价值观尚未形成，在缺乏监督的网络环境下更容易发生许多问题行为，其中网络成瘾最为严重。近年来的调查数据显示，我国青少年网络成瘾发生率为6%～14%（郭向飞、赵雅宁、姜学洁，2017），主要包括网络游戏成瘾、关系成瘾、色情成瘾、交易成瘾和信息收集成瘾（崔丽娟、王小晔，2003），对青少年的学业和身心健康造成了严重损害。网络欺负行为也经常发生，研究显示，青少年是网络欺负行为的高发人群，我国青少年实施网络欺负行为的比例高达57%（陈启玉、唐汉瑛、张露、周宗奎，2016）。除此之外，青少年还表现出网络欺骗、网络暴力等失范行为，但发生率较低。

第三，青少年网络道德水平总体向好。虽然网络的使用给青少年带来许多不利影响，但青少年的网络道德未堕落，大多数青少年都认同网络应该是文明的场所，并表示使用网络时愿意遵守道德规范，总体向好。相较于成年人，青少年的功利色彩较淡，在匿名和开放的网络环境中易表现出利他性亲社会行为（雷雳，2012）。据统计，有34.4%的大学生在网络上主动提供过信息资源，28.8%的大学生发布过别人求助的资源，表明大学生有主动提供免费资源的意向，具有一定的利他取向（宋洁、翁丽丽，2013）。

第四，青少年网络使用偏好以娱乐和信息获取为主，呈多样化态势。据调查，大学生上网的主要目的是娱乐，查阅信息次之（张苑琛，2010）。例如，新疆地区高职院校学生的网络使用偏好现状为娱乐工具＞信息渠道＞社交工具＞交易工具（张淼，2014）。可见青少年的网络使用有明显的娱乐色彩，但信息获取也占了较大比例，特别是在大学生群体中，数据显示有57.18%的大学生是为了查阅资料而上网，娱乐部分则占比较小，且随着网络功能的多样化发展，青少年的网络使用偏好也呈现多样化发展态势，比如上网目的为写博客的大学生占比5%，这在以前是少见的（叶厚隽，2011）。

第五，青少年媒介素养偏低，其媒介素养亟待提高。王国珍（2013）认为"网络媒介素养是指个体在面对网络时是否具有识别能力、自我控制能力，以及自我保护能力等"。刘洋（2019）的研究从媒介安全素养、交互素养、学习素养和文化素养四个维度，深刻剖析了青少年的网络媒介素养，发现各维度得分均较低，说明青少年的媒介素养总体偏低；在媒介安全素养、交互素养和学习素养三个维度上，意识和态度得分均高于技能，这表明青少年在这三个维度上有一定的意识和积极的态度，但缺乏相应的技能去应对；在媒介文化素养方面，技能得分较高，但态度消极。也有研究者具体提出青少年媒介素养面临的困境，如对虚假信息缺乏免疫力、价值观错位、审美庸俗、缺乏科学的思考方式等，可见青少年网络媒介素养的缺失（梁涛，2014）。

综上，青少年的网络心理与众不同，在网络使用行为上存在一定的个体差异，在网络使用偏好上以娱乐和信息获取为主，媒介素养偏低，甄别能力较差，容易受到不良信息的影响，从而发生一些网络失范行为，然而青少年的道德水平总体向好，没有出现明显堕落的现象。

参考文献

[1] Gerbner, G., & Gross, L. Living with television: the violence profile[J]. Journal of Communication, 1976, 26(2): 172-194.

[2] 毕钰.初中阶段学校关怀道德氛围的现状调查与建设策略[D].大连：辽宁师范大学，2017.

[3] 陈启玉，唐汉瑛，张露，周宗奎.青少年社交网站使用中的网络欺负现状及风险因素：基于1103名7－11年级学生的调查研究[J].中国特殊教育，2016（3）：89-96.

[4] 崔丽娟，王小晔.互联网对青少年心理发展影响研究综述[J].心理科学，2003，26（3）：500-503.

[5] 郭利.人是"机器"、人是"动物"：行为主义人格理论论述[J].社会心理科学，2013，28（5）：11-14.

[6] 郭向飞，赵雅宁，姜学洁.青少年网络成瘾倾向现状及影响因素分析[J].华北理工大学学报（医学版），2017，19（2）：144-148.

[7] 胡军生，郭恺强，王登峰.青少年现实人格、理想人格与客观人格的比较研究[J].中国临床心理学杂志，2009，17（3）：257-259.

[8] 霍美辰，汝晓红.青少年网络心理健康指南[M].北京：中国社会出版社，2008.

[9] 姜永志，白晓丽，刘勇.青少年移动社交网络使用动机调查[J].中国青年社会科学，2017，36（1）：88-94.

[10] 雷雳.青少年网络心理解析[M].北京：开明出版社，2012.

[11] 李英，贾米琪，郑文廷，汤蕾，白钰.中国农村贫困地区儿童早期认知发展现状及影响因素研究[J].华东师范大学学报（教育科学版），2019，37（3）：17-32.

[12] 梁涛.困境与出路：网络媒介素养与青少年发展[J].山西青年职业学院学报，2014，27（2）：14.

[13] 林崇德.从儿童心理学到发展心理学[J].北京师范大学学报（社会科学版），1994（1）：1-7.

[14] 林崇德.发展心理学[M].北京：人民教育出版社，2009.

[15] 林崇德.中国的发展心理学七十年[J].心理发展与教育，2019，35（5）：632-640.

[16] 刘洋.大学生网络使用偏好和媒介素养的关系研究 [J].广州广播电视大学学报,2019,19(4):27-31.

[17] 罗明,林玲.网络对人格心理发展的负面影响 [J].广西社会科学,2001,(4):28-29.

[18] 玛格丽特·米德.萨摩亚人的成年:为西方文明所作的原始人类的青年心理研究 [M].周晓虹,李姚军,译.杭州:浙江人民出版社,1988.

[19] 马晶晶.“不一样”的青春期:读玛格丽特·米德《萨摩亚人的成年》[J].中国民族博览,2018(9):209-210.

[20] 渠改萍.浅析青少年的积极情绪建构 [J].太原大学教育学院学报,2014,32(3):26-28.

[21] 宋洁,翁丽丽.大学生网络亲社会行为影响因素及培养策略研究 [J].现代教育科学(高教研究),2013(3):99-104.

[22] 王春阳,杨彬,张婕.教育心理学 [M].成都:电子科技大学出版社,2017.

[23] 王国珍.新加坡公益组织在网络素养教育中的作用 [J].新闻大学,2013(1):52-57.

[24] 王文,孙芳玲,刘婷婷,郭德玉.有感于研究生的非智力因素 [J].继续医学教育,2019,33(2):82-84.

[25] 杨兰.学生的主观能动性:一种无形的教学载体 [J].当代教育论坛,2013(5):39-43.

[26] 叶厚隽.青少年媒介素养教育实证研究:基于青少年网络媒介素养现状调查的分析 [J].天中学刊,2011,26(3):131-136.

[27] 张丽锦.儿童发展 [M].西安:陕西师范大学出版总社,2016.

[28] 张淼.新疆高职学生网络使用偏好及影响因素调查研究 [J].新疆职业大学学报,2014(2):66-69.

[29] 张晓静.露丝·本尼迪克特《文化模式》阐述 [J].湖北函授大学学报,2015,28(23):187-188.

[30] 张苑琛.大学生网络使用偏好及简报:来自上海三所高校的调查 [J].新闻记者,2010(11):60-63.

[31] 赵倩.大学生道德认同与网络利他行为:网络道德与性别的作用.中国临床心理学杂志,2018,26(6):1226-1229.

[32] 钟粤俊,董志强.意志的力量:青少年时期意志力对成年收入的影响 [J].产业经济评论,2017(2):23-38.

[33] 周梅花 . 青少年情绪、情感与社会性发展 [J]. 浙江青年专修学院院报，2005（2）：42-44.

[34] 周宗奎 . 儿童与青少年发展心理学 [M]. 武汉：华中师范大学出版社，2011.

[35] 周宗奎 . 网络心理学 [M]. 上海：华东师范大学出版社，2017.

[36] 朱未，多杰昂秀 . 读《萨摩亚人的成年》：法人类学读书会札记 [J]. 民间法，2016（1）：432-441.

[37] 邹媛园 . 大学生成就动机与学习倦怠的关系研究 [J]. 价值工程，2011（31）：163-164.

第二章 网络信息传播

第一节 网络信息传播概述

20 世纪 60 年代，因特网诞生。1991 年因特网正式应用于商业，短短数十年间互联网迅速在全球崛起，互联网信息产业正在颠覆和改变着人类精神社会和物质文明。《2019 全球数字报告》显示，全球网民总数 43.9 亿，占全球总人数的 57%。当前，互联网已成为全球一体化的重要工具，不仅改变着世界，还创造了独特的互联网文化。

一、因特网与网络信息传播

因特网，又称互联网，是以网络协议或其他协议为基础，通过独一的地址逻辑由众多网络相互连接而成的全球性信息系统，最初源于美国，是军事竞争的产物，现广泛为公众和私人用户提供高品质服务。因特网在我国的正式命名源于 1997 年，全国科学技术名词审定委员会发布试用新词，将因特网作为统一推荐名使用。因特网，从本质上说是计算机技术与现代通信技术的结合。世界计算机技术发端于 20 世纪 30 年代末，至今已经历了五个发展阶段。因特网与计算机技术的发展紧密相连，起源于计算机技术的第三个发展阶段。20 世纪 60 年代末，美国出于军事目的，开发了一个新型的计算机网络，即阿帕网，其主要特点是，通过一个网络将美国的四个大学实验室连接起来，成为因特网的前身。这一技术的开发，对人类的信息传播文明做出了重大贡献。20世纪80年代因特网技术得到了迅速发展，并确立了以 TCP/IP 为全球共同遵守的网络传输控制协议。20世纪90年代，因特网正式应用于商业。因特网在中国的起步始于1987年，1987年随着我国第一封电子邮件的发出，中国正式拉开了因特网使用的序幕，短短三十余年间，中国的因特网取得了突飞猛进的发展。互联网技术的发展与应用，为信息传播提供了强大的平台，颠覆了以往数千年的传统信息传播方式，掀起了新一轮信息传播革命。调查显示，至2018年6月，中国互联网用户总数达8.02亿，位居全球网民数量首位（上海艾瑞市场咨询有限公司，2019)，其中未成年网民多达1.69亿，未成年人的互联网普及率高达93.7%。在我国，青少年的生活与学习中到处都有因特网的影子，青少年是网络信息传播不可忽略的主体与受众。

二、网络信息传播的主要特征

网络信息传播颠覆了传统的信息传播模式。在因特网之前，信息传播经历了以书籍、报纸、杂志为媒介载体的纸质传播时代和以广播、电视、电影、电话为媒介载体的电子传播时代，而网络信息传播则开创了以计算机、智能手机、因特网等为媒介载体的数字传播时代。网络信息传播与传统大众传播相比，有着鲜明的特征，改变了以往的传统传播结构，带来了全新的传播特色。

（1）传播信息海量。与传统大众传播的单文本传播方式不同，网络信息传播是一种热链接的超文本传播。网络传播中的信息来自无数个信息源，这些信息源产生的信息还能够随着网民的信息输入和编辑而持续增长，使网络信息可按几何级数增长，几乎可以容纳人类一切文明成果。因此，网络可谓是信息的"百科全书"。此外，网络的开放性与联结性特征使得任何个人或团体均可通过网络上传或发布信息，使网络上的信息具备了广泛性和丰富性的特点。不仅如此，网络还可在不断更新信息的同时，保留原有信息，这种新旧信息的叠加也成为网络信息丰富的原因之一。网络信息传播的海量特点还体现在网络信息传播的方式上，传统大众媒体传播中的信息容量受到版面和时间的限制，因此每天传播的信息是有限的。例如，每天的电视时长是有限的，尽管现在电视传播的时长较以往有所延长，然而也存在明显的时长限制。与电视、广播等传播方式受到的时长局限不同，报纸、杂志等大众媒体受到版面的限制，由于其每天或每月的版面是固定的，因此其传播的信息也是有限的。然而，网络则具有不限时性，可以保障其信息传播无时空限制。除此之外，大众媒体所传播的信息是经过编辑筛选和加工的，也是固定的，受众无法选择；而网络传播的信息则可通过网民的主动搜索和评论而变得无比丰富，不受时间、版面的限制，呈现出更多的自由性与随意性。

（2）传播迅速。传统大众媒体的传播从信息发布到受众接收信息需要较长时间。例如，报纸的传播时间为一天，而杂志的传播时间则更久。然而，在互联网上传播信息时，只需轻点鼠标，即可做到在数秒内随意浏览信息。不仅如此，人们在网络上发布信息也只需简单的步骤和时间即可做到。近年来，随着信息技术的发展，许多网络交际软件已经实现了实时传播。例如，QQ、微博、微信等平台，信息传播基本达到同步，还可进行实时对话。除信息传播过程中的时间缩短外，网络信息传播相较传统大众媒体，其信息制造时间也大大缩短。传统大众媒体，如杂志与报纸，需要较长时间的采访、整理、编辑，然后再通过排版、印刷等多个环节才能完成信息制造；而网络信息的采访和编辑过程就是信息的产生以及传播过程，网络信息传播的速度之快，远非传统大众媒体可比，因此使得网络信息传播具有强时效性特征。网络时代，人们在网络上看到的信息可以迅速反映到学习与工作中，这种信息传播的快捷，加快了社会生活节奏，也满足了人们对于世界认知同步化的需求和渴望，人们已经习惯了从网络而非传统媒体获得第一时间的信息。

（3）传播过程双向互动。传统大众媒体是自上而下的传播，遵循传播者—信息内容—媒体—受众—效果的传播路径，这种传播带有明显的单向流动特点，受众对媒体信息的接收处于被动状态，较少能及时主动表达自己的看法和想法。即便有类似的互动通道，也属于点对面的传播，非所有读者都能方便快捷地参加，实际效果有限。网络信息传播则是一种自下而上的传播，其传播方式实现了由"传统大众媒体的单向流动"向"点对点的双向互动"传播方式的转变。网络信息传播中的信息受众同时也是信息的提供者与发布者，用户在浏览信息时，还可通过转发、评论或关注等多种方式与信息的发布者进行交流互动，行使选择权、意见权及参与权。同时，这种转发、评论或关注等互动形式使得普通网民也能够清晰地表达观点，并通过这种方式推动或改变网络事件的进程或方向。从这一角度来看，网络信息传播在双向互动的过程中，超越了传统大众媒体传播而创造了一种全新的传播方式。

（4）跨文化传播。传统大众传播大多在某一民族、国家或文化圈内传播，虽有一些传统媒体也会注重国际交流，但所涉内容或范围有较强局限。网络传播则从本质上打破了国家、民族、地域和文化的限制，真正实现了全球化传播。世界各地秉承各种文化思潮的人们可通过互联网产生连接，其所发布的内容与文化观点等全部保存在互联网虚拟空间，并可通过网络搜索等途径进行传播，供全世界各地、各种文化的网民阅读与评论。这种开放性使得国家、民族间的地域界限在互联网世界被打破。网络上的所有信息一经发布就超越了地域限制，各民族文化在全球范围内传播、碰撞、交融，供全球范围内的网民搜索、查阅、讨论与传播。这种多元文化的碰撞和交融直接促进了文化传播，而文化多元化又进一步推动了网络跨文化传播。此外，网络传播还是一种集人际传播、组织传播、群体传播以及大众传播于一体的全新传播媒介，其跨文化传播存在于多种传播层面。

（5）传播功能的多样化。传统大众媒体传播是一种单一的传播媒介。例如，电视传播是一种以电视节目为媒介的传播方式；报纸传播是一种以报纸为媒介的传播方式。网络信息传播则打破了这种单一的传播媒介，呈现出跨媒介传播的特点，既可是一种单一的传播媒介，又可兼容电视、电影、广播、报纸、杂志等传播媒介，电视节目、广播节目，甚至是报纸、杂志等传播媒介上所传播的信息均可在网络上呈现，各种媒介信息可以进行任意组合或调配。网络信息传播的这种兼容性使得各媒介的大融合变成了现实。除此之外，报纸主要使用文字传播信息，画报主要通过图片传播信息，广播主要通过声音传播信息，而网络媒介则打破了单一的信息传播形式，实现了同时以文字、音频、视频等多种形式传播信息，这就使得网络信息传播的形式更加多样化和丰富化。正是这些特点让网络信息传播可在进行方便快捷的信息传播的同时，为用户提供更多样化的服务，大大拓展了网络信息传播的功能。例如，网络在线教育可满足用户的教育教学需求；网络与电影、电视媒介融合可实现在网络上制作、发布电影、电视节目的功能；网络信息传播与各行各业相结合，还可实现网上求医、会友、开会，以及打电话等多种功能；网络信息传播还可扩展人与人之间的关系，具有人际传播的功能，这也是大多传统媒介无法做到的；甚至，网络信息传播还可在引导社会舆论、监督公共事务中发挥重要的作用；对于企业、机构等组织来说，网络信息传播还可起到美化组织形象、表达组织观点与立场的功能和作用。

（6）无中心传播。传统大众媒体传播是由专门的机构在特定的地点和空间进行的传播活动，均有明显的传播中心。例如，电视媒介的传播中心为电视台，广播媒介的传播中心为广播电台，报纸、期刊、书籍等媒介的传播中心则是报社、杂志社、出版社。网络信息传播则打破了这种明确的传播中心性，呈现出无中心传播的特点。网络空间具有平等性、自由性、开放性等特点，互联网是四通八达、没有边界、没有中心的分散式结构，每一位用户都是互联网传播结构中的信息制造者、传播者以及接收者。在网络世界中，没有天然的权威，每位用户无论其种族、职业、年龄、权势如何，都是平等的主体，每一位网民均可在网络上发布和传播信息。这种方式使得网络信息传播中，人人都是一个自媒体，因而呈现出无中心传播的特点。

（7）传播空间的开放性。在网络信息传播之前的传统大众传播时代，只有大众媒体才具有传播信息的资格与渠道，所传播的信息往往均经过把关人的过滤与编辑；而互联网媒介则不同，它具有很大的开放性。对于网络信息传播来说，传播空间的开放性表现在多个方面。从信息技术层面来看，无论是哪一个厂家生产的何种型号或系统的计算机、手机等网络终端，均能共存于网络系统中，并通过网络协议传播和交流信息。网络空间中，不仅网络信息服务机构具有开放性的特点，还可供各种类型的用户使用。从信息传播的主体层面来看，任何用户均可在网络中建设网站、开辟传播平台，或在各种各样的传播平台上注册账号，发布并传播信息，表达自己的观点。这种网络传播空间的开放性使得网络信息传播具有海量化、交互性等特点，使广大互联网用户能尽情享受网络带来的便利。然而，互联网中信息传播主体的开放性却导致了网络信息传播把关人的缺失。即便有些网络信息传播平台设有专门把关人，如论坛版主等，但由于网络信息传播极为快速，信息往往在版主还未来得及做出反应之前就已造成不可遏制的社会影响。此外，网络上信息传播空间的开放性还使得网络上信息良莠不分，从而引发网络信息传播的一系列负面影响。

（8）传播语言的变异性。传统大众媒体的传播语言均来自现实社会中人们熟知的语言，在网络信息传播中，用户则在信息交流、发布过程中发明了一套独特的、适用于网络的语言符号。这种语言存在于传统的语言符号中，却被赋予了新的含义。网络语言在传播与交流过程中与传统的、存在于现实社会中的印刷媒介符号相比具有一定的变异特性。这种变异表现为多种形式，比如汉字新词和表意数字就是较为常用的两种类型。汉字新词即用汉字所制造的用于网络交流的新词语，包括网络词语、童语现象及谐音造词等。网络词语如"网恋""网友""触网"等，是在网络信息传播的特殊环境下形成的对一些特殊现象的命名。童语是指在网络交流中网民使用的儿童式语言，如"宝宝""东东""猫猫"等。谐音造词的方式也是网络新词语的主要造词方式。表意数字是指在网络信息交流中使用一连串数字的谐音代替原来的文字语言。例如，1314即指一生一世，886即为拜拜喽，等等。网络语言的变异在一定程度上增加了网络信息传播的形象性，但也有部分网络语言品位不高，不仅对中华民族优秀传统文化造成一定冲击，而且可能给青少年的身心发展带来不利影响。

（9）传播的自主性特点。在传统大众媒体信息传播过程中，信息发布者同时也充当了信息把关者的角色，所有信息均需经编辑、记者的筛选，然后再传播给受众。然而在网络信息传播时代，网络上的每一位用户都是信息把关人，他们不仅可以自主选定议题、自主确定传播程序，还可自主搜索信息、确定信息的传播范围与方式等，这一特点能让网络用户摆脱以往信息传播和交流中的限制，具有更多的自主性。

三、网络信息传播的基本形态及其特点

人类传播的主要形态可分为五种，即人内传播、人际传播、群体传播、组织传播及大众传播，而网络信息传播则包括除人内传播之外的其他四种传播形态（彭兰，2012）。网络信息传播中的四种基本形式往往互相交织在一起，可通过网站传播、论坛传播、即时通信、博客传播、微博传播、微信传播、移动视频直播等具体形式体现出来。下面对其进行具体分析。

（一）网络信息传播的基本形态

其一，网络人际传播。网络人际传播是指借助计算机网络进行的人与人之间的互动传播（张放，2010），其主要传播途径有论坛、博客、电子邮件、即时通信工具等。网络人际传播突破了传统人际传播的局限，具有加强信息交流、扩大人际交往范围，建立友好人际关系等作用。具体来说，与传统人际传播相比，网络人际传播具有以下几个特点：一是传播过程的可匿名性。网络作为一种联结媒介，受网络虚拟性特点的影响，人们可通过在网络上拟定自己的网名作为虚拟身份与他人进行交际。一般来说，每个因特网上的用户均可拥有无数个网名，可在网络上隐去自己在现实生活中的部分或全部真实身份。这种可匿名性，在保证人们平等交流的同时，也带来了降低人际传播公信力、引发传播伦理与道德失范等问题。二是传播范围的广泛性。网络人际传播与传统的人际传播相比，交流对象更加广泛和可控。传统的人际传播交流对象可大体分为两类，一为社交圈内的固定交流对象；二为偶遇交流对象。而网络人际传播则打破了生活中的社交圈局限，可与生活中不同地域、不同年龄、不同性格、不同文化背景的人群交流，并可选择具体的交流对象。三是传播效果的增值性。传统的人际传播是一种面对面的交流。正如施拉姆（2010）所说"面对面交流，只有经过极大的努力，才能使信息增值"，即口头交流的东西难以保存，不具有较强的增值性。但网络人际传播中，人与人之间交流互动的信息可以文字、声音、图片、视频等各种手段得以保存。这些被保存下来的人际交往信息，在一定条

件下可发挥不同的增值作用（童青青，2016）。如各网络论坛里网民间的交流互动信息可为其他网友所见，进而为其他网民提供进一步进行评论互动的机会，而且还会不断引发后续网友的思考讨论。这就使最原始的互动信息有了增值，信息内容越来越丰富，启发性越来越强，影响也越来越大。四是传播的技术和平台依赖性。传统人际传播不依赖于某种具体的传播媒介，而网络人际传播对于网络传播技术与平台具有超强的依赖性。例如，计算机技术、网络带宽等技术因素会在一定程度上影响人们的网络人际交流。

其二，网络群体传播。网络群体传播是临时松散的非正式群体在互联网上的传播活动（匡文波，2009），多以网络论坛、微博等为传播渠道。参与网络群体传播的成员往往有着共同的利益关系、持续交往的行为、一定的分工协作，以及相对一致的群体意识和规范。根据与现实的关系，网络群体传播还可分为两种不同的形式，一种为在现实生活中实际存在的群体，例如，青少年所在的班级，利用网络技术在网络平台上注册的班级群；另一种则是现实生活中不存在的群体，例如，网站上的学习兴趣小组等，这种网络群体又可称为虚拟社区。许莹（2013）认为，与传统大众传播相比，网络群体传播具有群体选择、碎片化、多向传播等特点。群体选择，即与大众传播中媒体专业人员充当"把关人"不同，网络群体传播由于参与群体的松散性，其传播内容的选择往往与群体所秉持的价值观念有莫大关系，群体即是传播内容的选择者；碎片化，即与传统大众传播内容充分考虑受众需求及社会意义而进行总体设计不同，网络群体传播中每个人均可在一定范围内随时随地、随心所欲地进行信息发布，传播内容往往不够系统完整；多向传播，即与传统大众传播从传播者到受众的单向流动不同，网络群体传播中传播者和受众往往是重叠的，信息可在群体成员间相互传播，可由甲到乙，也可由乙到甲，且网络群体传播中信息由一个成员发出后，可同时被处于多个不同方向的其他成员所接收。这些特点从某种意义上会带来一定的负面影响，如网络群体传播更容易滋生反向社会情绪，甚至导致网络群体极化事件，应引起我们的高度关注，以便尽可能降低由此引发的社会风险。

其三，网络组织传播。在网络信息传播的四种基本形态中，网络组织传播是当前较少受到关注的领域。然而其对企业等组织来说，却具有十分重要的意义。网络组织传播是借助于组织间的沟通来进行的信息传播方式，具体来说，可分为内联网即局域网传播，以及互联网即网站传播两种方式。其中内联网传播改变了组织成员间的交流方式，实现了信息交流与共享，保障了信息沟通的即时性；互联网传播作为组织外传播的重要手段，在组织对外传播中具有掌握主动权、增强传播效果、树立良好的组织形象、凝聚团队等作用。

其四，网络大众传播。大众传播是以社会人众作为传播对象而进行的信息生产与传播活动。因特网是大众传播媒介的重要组成部分。早在1998年5月，因特网即被联合国命名为"第四媒体"，数十年来，在网络技术的推动下，网络大众传播的发展势头十分迅猛。网络大众传播有以下几个特点：①传播主体多元性，即网络大众传播中的主体可为大众媒体，还可为政府部门、商业团体、社会组织及个人，传播主体的多元性带来了多视角的海量信息，同时也造成了网络信息质量良莠不齐、虚假信息与新闻泛滥等不良现象。②信息传播过程的复杂性。传统的大众传播，多以电视、广播等为媒介，信息传播过程为线性传播。而网络大众传播的传播过程与之相比则更为复杂，呈现出多级传播的特点。这种多级传播往往取决于大众的自主选择与组合。③传播手段的复合性。网络大众传播可突破传统大众媒体传播手段限制，利用微博、论坛、微信等多种手段进行信息传播。④传播能力的有效性。研究发现集多种表达方式为一体的自媒体对公众的感知能力影响更大（高芳芳，2016；晁晓峰，2008），因此受众更容易相信网络大众传播所传播的信息内容，进而产生更大范围的传播，造成更广泛的影响，与传统传播方式相比传播更加有效。⑤传播的双向互动性。与传统的大众传播受众相比，网络大众传播的受众与信息之间的互动性更高，这与网络大众传播中的海量信息有关，受众不仅可以选择接收什么类型的信息，还可以选择创作和传播哪种类型的信息，以及在哪些平台上对哪些问题进行互动。⑥传播效果的不可控性。传统大众传播对传播规律有深入研究，对传播效果的预测和控制能力较强。然而，网络大众传播由于受众的主动权和能动性大大增强，传播过程更加复杂，因此不容易把握传播规律，传播效果也受到多种因素的制约，因而变得不易预测，传播效果也往往具有较强的不可控性。

（二）网络信息传播的具体形式

网络信息传播的基本形态中所使用的具体的传播形式包括网站传播、论坛传播、即时通信、博客传播、微博传播、微信传播、移动视频直播等几种典型形式。下文对其特点进行重点介绍。

其一，网站传播。网站传播指通过Web技术所支持的页面开展信息发布和收集、形象展示等活动的传播形式。其特点主要包括以下几个方面（彭兰，2012）：①技术相对复杂。网站的建设技术并不复杂，然而维护技术却相对复杂，不仅需要长期、持续更新，还需要具备一定的硬件条件，用较为复杂的技术支撑网站的日常运营，传播成本较高，因此并不适合一般大众。②主体具有高度控制权。网站属于大众门户传播，网站传播的主体往往为网站建设者或使用者，他们掌握了网站的维护和信息发布权；相比之下受众只有浏览信息的权利，而不能对信息进行更改。③受众具有不确定性。网站传播保留了传统大众媒体的特点，当网站建成后，只能被动地等待受众点击浏览，而不能对浏览对象进行选择。④具有较强的互动性。网站传播与传统大众媒体相比，具有较强的互动性，如可通过电子邮件、留言板等方式与网站的受众进行互动等。

其二，论坛传播。网络论坛是网络信息传播中较早出现的一种传播形式，通常是以话题讨论为主的 BBS。网络论坛在网络信息传播中起着重要作用，具体表现在以下几个方面：①为用户提供归属与认同感。网民可在网络论坛中进行自我表现与表达，与志同道合的网民交流，从而获得社会归属感，获得社会认同。②可培育网站的用户黏性。网络论坛多依附于网站而存在，因此对于网站来说，论坛传播可起到培育网站用户黏性、加强网民间互动的重要作用。③具有信息收集作用，可为网站建设提供参考。网站无法选择用户，而网站下设的论坛可对网民进行较深入的了解、分析、引导，并通过论坛调查，明确网站用户的需求，为网站传播和网站营销提供助力，网站论坛的建设还可树立独特的网站品牌。④可记录群体意见、促进文化诞生。网络论坛是民意表达与社会记录的重要渠道，且论坛的结构相对封闭，是理想的群体培育空间，可成为网络文化的主要孕育地。⑤为用户提供思想交流和问题解决的平台。论坛上的用户互不相识，没有利益关系的羁绊，相比现实生活中更能真诚相待，且论坛为用户提供了便利的交流讨论形式，不同专业、阅历、年龄、性别的用户可就某一问题发表自己的观点，从不同角度提出不同的问题解决方法，然后经过论坛用户的充分讨论酝酿，往往能形成比较成熟、新颖的观点，为问题解决提供崭新的视角，这也是不少用户有问题喜欢求助论坛的重要原因。当然，论坛传播与其他网络信息传播途径一样，也存在诸多弊端，如议题往往较为琐碎，缺乏社会意义和价值；对部分问题的探讨缺乏理性，容易沦为个人不良情绪的宣泄地，等等。

其三，即时通信。即时通信是指在网络传播中，网民通过电脑对电脑、电脑对手机、手机对手机等形式进行的交流，是网民间重要的信息交流方式之一。即时通信的传播具有以下几个特点：①点对点交流。直接由传播主体到传播受众，以一对一交流为主，具有一定的私密性，但也可实现多人同时在线交流。②同步性与延迟性。在即时通信中，传播与接收几乎是同步的，十分方便快捷。如果交流另一方不在线，信息也可保留，实现交流的延时性。③可控性。即时通信交流中个体可自主选择交流对象，自行设置自己是否在线，还可通过一定的手段对交流的层次与深度进行控制；此外，个体在即时通信中还可自行把控交流的时间与节奏。④交流手段多样化。即时通信中不仅可以运用文字交流，还可通过图片、视频、动画等多种手段进行交流。⑤真实性。即时通信的交流对象多为熟人与熟人之间的交流，因此其可信度较高，沟通质量和效率也较高。⑥社交性。网民通过即时通信可进行信息共享、资源与人脉积累；还可借此披露自己的信息、情绪等，展现网民的个性。

其四，博客传播。博客一词为音译词，来源于英文单词"Weblog"，最初以一种类似于网络日志的形式出现，既具备传统媒体的属性与特点，也具备网络信息传播的特性。博客传播最明显的特点包括以下几点：①传播的个体中心化。一个博客只有一位博主，其在博客空间中占有绝对的中心地位。②传播方式的高度自由性。通过博客，人们不需要经过传统媒体或出版社的把关许可，可以自由地在网络上进行个性化内容出版，一般以文字、图片传播为主。③传播内容的高度自由化。博客是个体对于知识与生活的记录，只要在法律允许的范围内，博主所传播的内容相对自由，传播节奏也相对自由，可一天数篇，也可数天一篇。④具有一定的影响力。博客是一种自媒体，用户在私人空间中发表文章，然而这些文章可通过多种形式对公共话语空间产生影响，因此具有私人话语空间与公共话语空间的双重属性。⑤传播的系统性。博客本身具有平台特点，博主可进行知识生产、分享与整合，博客与博客间还可进行推荐和连接，因此成为网络信息时代一种全新的知识生产系统。

其五，微博传播。微博即微博客的简称，是一种以用户关系为基础，通过关注机制分享简短实时信息的广播式信息传播平台。微博的传播结构，不同于博客的舞台中心模式，是一种"个人中心＋内容关联"的传播结构。微博传播一般具有如下特点：①内容微型化。无论是国外的推特，还是中国的新浪微博、腾讯微博等，其对字符数的限制均为140个，体现了其"微"的特点。②传播移动化。微博既可在电脑上登录，也可在手机、平板电脑等多个终端登录，由于其移动性较强，跨越了时空限制，因此其内容的时效性更强，即时性特点明显。③蔓延式传播路径。微博既具有博客的个人中心特点，又可通过评论的方式让外界信息进入，还可通过转发的形式对任何人（包括陌生人）的微博消息进行传播，让更多的用户看到该消息，如此循环往复，信息传播路径就像藤蔓一样在短时间内迅速在微博用户间铺展开来，呈现蔓延式传播。对于名人微博，由于其粉丝众多，凝聚力强，更是可实现"病毒式""裂变式"传播（张宏波，2019）。④内容碎片化。微博由于字符数量限制，所反映的信息呈现出碎片化的特点，这一特点虽可反映事物的具体细节，但容易产生信息误导。

其六，微信传播。微信是2011年推出的一款即时通信软件，其将网络大众传播、网络人际传播、网络群体传播聚合在一起，实现了三者的无缝衔接。微信平台具有点对点交流的功能，还可通过微信朋友圈、微信群、微信公众号等进行更广泛的信息传播，具有社交平台的属性与价值。从总体上看，微信传播具有以下几个特点：①信息扩散程度高。微信好友多为现实生活中的朋友，且微信用户之间的交流具有点对点的私密性，因此，微信用户可无所顾忌地在朋友圈中展示自己的日常生活、工作等场景，对社会热点话题发表议论，使信息快速扩散。②信息接收程度高。微信传播是建立在熟人基础上的传播，这使得微信用户珍惜自己的声誉，所发布的信息多是经过判断与评估的，可信度较高，受众的接收程度也较高。③信息传播速度快。出现突发事件或负面事件时，公众号一般会做出迅速反应，快速发布消息并进行评论，提升信息传播的精准度。④信息传播有效性较高。微信支持文字、图片、语音、视频、动画等传播形式，还可支持群聊；可进行线上传播与互动，还可将线上用户延续到线下；既可进行即时信息传播又可延迟接收信息，大大提高了信息传播的有效性。⑤信息传播私密性强，大众传播能力弱（张芃扬，2015）。与其他传播形式相比，微信在隐私保护方面做得更好，如微信朋友圈点赞只有三者互为好友的情况下才能相互看到；微信语音、视频不能复制粘贴等。但这种私密性大大限制了微信的信息传播效率，不利于信息的大规模迅速传播，不能在短时间内将特定信息传达到更多受众。因此，微信传播的大众传播能力相对较弱。

其七，移动视频直播。所谓移动视频直播，是指人们利用可随观看者自身移动而移动的设备，通过现代信息传播技术，实现异地同步直播的传播方式（卢华厚，2019；王绍忠等，2019）。作为一种新的信息传播形式，移动视频直播具有以下几种特点。①双向互动性。用户在观看直播时可通过弹幕与主播进行沟通交流，主播会实时看到用户反馈的信息并解决其问题，实现信息的双向互动。②真实性。移动视频直播没有任何后期的剪辑与排版，主播与受众直接通过电子设备终端进行沟通交流，呈现的完全是最原本的内容，真实性强。③方便快捷性。主播可以随时随地进行直播，而不用像传统直播一样耗费大量人力、财力和物力。④多元性。目前，国内移动视频直播可分为游戏直播、带货直播、社交直播、秀场直播、教育直播等形式，其发展路径十分广泛，随着参与主体的增多，其内容也逐渐多元化。⑤全民性。移动视频直播的准入门槛近乎于零，无论是注册还是使用都非常方便，每个人都可通过网络进行视频直播。⑥内容良莠不齐。移动视频直播门槛低、监管较少，因此部分人为了吸引眼球故意制作肤浅、暴力、低俗的内容。如能加强这方面的监管并给予正确引导，移动视频直播必将会有更广阔的发展空间。

第二节　网络信息传播相关理论

所谓"理论"，是对某一现象进行解释，或按照一定规范抽象出来的概念体系，其目标是对某种现象做出解释（刘海龙，2008）。一个科学的理论应具有明确的系统性、逻辑性和客观真理性。大众传播中的经典理论假说对我们更好地理解网络信息传播具有重要的启发意义。下面分别对议程设置、沉默的螺旋、培养理论（教养理论）、第三人效果理论、把关人理论、框架理论、二级传播理论以及认知基模等假说进行详细介绍。

一、议程设置

"议程设置"是大众传播理论中的重要假说之一，该假说主张大众传播具有为公众设置"议事日程"的功能，并可以赋予传播内容即议题不同程度显著性的方式影响公众对该议题的关注程度，进而影响公众对该议题重要性的判断（郭庆光，2011）。所谓议程，即在特定时间点对特定事件按重要性等级进行传播的一系列问题。1948年，拉扎斯菲尔和默顿提出大众媒体的报道可引起人们对某些社会事件、社会团体或特定个人的关注，这实际上就是"议程设置"的萌芽。1963年，美国学者科恩指出，新闻媒体不能告诉人们怎么想，却能影响人们想什么，这一点后来成为议程设置的简明表述，也即"新闻媒介可为公众的思考和讨论设置议程"。1968年，美国传播学家麦克姆斯和肖在调查美国大选中传统媒体对选民的影响时发现，媒体报道时重点强调的内容，也正是选民最关心的内容。1972年，他们在《舆论季刊》上发表"大众传播的媒体议程设置功能"，正式提出"议程设置"理论（McCombs & Shaw，1972），即大众媒体对某一事件的关注程度越高，则该事件也会被民众认为是当前最为重要的事件。

议程设置假说的提出为大众传播的研究带来了新思路（刘海龙，2008），如议程设置假说促使大众传媒将注意力从关注人们的态度和行为，转向对受众认知的影响上，开始思考人们在想什么，并围绕公众的思考与讨论设置议程，这就为大众媒体化解舆论危机提供了思路。在网络信息传播中，网络上的话题或爆点，常常会转化为网络舆论危机事件。此时，新闻媒介即可使用议程设置假说对大众和网民进行引导。议程的设置可以通过媒体、党政机关、行业协会、特定利益团体、民间组织来进行，也可通过媒体、民众和政府部门来共同完成（王延隆、廖阳晨、孙孟瑶，2018）。当组织遇到网络突发危机事件时，应通过制定议题、选择媒体等步骤来进行议程设置，减少或消除危机事件带来的负面影响，树立并巩固品牌或机构的正面形象。具体来说，可通过召开新闻发布会、邀请专家写稿、辟谣来引入新闻媒介及时进行新闻报道、精准传播信息、有效引导公众舆论。

二、沉默的螺旋

"沉默的螺旋"假说由诺依曼在其著作《沉默的螺旋：舆论——我们的社会皮肤》中提出（Noelle-Neumann，1984）。诺依曼认为大众传播有三个主要特点：①报道内容大同小异，常常能在公众传播中产生共鸣效应；②传播的信息具有连续性和重复性，可在一定时间内产生累积效果；③信息传播范围广泛，能在短时间内对大量受众产生普遍影响。正是基于这三大特点，大众传媒往往能在社会和公众中营造出一种意见气候。这种意见气候一旦形成，身处其中的个人往往由于自身的从众和趋同心理，害怕被社会所孤立，进而采取与已形成的社会优势意见气候一致的行动。这样，一方面优势意见气候越来越声势浩大，另一方面少数意见越来越沉默，一个螺旋式的社会传播过程就此形成。"沉默的螺旋"假说因否定了大众传播"效果有限论"而备受争议，但其所提出的"人们害怕孤立""意见气候"等核心概念从未过时，仍具有较为广泛的影响。

网络信息传播中"沉默的螺旋"同样存在，只是在形成机制上与传统媒体有所不同。总体而言，网络信息传播中"沉默的螺旋"的形成机制存在着先局部、后扩散，最终引发全局性效应的过程。在网络信息传播中，网络意见气候形成的方式主要为自下而上，即意见气候发源于局部优势网民意见，并经扩散后，最后汇聚成主导的意见气候。局部性优势意见之所以能形成，往往离不开以下三个条件（彭兰，2012）：其一，简单而强烈的价值判断或极端的意见，因其能够被多数人所轻松理解，所以容易成为优势意见；其二，优势意见往往同时存在于网络中的多个点，不同点上的优势意见又具有极强相似性，因而能形成相互呼应、相互助力的局面，并最终在人群中引发共鸣；其三，优势意见往往不是一朝形成，而是经过长期酝酿和积聚的，是公众对相关事件态度长期累积的结果，比如国内网络中"反日"情绪的形成就是如此。局部优势意见形成以后，经认同与欣赏、相互利用、树靶批判等过程，就会在网络中迅速扩散开来，并最终形成网络总体意见气候。网络中的个人面对网络总体意见气候时，面临着强大压力，因此往往会引发"沉默的螺旋"现象。一定条件下，我们可以应用"沉默的螺旋"假说对网络舆论进行适当引导，规避网络突发事件等带来的消极影响。

三、培养理论

培养理论，又称教养理论、培养分析、涵化分析等。该假说肇始于 20 世纪 60 年代美国社会日益严重的暴力犯罪问题，乔治·格伯纳认为这可能与电视等大众传播媒介中含有大量暴力内容密切相关。他通过实证调查发现，大众传播媒介中的"象征性现实"对人们认识和理解现实世界产生了巨大的影响，这种影响就是长期的、持续不断的、潜移默化的培养过程，在一定程度上改变、塑造着人们的现实观。1969 年，他在《转向文化指标：大众媒介信息体系的分析》一书中提出了"培养分析"假说，即"传播的内容具有特定的价值和意识形态倾向，它们形成人们的现实观、社会观于潜移默化之中"。众所周知，社会的存在与发展有赖于社会成员的"共识"，唯有如此，人们的认识、判断和行为才有共同的基准，社会生活才会更加协调。在培养理论看来，电视等大众传播媒介通过新闻报道和娱乐等形式输出的价值观和意识形态可以对受众产生潜移默化的巨大影响，进而左右着社会"共识"的形成。从这个意义上说，大众传播媒介输出的价值观和意识形态甚至对社会的和谐发展也起着潜移默化的作用。在网络信息传播中，培养理论假说同样具有重要意义。以青少年为例，调查显示，在我国青少年群体中，13.2% 的青少年每天上网时长超过 3 个小时，76.4% 的青少年每天上网时间在 2 小时以内，可见网络已成为青少年接收信息的重要传播媒介（佚名，2019）。根据培养理论，青少年长时间在网络上浏览新闻报道或从事游戏娱乐活动，蕴含其中的价值和意识形态倾向会对青少年产生潜移默化的影响，而青少年由于生活阅历的缺乏和思维发展的相对局限性，面对良莠不齐的网络信息，不具备成熟的辨识和处理能力，更容易被网络上不良信息所误导。因此，在网络信息传播中应注意运用培养理论对青少年进行正确引导，并通过培养理论分析网络对青少年心理的不利影响，以便及时采取应对措施。

四、第三人效果理论

1983 年美国哥伦比亚大学的戴维森教授发表了"传播中的'第三人效果'"

一文（Davison，1983），提出了"第三人效果"理论，即人们往往认为媒体传播的信息对第一人称的"'我'或'我们'"自己以及第二人称的"'你'或'你们'"影响不大，但对第三人称的"'他'或'他们'"则有较大影响。一般认为，第三人效果主要源于人们高估自己、低估他人的倾向。我国学者郭庆光（2011）也认为，第三人效果可能与个体的自我强化（对自己盲目乐观、存在虚拟的优越感，以及在好事面前夸大自己作用而在坏事面前推卸自身责任的自我服务式归因）有关。第三人效果实际包括两个部分，一是认知部分，即人们认为媒体信息对他人的影响比对自己的影响大；二是行为部分，即人们产生了"媒体将对他人产生更大影响"的认知后，通常会受此影响而采取某些行动（Perloff，2002）。一个经典例子是，"二战"期间，一支由美国白人军官率领的由白人和黑人士兵组成的部队将要与日军展开对峙，当日军得知此消息后，便向美军驻地空投了大量传单，宣传日本从来与有色人种没有冲突，这是一场日本人与美国白人间的战争，希望黑人士兵不要为白人卖命。神奇的是，第二天美国军队就主动撤离了，而原因竟是白人军官害怕黑人士兵受传单蛊惑而丧失斗志。由此看来，媒体传播的实际效果，通常不是在媒体的目标受众（致效人群）中直接产生的，而是通过与目标受众相关的"第三人"的行为反应来实现的（Perloff，2002）。

作为一个较新的大众传播理论，第三人效果理论在学界也存在一定争议，例如这一微妙而又复杂的效果是否真的存在？其产生的真正原因和机制到底是什么？等等。这些问题都尚有待进一步探讨。但这并不影响该理论的价值，我们不能因为其暂时的不完善而抛弃它。实际上，我们也经常能在日常生活中观察到这种第三人效果，而且第三人效果也确实对人们的社会生活产生了一定影响。例如2010年日本福田核电站核泄漏事件中"碘盐可防辐射，已出现抢购风潮"的谣言四处传播，根据"第三人效果"理论，虽然绝大多数人可能并不认为自己会被该谣言蛊惑，但他们却可能高估谣言对他人的影响，认为即使自己不去抢购，别人也可能会去抢购，而这种抢购一旦演化成囤积，最后自己可能就会买不到盐。如此，大家都这么想，"抢盐风潮"真的就不可避免了。很显然，这又会进一步推动这一谣言的更广泛传播，形成可怕的社会舆论，引发社会恐慌心理，严重影响人们的日常生活。甚至，在特定条件下，比如盐商囤积居奇哄抬盐价，造成普通民众与盐商的对立情绪，并迅速演化为群体极化事件。因此，新闻媒体的把关人在对社会事件进行报道和评论时，一定要经过深入调查和科学的分析，以免引发读者的错误判断，经由第三人效果的发酵而带来严重的社会后果（方建移，2016）。

五、把关人理论

把关人理论是由美国社会心理学家库尔特·劳因首先提出的，他在《群体生活中的渠道》一书中指出，信息总是沿着一定渠道传播，但哪些信息能进入传播渠道，则是由把关人决定的，只有符合群体规范，或符合把关人标准的信息才能进入这一渠道。所谓把关人，就是对传播信息进行筛选和过滤的人。把关人可以是各类媒体从业者（如编辑、记者、自媒体发布者），也可以是媒介组织(如各网络媒体平台运营者)，还可是媒体运营的监管者(如网络监管部门)。那么把关人在进行信息把关时的标准有哪些呢？一般来说，信息本身是否符合社会道德规范，是否具有一定社会价值，是否符合特定媒介组织的立场和方针等是其最基本的标准。与此同时，把关人根据自身知识经验、兴趣爱好、价值观念，上级授意及同行与受众的反馈，也会形成自己的把关标准，并在实际的把关行为中发挥重要作用。总之，个人因素和环境因素共同构成把关的标准。但在总体上，把关人的把关标准仍主要是传媒组织立场和方针的体现。劳因指出，把关人的把关行为可能是自觉行为，也可能是不自觉行为。这一点在网络信息传播时代体现得尤为突出。1950 年，传播学者怀特在劳因把关人理论基础上提出新闻筛选过程的把关模式：社会生活中存在着大量的新闻素材，大众传播媒体在传播时不可能面面俱到，必然要经过一个筛选和取舍的过程，在这一过程中，大众传播机构形成了一道"关口"，只有通过这道"关口"的新闻才能到达受众（郭庆光，2011）。怀特的新闻筛选把关人模式，并没有对具体的信息筛选标准给出解释。此后，麦克内利、盖尔顿、鲁奇等人分别从不同角度对该理论进行了完善，麦克内利提出了新闻流动模式，盖尔顿和鲁奇则共同提出了选择性把关理论。把关人理论虽产生于传统媒体传播环境下，但对网络信息传播等新媒体传播也同样适用。比如，网络信息传播对把关人把关能力提出了新挑战。传统大众传媒信息把关主要通过相对固定的几个把关人来完成，"把关人"对媒介内容的发布具有近乎绝对的支配权。与此不同，在网络信息传播中，几乎任何一个网民都可以随时、随地、方便地在网络的不同地方同时发布海量信息，网民既是信息发布者又是信息把关人，信息传播速度也更快。网络管理部门、网络平台编辑或记者等传统意义上的把关人必须对网络信息的价值、真实性，以及意识形态等进行更为迅速、有效的判断，在短时间内完成信息把关，才能更好地发挥把关人的作用，及时、有效地避免一些不良信息进入网络传播渠道。这不仅在客观上对网络信息把关人的信息把关能力提升形成了倒逼之势，也更凸显了网络信息传播背景下网络信息把关人能力提升的必要性和迫切性。

再如，把关人理论对网络信息传播背景下自媒体如何获取媒介话语权也具有重要指导价值。在网络信息传播环境下，传播主体逐渐由专业的媒体人转向了网络自媒体（耿浩，2019），各种层面、向度的信息纷至沓来，而这些信息往往呈现出碎片化、零散化、肤浅化的特点。自媒体人选择产品、制作内容的过程，就是对信息进行"把关的过程"。优秀的网络自媒体人应懂得如何充分发挥主观能动性，将有价值的信息进行整理、筛选、加工成舆论精品，使信息发布既符合特定的把关标准，又对受众具有较强吸引力。唯有如此，各自媒体才能在网络信息传播背景下吸引更多粉丝、获取更多媒介话语权。

还有，把关人理论对网络信息传播背景下清朗网络空间的打造也颇有启发。随着各种网络新媒体的兴起，海量化、复杂化、良莠不齐的信息扑面而来。对于媒体来说，需结合自身的平台优势和资源整合优势，对自身发布和传播的信息进行更加严格的把关（杜溪，2019）；同时，对于社会大众发布的信息，媒体人要严格把关信息的传播、接收、反馈等各个阶段，减少甚至杜绝不良信息进入网络环境，这样才能打造良好的网络风尚。

六、框架理论

明斯基是框架理论的创立者。框架的概念则源自贝特森，后经戈夫曼引入文化社会学再被应用到大众传播研究中。框架有两层含义。一层含义是作为名词，指已经形成了的框架（张克旭、臧海群、韩纲、何婕，1999），相当于认知结构，可影响人们对外界事物的诠释或判断（黄惠萍，2003）；另一层含义是，作为动词是指界定外部事实，并心理再造真实（张克旭、臧海群、韩纲、何婕，1999），或者说是对事实信息的重新安排，使其中某些东西得以凸显出来，进而影响人们对事件的解释和判断（Pan & Kosicki，1993）。

作为动词的框架在大众传播研究中得到了更多的关注。对于作为动词的框架，基特林认为是选择、强调和排除，钟蔚文和臧国仁认为是选择与重组，而恩特曼则认为是选择与凸显。换句话说，框架这件事，就是在报道中要对我们认为重要的东西进行特别处理，以使受众形成我们想要的意义解释、归因推论，道德评估及信息处理方式。新闻报道正是通过对事实信息的选择、排除、强调、凸显和重组来形成新闻框架，使某些事实在传播情境中变得更加显著，进而影响受众对新闻事件的解读和诠释，达到其表达特定思想和议程的目的。

框架理论在大众传播中的应用主要体现在三个方面。第一，运用框架理论可提高媒体公信力。通过框架理论对大众媒体新闻报道中的议题、倾向以及消息来源等进行分析，以确保大众媒体报道中的客观立场；避免因认知框架带来的新闻报道偏差，提高大众媒体的公信力。第二，运用框架理论，构建和谐向上的网络环境。总体上，网民关于某一议题的看法与媒介对该议题的框架建构有着密切关系，媒介对事件的态度决定了网民的意见和态度（程文香，2019）。因此媒体人需遵守道德准则，不发布虚假及不确定的内容，不为搏眼球发布引战内容，并且要遵循社会主义核心价值观，发挥好带头作用，为构建和谐向上的网络环境贡献力量。第三，运用框架理论，突破传统报道观念的束缚。媒体要认识到刻板印象的局限性，与时俱进，改变传统的报道方式，根据新媒体呈现出来的新特点，运用框架理论对所报道的事实信息进行必要的安排处理，赋予新闻报道新的生命力（陈伟鑫，2018）。

七、二级传播理论

二级传播理论由扎斯菲尔德在《人民的选择》一书中提出，其主要观点是，信息的传播不是从大众媒介直接到媒介受众，而是要经过"意见领袖"（人际传播中经常为他人提供信息，同时对他人施加影响的"活跃分子"）这一中介，才能到达普通民众那里，并最终对他们产生影响。也即，信息从大众传媒到达受众那里需经过两级传播：第一级传播为信息从大众媒介到意见领袖，仅仅是信息传达过程；第二级传播为意见领袖将经过加工的信息传递给普通民众，是信息的人际扩散过程。

二级传播理论在网络信息传播中有十分广泛的应用。在媒介信息的"二级传播"过程中，意见领袖对信息的加工处理不仅会影响到大众媒介对普通受众的传播效果，还会对媒体舆论的形成产生微妙影响。在网络信息传播中，意见领袖对于舆论的引导既有积极作用，也有消极作用。为此，我们可以运用二级传播理论，借由网络意见领袖对网络舆论进行监督或引导。比如，可以对既有网络意见领袖进行科学引导，对其加强新闻道德和媒介素养方面的教育，也可将著名学者和专家等发展成意见领袖，发挥其过硬的专业素养，对网络舆论进行良性引导；还可加强针对网络意见领袖的立法，用健全的法制约束网络意见领袖的网络行为，以此推动网络舆论的良性发展。

八、认知基模

基模是认知心理学中的一个重要概念，人类的认知是由基本的结构形成的，这种基本的结构即称为"基模"，其代表某个特定的概念或有组织的知识。认知基模根据内容和对象不同可分为以下几种类型："自我基模"是指个体对于自己的认识；"社会基模"是个体对社会的总体认知；"个人基模"涉及个体对特定个体的看法；"角色基模"即借助他人外在的社会地位、身份等而形成的对他人的判断和认识；"事件基模"则指个体根据对事件的熟悉程度而对事物发展趋势所做出的判断，如考试时应先进行身份证检查等。还有一类是"与内容无关的基模"，主要涉及对不同元素间相互关系的认知。

认知基模对于大众信息的传播过程和传播效果起着重要作用。首先，认知基模可帮助个体理解、感知、注意及记忆大众传播的信息；其次，面对同一媒体报道，会因个体所激活的认知基模不同而产生不同的认知和反应；再次，认知基模内含的某些图式会帮助个体对大众传播中缺失的内容进行推断。值得注意的是，认知基模对于大众信息传播与效果的影响存在两面性，只有在充分运用其积极影响的同时有效规避其消极影响，才能更好地提高信息传播的准确性与有效性。比如，在网络信息传播中，我们可以通过强化个体认知基模中的合理成分，纠正其中的不合理观念，避免网民曲解、误读媒介信息而引发网络舆论危机。

第三节　网络信息传播中的心理过程

信息技术高度发达的今天，网络俨然已经成为人们生活的"第二空间"并对个体心理和行为产生了一定影响。那么人们在使用网络或接受网络信息的过程中又伴随着哪些心理历程呢？现择其要者阐述如下。

一、网络信息传播与个体心理需求的满足

心理需求与动机是个体行为最主要的驱动力，正是由于网络能满足个体诸多心理需求，网络才发展得如此迅猛，并对人们产生了如此深远的影响。舒勒（Suler，1999）提出的"使用—满足"理论也认为，人们有需要才会使用网络，尤其是容易被忽视的潜在需要，与人们的网络行为有很大关系。随着移动技术的多样化发展，网络已经集通信、娱乐、信息检索于一身，能够满足个体多种心理需求。

第一，心理安全需要。网络的匿名性使个体能隐藏自己真实身份平等地和

不同的人交流，因为"在网络上没有人知道你是一条狗"。在这个过程中，个体一定程度上摆脱了现实角色的束缚，他们能在交往中表达内心真实的感受，暴露现实生活中不愿意暴露的东西，且不会遭到实质性的批评和伤害，所以网络在一定程度上满足了个体的心理安全需求。

第二，归属需要。个体总是希望获得他人与社会的认可，而在现实生活中，人与人之间的交往受环境、外貌、功利等诸多因素的影响，难以被人接受和理解。但网络交往则突破了这种限制，且不用害怕损害利益，因此在现实世界中很难建立的关系，在网络中却很容易获得，由此，人们在网络中容易找到与自己相似的群体，获得必要的理解和支持，从而产生强烈的归属感。

第三，获取信息的需要。与传统媒介相比，网络传播有着便捷、实时、互动、信息资源丰富的优势，用户在搜索引擎里输入关键词就可获取相关内容，先进的技术也使信息传播无国界，拓宽了信息传播的广度和深度，人们只要打开手机就能知道全球各地发生的事情，大大满足了人们获取信息的需要。

第四，自我实现的需要。自我实现意味着通过自己的努力，使自己的能力得到最大限度发挥，实现目标和理想，从而获得一种沉醉于成就的强烈体验。心理需求网络满足的补偿机制（万晶晶等，2010）认为，网络为个体自我实现提供了许多机会，因为在现实中这种体验的获得需要巨大的努力，但在网络中则可以轻易实现。比如在网络游戏中，玩家每通过一关或打败敌人，都会产生自我实现的愉悦感。

二、网络信息传播中的认知过程

个体接收信息的过程也是信息在头脑中被加工的认知过程，而在网络信息传播中，受网络环境的影响，这种认知过程则更为复杂，主要体现在以下两个方面。

网络使个体信息选择具有了主动性（申凡，2013）。当网络信息以文字、图片、视频、声音等形式作用于感官时，并非所有信息都能受到个体的注意进入大脑，因为网络传播使个体能主动选择信息，而信息接收者往往根据需要选择感兴趣的或与自己有关的内容，不符合个体需求的则被略过。另外，网络每天都会涌现出大量的新事物，虽然极大地满足了个体的好奇心和探索的欲望，但同时也会使个体产生自身知识跟不上时代潮流的感觉，进而刺激个体主动探索新知识的意愿。比如，人们经常浏览一些专业的微信公众号，就是其主动探索未知领域的表现。

网络的虚拟性使个体容易利用主观经验对与信息有关的不在场内容进行想

象。由于身体的不在场性，网络信息传播缺少了许多修饰性内容，网络机械的互动环境可能会刺激个体的好奇心理，使他们对那些不在场内容进行主观的想象，这些想象与个体经验有关。例如，在网络聊天中，个体可能会根据聊天内容和经验想象交流对象的表情、语调、动作，并在头脑中模拟交往场景。这一系列主观的加工，可能导致信息源发出的信息被接收人错误地接收、理解。网络表情符号含义的演变也证明了这一点，个体在理解表情包时往往与自己的认知经验和情绪相结合，赋予了表情包不同的意思。例如，腾讯QQ小黄脸中的"微笑"表情，官方定义为淡淡的微笑，然而经过网友的认知加工，这个表情逐渐演变成不开心、威胁、鄙夷的意思，年轻人更是称之为"死亡微笑"。

三、网络信息传播中的情感过程

网络传播虽然是虚拟的，但情感的产生与发展则是真实的。随着网络技术的发展，网络给人们带来的情感体验也越来越丰富。

首先，网络提高了自我表露水平，促进了情感的发展。在网络人际互动中，由于视觉线索的缺失，外貌影响显著降低，交往双方避免了现实交往情境的压力，由此鼓励了他们的自我表露行为，尤其是关于个人情感和思想观念的表露；同样，由于网络匿名性的特点，个体无法对交流对象有充足的了解，难以建立信任，所以积极的自我表露可以增加对方对自己的了解，从而增进网络交往中的信任感，拉近心理距离。网络自我表露存在互惠效应，这个观点最早由朱拉德（Jourard，1971）提出，他指"你告诉我多少关于你的事情，我也会告诉你多少有关我的"。显然，自我表露越多，情感卷入就越深（申凡，2013）。

其次，网络交流具有美感效应，促进了情感的发展（李琦，2003）。网络的虚拟性给了人们一个完善形象和性格的机会，个体会选择性呈现网络身体，表现出比原本性格更温和的模样，掩盖了许多自身缺陷。同时，网络交往缺乏实际接触，人们只能靠经验和直觉判断对方是个什么样的人，尤其是在积极的网络关系中，个体潜意识地赋予对方许多美好的品质，从而对交往对象产生了美好的幻想和热情（王晓霞，2002），使其符合自己的期望，这就是"在网络中更容易爱上一个人"的原因。

再次，网络表情符号的使用增强了情感表达的效果。随着计算机技术的发展，网络聊天已经从纯文本的情绪表达发展到如今的丰富多彩的动态表情符号，极大地丰富了信息时代的沟通方式和趣味性。网络表情一般是文字和图片的组合，文字确保了情绪传达的准确性，图片则增添了情绪传达的愉悦性（李紫菲、胡笑羽，2019），很好地弥补了文字在传递情感上的局限，增加了网络交流的真实性（赵爽英、尧望，2013）。另外，研究（代涛涛、佐斌、郭敏仪，2018）发现，表情符号中包含了更多的热情信息，也就是说当别人使用表情包时，个体会给予对方热情的评价，能给人们带来更多人性化的体验。

最后，网络媒体的场景化增强了情感传播的效果。近年来直播、视频的快速发展使信息传播视频化、音频化，形成的一个个场景立体化地塑造了人们的行为和感受，增强了网络传播的情感化色彩，也强化了受众的在场感，人们仿佛置身于其中，也就更容易"触景生情"（马广军、尤可可，2020）。

四、网络行为的心理强化过程

人作为一种社会性动物，网络使用必然会引起许多内部体验，总的来说，网络给个体带来的积极体验可能大于消极的，而这种积极的愉快的体验往往对网络行为具有强化作用。

其一，沉醉感。沉醉感是指个体专注于某一感兴趣的活动时产生的高度愉悦的体验，具有自我强化功能，有沉醉体验的个体在使用网络时会更加积极 (Skadberg & Kimmel，2004)。那么虚拟空间的沉醉感是如何产生的呢？霍夫曼（Hoffman）和诺克瓦（Novak）认为沉醉感的主要前提是控制感、唤醒和注意力集中 (Hoffman & Novak，1996)，网络正好迎合了这些条件，不仅给了个体自主性，许多有趣的内容也能引起和维持个体注意力，所以网络聊天、发帖、游戏等许多网络活动都可以带来沉醉感（Pearce，Ainley & Howard，2005）。例如，在网络交往中，个体能随意选择自我呈现方式和策略，感受到对自我呈现的掌控感，从而获得沉醉感。这种愉悦感又进一步促使了个体反复使用网络，在这个过程中，沉醉感本身表现出由弱到强的动态过程（李宏利、雷雳，2010）。

其二，网络自我效能感。网络自我效能感是指个体在使用网络达到某种目的时，对自己网络操作能力的信念。网络自我效能感主要来自先前的成败经验，当个体从以前的网络使用中获得了较高的自我效能感时，他就会肯定自身能力，且对自己的网络技能感到满意，那么在面对难度较高的网络任务时，也能有较高程度的坚持和努力（梁晓燕、魏岚、章竞思，2007）。网络自我效能感的建立是一个持续的过程，随着网络使用的增多，个体会逐渐掌握越来越多的网络技能，自我效能感就会不断提升，而提升后的自我效能感又会促进网络的使用。如此循环往复，使得个体的网络使用行为不断得到巩固和强化。

其三，归因方式。归因是指通过一系列信息加工对事情结果的原因进行分析和解释，对个体行为的选择和努力程度有重要影响。人们一般将行为结果归因为自身力量和外部力量两个类别。在网络行为中，如果个体将网络使用中的成功归结于内部原因，如努力程度，那么他就会体会到高度的自我效能感，从而对网络活动更加积极。例如，如果玩家将在网络游戏中打败对手归结于自己的努力练习，那么他就更愿意通过进一步努力来获得更多的成功体验。反之，如果将网络使用的成功归因为外部力量，则成功经历对其今后网络使用的强化效果就会大打折扣。

其四，外部反馈。积极的外部反馈对个体的网络行为有强化作用，比如朋友圈的"点赞"，这是一种对个体的社会支持和肯定，而一个人的内心总是希望被关注和认同的，当他们通过网络互动得到了他人的理解和支持时，内心的负性情绪则得到缓解，自我价值感和主观幸福感提高，他们更愿意通过网络互动获得他人的积极评价。外部反馈不仅来自人际互动，如网络游戏就抓住了积极反馈的强化作用，玩家每过一关就会得到相应的奖励，级别越高得到的奖励就越多。这种奖励显然对网络游戏玩家具有较大吸引力。

参考文献

[1] Davison, W.P. The Third-Person Effect in Communication[J]. Public opinion quarterly, 1983, 47(1):1.

[2] Hoffman, D. L., & Novak T.P. Marketing in hypermedia computer-mediated environmental: Conceptual foundations[J]. Journal of Marketing, 1996, 60(3): 50-68.

[3] Jourard ,S. M. The transparent self (2nd ed.)[M]. Litton Educational Publishing, Inc, 1971.

[4] McCombs, M.E., & Shaw, D.L. The Agenda-Setting Function of Mass Media[J]. Public opinion quarterly, 1972, 36(2): 176.-187.

[5] Noelle-Neumann, E. The Spiral of Silence. Public Opinion-Our Social Skin[M]. Chicago: The University of Chicago Press, 1984.

[6] Pan, Z., & Kosicki, G. Framing analysis: An approach to news discourse[J]. Political Communication, 1993, 10(1): 55–75.

[7] Pcarce, J.M., Ainley, M., & Howard, S. The ebb and flow of online learning[J]. Computers in Human Behavior, 2005, 21(5): 745-771.

[8] Perloff, R.M. The third-person effect. In J. Bryant & D. Zillmann (Eds.), LEA's communication series[M]. Media effects: Advances in theory and research. Lawrence Erlbaum Associates Publishers, 2002.

[9] Skadberg, Y.X., & Kimmel, J.R. Visitors flow experience while browsing a Web site: its measurement. Contributing factors and consequences[J]. Computers in Human Behawior, 2004, 20(3): 403-422.

[10] Suler, J. R. To get what you need: Healthy and pathological Internet use. Cyber Psychology and Behavior, 1999, 2(5): 385-393.

[11] 晁晓峰. 广电节目受众的卷入度研究 [J]. 电视研究, 2008（5）: 44-46.

[12] 陈伟鑫. "框架理论"在新闻报道中的应用研究 [J]. 西部广播电视, 2018（24）: 26-35.

[13] 程文香. 媒介框架视角下的网络舆论引导研究 [J]. 视听, 2019（1）: 154-155.

[14] 代涛涛, 佐斌, 郭敏仪. 网络表情符号使用对热情和能力感知的影响: 社会临场感的中介作用 [J]. 中国临床心理学杂志, 2018, 26（3）: 445-448.

[15] 杜溪. 信息时代把关人理论的革新 [J]. 采写编, 2019（3）: 29-30.

[16] 方建移. 传播心理学 [M]. 杭州: 浙江教育出版社, 2016.

[17] 高芳芳. 突发公共卫生事件传播理论模型与实证研究 [J]. 浙江传媒学院学报, 2016, 23（4）: 84-89.

[18] 耿浩. 内容型自媒体传播中把关人理论的适用: 以产品测评自媒体为例 [J]. 戏剧之家, 2019（16）: 218-219.

[19] 郭庆光. 传播学教程: 第 2 版 [M]. 北京: 中国人民大学出版社, 2011.

[20] 黄惠萍. 媒介框架之预设判准效应与阅听人的政策评估: 以核四案为例 [J]. 新闻学研究, 2003（77）: 67-105.

[21] 匡文波. 网络传播概论 [M]. 北京: 高等教育出版社, 2009.

[22] 李宏利, 雷雳. 沉醉感及其在现实世界以及虚拟空间的表现 [J]. 心理研究, 2010, 3（3）: 14-18.

[23] 李琦. 网络与青少年情感: 网恋对人心理影响的研究综述 [J]. 中国青年研究, 2003（12）: 42-45.

[24] 李青. 从连接到智能: 互联网演进路径及趋势 [D]. 武汉: 武汉大学, 2018.

[25] 李紫菲，胡笑羽.网络表情包与情绪词对情绪启动影响的实验研究 [J].赣南师范大学学报，2019，40（4）：125-130.

[26] 梁晓燕，魏岚，章竞思.网络自我效能研究述评[J].教育研究与实践，2007（2）：52-55.

[27] 刘海龙.大众传播理论：范式与流派 [M].北京：中国人民大学出版社，2008.

[28] 卢华厚.移动视频直播：全媒体时代融媒发展的利器[J].视听，2019（10）：162-163.

[29] 马广军，尤可可.网络媒体传播的"情感化"转向 [J].青年记者，2020（5）：19-20.

[30] 彭兰.网络传播概论 [M].北京：中国人民大学出版社，2012.

[31] 上海艾瑞市场咨询有限公司.中国互联网流量年度数据报告（2018 年）[R].艾瑞咨询系列研究报告，2019：1-111.

[32] 申凡.网络传播心理学 [M].北京：清华大学出版社，2013.

[33] 施拉姆.传播学概论：第 2 版 [M].何道宽，译.北京：中国人民大学出版社，2010.

[34] 童青青.网络人际传播的形态和特征探析 [J].西部学刊（新闻与传播），2016，45（4）：22-23.

[35] 万晶晶，张锦涛，刘勤学，邓林园，方晓义.大学生心理需求网络满足问卷的编制 [J].心理与行为研究，2019，8（2）：118-125.

[36] 王绍忠，谢文博."使用与满足"视角下的移动视频直播发展研究 [J].吉林师范大学学报（人文社会科学版），2019，47（1）：88-94.

[37] 王晓霞."虚拟社会"的人际交往及其调试 [J].南开学报（哲学社会科学版），2002（4）：88-94.

[38] 王延隆，廖阳晨，孙孟瑶.网络德育与青年社会化[M].北京：人民日报出版社，2018.

[39] 许莹.网络群体传播中反向社会情绪的放大效应及其疏导[J].中州学刊，2013（6）：176-178.

[40] 佚名.《2018 年全国未成年人互联网使用情况研究报告》发布[J].少年儿童研究，2019（5）：79.

[41] 张放.网络人际传播效果研究的基本框架、主导范式与多学科传统[J].四川大学学报（哲学社会科学版），2010（2）：62-68.

[42] 张宏波.浅述微博传播及其对专业新闻媒体的影响[J].传播与版权,2019(2):97-98.

[43] 张克旭,臧海群,韩纲,何婕.从媒介现实到受众现实:从框架理论看电视报道我驻南使馆被炸事件[J].新闻与传播研究,1999(2):2-10.

[44] 张苋扬.基于微信传播特点的高校青年学生思想教育管理对策分析[J].北京教育(高教),2015(1):98-100.

[45] 赵爽英,尧望.表情情绪情节:网络表情符号的发展与演变[J].新闻界,2013(20):29-33.

第三章　网络信息传播与青少年心理健康

第一节　心理健康与心理健康教育

随着网络信息技术的发展，青少年的成长环境受到网络的巨大影响。1998年美国未来学家泰普斯科在其《数字化成长》一书中首次将青少年称为"网络一代"，网络对青少年的影响由此可见一斑。在这样的背景下，网络情境下青少年的心理健康工作逐渐引起了心理学家、教师、家长等各个社会群体的持续关注。

一、心理与心理素质

心理学是揭示心理现象及其活动规律的科学，起源于古希腊时期。但心理学作为一门独立学科的诞生则始于1879年，德国心理学家冯特在莱比锡大学创立了世界上第一个心理学实验室。此后，心理学在短短一百多年中迅速发展和崛起，涌现出纷繁复杂的心理学派，并越来越受到人们的重视。

关于人的心理本质是什么，除了唯心主义的灵魂论观点外，不同的心理学派所持有的观点不同，大致可分为两种。第一种认为人的心理现象是身体某一部位的机能。在古代较早时期，人们对于身体各部分的机能并不了解，误认为心理是心脏的机能；后来，随着解剖学的发展，人们对人体各部分机能的了解逐步深入，人们才慢慢认识到心理现象其实是大脑的机能。第二种则认为人的心理是对客观现实的反映，如果脱离了客观现实，那么就不能够产生正常的心理。例如，20世纪50年代的狼孩，虽然是人类，但是由于脱离了人类的生活环境，而不具备人的心理。此外，心理对客观事物的反映还具有主观能动性和个体差异性。

现在，一般认为人的心理活动包括心理过程和个性心理两个方面。心理过程按照功能与性质划分，可以分为三种类型。其一，认识过程。人的心理认识过程是人脑对于客观事物现象和本质的反映，也是人脑对信息的接收、储存、加工、理解过程，包括感觉、知觉、记忆、思维和想象等。其二，情绪情感过程。人的情绪情感过程是指人们在认识和反映客观事物的过程中总是本着某种需要，根据需要的满足与否进而产生相应的态度体验，这一过程即为情绪、情感的过程。其三，意志过程。人类在认识和改造世界的过程中，总是带有一定的目的，在实现这一目的过程中需要克服重重困难，这一过程就是我们常说的意志过程。心理过程反映在不同个体身上，会呈现出较大差异，即为个性差异，这就涉及个性心理了。个性心理包括个性倾向性和个性心理特征两个方面。前者如需要、兴趣、动机、理想、信念等，它们共同决定着个体行为的选择和趋向，决定人追求什么；后者则包括人的气质、性格以及能力，它们是个体多种心理特点的独特组合，较集中地反映了个体心理面貌的独特性。

心理素质，即是人的心理过程与个性心理所体现出来的心理品质的总和，也指人的智力和非智力因素体现的品质的总和。心理素质是人类整体素质的重要组成部分，在人的整体素质中占有核心地位，也是人的道德素质、科学文化素质以及专业能力素质形成和发展的基础。而心理健康又是心理素质的重要组成部分。

二、心理健康及其标准

健康包括身体健康与心理健康。早在1948年，世界卫生组织就指出健康不仅指身体上有没有疾病，而且包括人的身体、心理、社会在内的完好状态。1982年，世界卫生组织对于"健康"一词进行了重新定义，明确指出了健康的10项标准，其中就包括处世乐观、态度积极、应变能力强等心理特点。关于心理健康的定义，在当前学术界仍然是一个有争议的问题。国内外学者由于各人所处的社会文化背景不同、研究问题的立场、观点和方法各异，迄今仍未有统一的意见。正如卡普兰所说："许多人都试图定义心理健康，但这是一个混合的领域，难以给予准确的定义，它不仅包括知识体系，也包含生活方式、价值观念以及人际关系的质量。"现在一般认为：心理健康是指人们在适应环境的过程中，生理、心理和社会性方面达到协调一致，保持一种良好的心理功能状态。

对心理健康含义的分歧，直接导致了人们对心理健康标准的争议，仅国内就有 30 多种关于心理健康标准的不同看法。心理健康可分为健康、常态、轻度失调、严重病态四个等级。而一般的心理健康标准，则包括四个方面，即基本符合客观的认知、良好的情绪情感、坚强的意志品质、健康的个性心理。具体来说，一般认为心理健康应从以下几方面去衡量。

一是智力正常。一般地说，智商在 130 以上为超常，智商在 90 以上为正常，智商在 70～89 为亚正常，智商在 70 以下为智力落后。二是情绪适中。情绪的产生由应当的原因引起，"当喜则喜，当忧则忧"；能主动控制自己的情绪；情绪的主流是乐观向上的，当然并非完全没有消极情绪的产生。三是意志健全。主要从意志的自觉性、果断性、坚韧性和自制性等方面衡量。四是人格统一完整。心理健康的最终目标是培养健全的人格，人格健全的主要标志是，人格结构的各个要求都无明显的缺陷与偏差，有正确的自我意识，能了解自己、接纳自己；以积极进取的、符合社会进步方向的人生观、价值观作为人格的核心，具有高度的社会感和责任感。五是人际关系和谐。乐于与人交往，既有广泛而稳定的人际关系，又有知己的朋友；在交往中能保持独立而完整的人格，不卑不亢；能客观评价别人，不苛求于人；在交往中能相互尊重、信任、理解；具有合作的精神，与人通力协作，乐于助人。六是社会适应良好。心理健康的人与社会保持良好的接触，使自己的信念和行为与社会进步和发展协调一致，顺应历史发展潮流，即使与社会的进步和发展产生了矛盾和冲突，也能及时调整自己的计划和行动。七是心理特点符合年龄特征。如果一个人的认识、情感和言语举止等心理行为基本符合他的年龄特征，是心理健康的表现；如果严重偏离相应的年龄特征，心理发展严重滞后或超前，则是心理异常的表现。

需要说明的是，正常心理和异常心理之间没有一条明显的分界线。为此，一些学者曾提出心理健康"灰色区"概念，具体说就是将心理健康比作白色，心理疾病比作黑色，在白色与黑色之间存在着一个巨大的缓冲区域——灰色区，有人称这一灰色区域为"亚健康状态"，既非疾病又非健康的中间状态。世界上大多数人都散落在这一灰色区域内。如我们平时所说的"无聊""优柔寡断""委屈感""幼稚依赖""任性刁蛮"等都属"亚健康状态"。而不健康的心理状态依据其程度的不同，也可以分为心理问题、心理障碍和心理疾病三个层次。一是心理问题，它是一种暂时性的心理失衡状态，经过自我调节或别人的帮助就能得以解除。如受一时挫折、失败的打击而出现的困惑、迷惘、想不明白等。

二是心理障碍，它是持续时间较长、反应较剧烈，患者自身难以克服的，已严重影响个体活动效果的局部心理功能失调，往往要求助于专业的心理咨询和辅导人员来加以解决。如轻微的社交恐惧症、考试焦虑症、厌学情绪等都属于心理障碍。三是心理疾病，往往伴随着脑功能障碍，是多种心理障碍的集中表现，或者说是心理障碍长期稳定反应的结果。患者基本上无法维持正常的学习、工作和生活，其解决需精神科医生的介入，配合药物治疗，才能得到有效的控制，严格来讲，心理疾病已超出了教育工作的范围。

三、心理健康教育与网络心理健康教育

心理健康教育是教育工作者从学生的心理实际出发，运用各种手段对学生心理开展的有目的、有计划的宣传和教育活动。自 20 世纪 90 年代互联网广泛应用于社会各个领域以来，世界网民数量呈现出持续增长的态势。根据相关统计数据，中国 1985 年后出生的人群基本上"全民上网"，且近年来网民低龄化趋势明显。不可否认的是，网络具有交流、分享、娱乐等功能，为现代人快节奏的生活增添了许多乐趣，人们能利用网络建立新的人际关系，从网络聊天中得到社会支持，从而减轻孤独感和提高自尊水平。但与此同时，网络的使用也给青少年的心理健康带来了不少问题。相关调查研究显示，过于迷恋网络的青少年容易出现过于敏感（岑国祯，2005）、孤僻、冷漠、逃避现实等消极心理特点。在此背景下，网络心理学与网络心理健康教育应运而生。

所谓网络心理健康教育可从广义与狭义两个方面理解。狭义的网络心理健康教育，即是把网络作为一种信息技术和信息交流的平台或手段进行心理健康教育；广义的网络心理健康教育则是针对网络对人们产生的各种影响而开展的心理健康教育活动。网络心理健康教育的构成要素与普通心理健康教育基本相同，但也表现出了其独特的特点（丁远、高娜娜，2015）。首先，网络心理健康教育的环境即网络环境，具有虚拟性、开放性、自由性等特点，其对青少年的身心发展既起着重要的推动作用，也具有一定的负面影响。网络心理健康教育应充分发挥网络环境的积极意义，摒弃或消除对青少年身心成长不利的内容。其次，网络心理健康教育的主客体关系呈现出对虚拟情境的依赖性和主客体的动态建构性两个主要特点。在网络心理健康教育中，教育主体从教育工作者变成了网络信息传播中的把关人，而教育客体则包括青少年在内的所有网民。网络心理健康教育虽具虚拟性，然而其主体和客体均为现实生活中真实的人，教育主、客体之间具有平等性，可以通过信息引导进行深入交流。教育主体可对

教育客体采取各种充满人文关怀的方法引导教育客体积极探索知识，主动学习知识；教育客体与传统心理健康教育相比，也不再处于完全被动的状态，而是在接受教育主体引导和影响的同时，还可以主动通过各种网络工具与主体进行更为充分、便捷的交流。再次，网络心理健康教育涉及的范畴较为广泛，包括两个方面，即在网上开展针对青少年现实生活中产生的心理健康问题的教育活动，以及通过各种心理健康干预手段全面提高青少年网络心理素质，预防和矫正青少年因网络而产生的各种心理问题。简单地说，网络心理健康教育包括借助网络的方法手段进行的心理健康教育和针对青少年网络相关心理问题开展的各种预防与矫正活动。总之，凡采用网络方法进行的，或针对网络心理问题展开的心理健康教育活动都属于网络心理健康教育。复次，网络心理健康教育的方法呈现出两个特点，即通过主客体之间的交流与互动打破了传统的以学校、课堂、书本为中心的方式，通过运行网站等平台达到教育目的，而非强制地进行知识与观念灌输；借助网络多媒体手段对青少年进行心理引导，确保其心理健康发展。最后，网络心理健康教育还具有超越时空限制、信息量大、即时性强、具有主动性和互动性以及自助性和隐秘性等特点。

第二节　网络信息传播与青少年认知改变

网络信息传播改变了传统的信息传播方式，使青少年认识外部世界的方式发生了巨大的变化，其认知发展也表现出了新的特点。

一、网络信息传播对青少年认知的影响

随着网络信息时代的到来，人们的社会生活发生了根本改变，人类的认知模式也发生了重要转变。从网络信息传播对青少年的影响来看，网络在青少年的认知能力、认知风格以及认知过程中都起着重要的作用，主要可从以下几个方面表现出来。

首先，网络对语言的影响。语言是人类交流的工具，其随着人类历史的发展而发生相应的变化。网络对于语言的影响主要体现在网络流行语言上。语言学教授内奥米·S.巴伦指出，手机时代的短信为青少年提供了使用精简语言的契机，而推特、微博等限制字数的网络传播平台的推出，则为网络语言的生成

与发展、流行提供了外部环境（Eisenstein，2013）。这种特殊的网络环境鼓励青少年使用更为精简的语言和符号的行为。我国学者也指出，网络语码输出效率较低迫使网络语言简化，网络的匿名性使得网络语言大胆创新（韩志刚，2009）。语言学家通过系统研究发现，相比现实生活中的语言，网络语言在语音、语义、词汇方面均发生了一定的变异。语音方面的变异主要体现在对中英文的读音简化，以及借助阿拉伯数字促成谐音变异，如汉字谐音、数字谐音等；语义方面的变异主要体现在赋予词语新的含义，并对原有的词语意义进行引申，如旧词赋新义等；词汇变异，则体现在对词汇的形象化、不规范使用，以及借助方言词等方面。另外，网络语言侧重于传情达意，能够产生心照不宣的效果。相比传统语言，网络语言有着更加直白的情绪化表达，例如"我太难了""西湖的水我的泪"等。网络语言变异及其流行对青少年的认知发展带来了正面和反面的双重影响。一方面，网络语言的使用不仅仅限于网络环境，许多青少年将网络语言用于现实生活中，在一定程度上提升了青少年的语言应用能力。另一方面，网络语言的流行也可能对青少年的认知产生不良影响。网络语言是伴随着网络的流行而兴起的，其兴起的历史虽然短暂，然而发展却十分迅猛，并对原有的规范化语言产生了极大的破坏。当前，国家还未出台针对网络语言的专门法律和法规，对网络语言的监管力度也稍显不足。因此，青少年如果长期、过度使用不规范的网络语言，则会对青少年的认知加工功能和语言认知能力带来危害。

其次，网络对记忆的影响。记忆是一种基本的心理过程，能够帮助人们认识世界、深入思考、判断。由于网络信息具有海量性、不限时的特点，随着网络和电子产品的开发，其对人类的记忆产生了深远的影响。网络信息的海量化、碎片化，使人们在通过网络获取信息时，往往无法进行深入思考，只能进行肤浅的学习。例如，人们在网络上的阅读量为总体数字的20%，即通常只阅读一篇文章的一部分（Nielsen，2008）；由于受到网页上层出不穷的广告等干扰信息的影响，人们在网络阅读时的记忆效果也较书面阅读时差很多；当人们在网络上获取某些知识后，其记忆最深的往往不是知识本身，而是获取这些知识的过程。再如，人们在使用互联网时，常常边听歌，边聊天，边发送邮件，或边上网边打电话，这种长期在网络使用中进行多任务处理的行为能够提高人们的工作记忆能力（周宗奎等，2017）。此外，网络对记忆的影响还在于网络正在成为交互记忆的一部分（雷雳，2016）。人们知道如何利用网络获取信息，但不会将信息本身储存在大脑中（Sparrow & Wegner，2011）。

再次，网络游戏对空间认知的影响。空间认知能力是人类认知中的重要能力之一，也是人类认知中最为古老的能力，是语言能力和分析能力发展的基础，包括空间分辨率、速度控制、多对象跟踪，以及敏感度等能力。网络游戏可对个体的视觉加工、视觉注意力等视觉运动进行协调（Green & Bavelier，2006，2007），而这一点是空间认知的前提。因此，网络能够提高个体的基本空间认知能力。网络游戏还能够提升空间呈现能力，提升青少年的心理旋转能力（Roberts & Bell，2000；Sims & Mayer，2002）；网络游戏和视频的使用则不仅能够提升青少年的个体视觉空间能力（Blumberg，Rosenthal，& Randall，2008），还可提升学生的认知加工能力（Johnson，2008）。这些能力的提升，有助于数学、物理等科目的学习。尽管如此，沉迷网络游戏，对青少年产生的负面影响更大，应该予以重视。

最后，网络对思维的影响（李长贵、刘戎，2014）。思维是对客观现实的概括和间接的反映，反映的是事物的本质特征和事物之间的内在联系，是个体学习能力的核心，对个体发展具有深远意义。网络的使用会给个体思维带来如下影响。第一，由求知性思维转变为求解性思维。人们可以利用网络搜索技术快速找到答案，大大减少了求解的中间环节，表现出强烈的跳跃性、直接性和功利性。第二，思维由单一转变为多元。在网络空间中，一个问题有许多解决方法，人们可以看到多角度、多层面的解读，感受不同观点的文化碰撞，青少年非常容易受这种模式的影响，从而表现出思维的比较性和合成性。比较性是指从多个角度思考问题，不愿意面对某一事件的唯一观点；合成性是指个体一般不直接接受别人的观点，而是对信息重新组合、分辨从而形成自己的观点。虽然这两种思维都是很好的，但青少年应有思维的方向性主线，否则容易出现心理迷失、失衡等问题。第三，由群体性思维转向个体性思维。网络的开放给了每个人空前的自由感，使他们的主体意识不断增强，也让使用者体会到了被尊重、被放纵的快感，所以网络促进了青少年个性化思维的养成。但这种变化也容易使青少年忘记自己的社会角色和应当承担的社会责任。

二、网络学习与青少年认知

网络学习主要是指通过因特网进行的学习活动，它充分利用现代信息技术所提供的、具有全新沟通机制与丰富资源的学习环境，是一种全新的学习方式（何克抗，2002）。网络学习不同于传统学习，不依赖于教师的传授，而是以学习者自我为中心，可以通过多种途径向他人求助，也可以自主决定学习的内容、形式和进度等，具有便利（不受时空限制）、交互（学习者可有效实现与教师、同学、学习资源及网络技术的互动）、非线性（网络学习材料的呈现不是按照顺序组织的，一个信息可以通过超链接与另一个信息联系起来，学习者可根据知识点之间的联系随机从任何一点开始，进行跳跃式学习）、个性化（可根据学习者的不同特征对网络学习的难度、内容、形式和环境等进行个性化设计）及协作性（处于不同空间的学习者可方便地进行同步或异步的协作、分享）等特点（周宗奎等，2017）。网络学习作为一种重要的学习方式，对青少年的认知发展既有利也有弊。一方面，网络学习拓展了青少年的求知途径，促进青少年的自主性学习，提高了青少年学习的自我效能感；但其特殊的认知模式也给青少年的心理带来一系列的负面影响。例如，对网络学习形成依赖、容易沉迷网络信息而不能自拔、影响青少年的线下学习，甚至可能因网络虚拟性而导致网络学习者个性扭曲等。

网络学习离不开网络检索，而网络检索对青少年的认知系统产生较大影响。具体体现在四个方面（甘泉，2011）。其一，网络检索对青少年知识系统的改变。认知系统是一个多层次、多阶段的信息传递系统。网络环境使得传统的学习环境和学习方式发生了巨大改变，网络上的知识成为所有人均可获得的，而网络检索技术改变了个体的知识获取方式。由于网络检索能够使青少年轻松获得大量知识，但这些知识大多为显性知识，因此在一定程度上减少了青少年对这些知识的系统加工和整理，其形成的知识系统可能是片面的、不系统的。其二，网络检索影响个体认知策略系统的构建。随着网络的普及与发展，网络检索已经成为青少年网民获取知识的重要方式，普通的网络信息检索多依赖于个人经验，而无须专业知识的介入。但对于较为复杂以及专业化知识的学习则需要青少年进一步提高网络检索技巧，需要其对媒介机构的生产过程、受众的接收过程，以及媒介传播活动的社会历史语境有充分的认识和了解，这就会迫使青少年不断调整并重新构建自己的认知策略系统，以更好适应网络学习这一全新的学习方式。其三，网络检索对个体认知能力的影响。首先，不可否认，网络时代快速的信息传播方式提升了人的认知能力。然而，由于青少年对网络检索的过度依赖，使得他们遇到问题时首先想到的不是开动脑筋积极思考，而是转而通过网络搜索引擎（如百度知道、百度文库等）来寻求现成答案。对青少年信息行为的研究表明，青少年在查询信息时通常是简单的复制粘贴，不能批判地获取信息（Eagleton, Guinee, & Langlais, 2003）。许多青少年甚至认为摘抄量多就算完成任务。因此青少年很难从网络信息中建构出新的内容（Todd, 2003）。这就使得网络检索在为青少年学习带来高效率的同时，也使其思维能力、判断能力、辨别能力等认知能力面临退化的可能。此外，青少年长期依赖检索，使检索工具和技术在一定程度上内化于青少年的认知结构中，也在一定程度上影响着青少年的认知构建。

三、网络自我与青少年认知

在互联网这个虚拟的世界里，人们凭借视觉、听觉、触觉、感知觉等各种感官体验参与网络活动，并在这一过程中借助网络的用户匿名性、形象创造性、角色多元性、客体掩蔽性特性，重新构建出一个不同于现实世界中的"自我"的新自我。

具体而言，在网络中，用户不仅可通过昵称、个人资料等对自我身份进行掩藏或虚拟，还可借助网络虚拟世界的"安全"环境，随心所欲地按照自身的喜好、兴趣、经验来重新塑造和构建自我形象，实现网络化身。而网络化身则会通过自我呈现的方式对青少年的个体认知及其相应行为产生一定的影响。这主要表现在两方面。一方面，网络自我表现对青少年的认知态度产生一定的影响。研究（Yee & Bailenson，2006，2007）发现，在虚拟网络环境中，青少年的网络自我表现会影响青少年在网络环境中的认知态度。例如，当青少年以老年人的形象和标签作为网络化身形象时，其会减少对于老年人的刻板印象。另一方面，基于认知态度的转变，网络自我表现还会影响青少年的行为表现。例如，研究（Peña Hancock & Merola，2009）显示，在网络游戏中，具有高攻击性形象的青少年，在网络中和现实生活中都表现出较高的攻击行为；而在网络中化身为有吸引力形象的青少年，在具体学习中更倾向于和他人合作，以及交流互动，从而更容易收获友谊。

第三节　网络信息传播与青少年人格发展

"人格"是现代心理学中的重要概念，来源于拉丁语，其定义为，个体在特定的环境中，与环境相互作用过程中展现出来的独特的思维模式、行为方式和情感反应的特征。人格是个体的整体心理面貌、心理特征的总和，其在很大程度上决定了个体面对不同的外界刺激时所做出的不同的反应。互联网上的海量信息，来源渠道复杂，精华与糟粕同在，这对正处于个体人格发展、成熟、稳定关键期的青少年来说，显然有着深远而又复杂的影响。具体来说，表现为以下四个方面。

一、网络信息传播对青少年自我意识的影响

自我意识又称为"自我"，是个体人格发展的重要组成部分。在网络信息传播环境下，青少年自我意识受到互联网的全方位影响。

首先，网络空间为青少年身体自我的呈现提供了新的可能，给青少年的自我建构带来了新的机会。有关研究发现，青少年的总体身体映像与网络身体呈现之间存在着显著负相关（杜岩英、雷雳，2010）。当现实中青少年对于自身形象的满意度较低时，其在网络上的身体呈现程度较高；反之亦然。在网络中青少年出于取悦观众、自我保护、建构自我、积累社会资本等动机，通过网络名称、个人信息、虚拟化身、图片与视频等多种手段构建出一个只存在于网络中的身体自我。青少年的网络身体有以下四种类型（周源源，2016）：一是理想型。有着这种网络自我呈现的青少年在发布个人信息时往往反复斟酌，如对自拍进行精修，对昵称、个性签名等文字内容进行反复评估，看看它们是否使自己满意且能获得好友的肯定。这种网络化身是青少年精心彩排的结果，能够提升青少年的自我形象。二是神秘型。与理想型的反复斟酌不同，神秘型化身的青少年注重阳春白雪的艺术赏析，通过展现诗歌、音乐、书籍等内容彰显其高雅的品位，与观众产生一定的距离感，达到神秘化的效果。三是悖反型。悖反型的网络化身与青少年的实际情况完全背离，如自己颜值很高却用并不好看的头像，明明是学霸却表现出学渣的形象。四是协调型。协调型的网络化身是青少年的本色出演，也就是说网络呈现与实际情况表现一致，既不对照片美颜也不故作神秘。虚拟的网络身体呈现可以弥补青少年对于真实世界中自身形象上不满意的部分，这显然会推动其自我的重新建构。

其次，由于网络的虚拟、匿名、便捷、相对安全等特点，青少年还可以在网络中可通过多种方式展现其兴趣、爱好、特长，并引发赞美和认同，这对于青少年自我认同的构建同样起着非常重要的作用。网络发展速度快，更新时间短，开放程度高，任何一个人都可以是话题的发起者和参与者，这给参与网络社交的青少年提供了一个展示自我的平台，同时青少年在上网时可自我管理并独立解决问题（耿红卫，2013）。与此同时，青少年也可以在网络虚拟世界中找到自己的位置并体验到相应的虚拟自我认同感，如在网络团队游戏中担任重要角色

或是加入某个网络社区并扮演特定角色（雷雳，2016）。这些都有助于增强其自我认同感。

再次，网络信息传播可促进青少年自我意识的全面发展。由于网络环境的匿名性，人们在网络上的客体我会产生弱化，这种客体掩蔽性能让现实中由于身体缺陷或性格因素不敢表露自己的青少年更为轻松自在地展现自己，继而在网上获得新的自我体验，有利于其自我意识的全面发展（雷雳，2016）。

最后，需要说明的是，由于网络的虚拟性，不少青少年在网络自我表现中可能存在大量虚假、欺骗以及吹嘘等行为，这些行为如果不加以适当控制，长期发展下来则会在一定程度上造成青少年的自我认知偏差。随着互联网的发展，借助网络平台进行自我表露已经成为当下的一大潮流，而青少年对自己的不满和网络程序的便捷使得青少年在网络平台上表现自己时会先对自己进行一定程度的修改，使其达到令自己满意的程度，其中最为常见的表达方式就是自拍，我们通过不同照片和文字的组合来表达自己的想法，以及向他人表现自己，进而获得自己在网络上的影响力。但是经常在网络中表现自我会让青少年对现实中自我的认同感降低，对自我的认知混乱，甚至会造成青少年过度关注自己而情感淡漠，不利于青少年自我意识的形成。且具有负面信息的颓废文化极易造成青少年自我同一感混乱，如青少年长期沉溺于网络游戏，在网络中化身为大侠，混淆了"理想我"与"现实我"，甚至分不清网络与现实（耿红卫，2013b）。

二、网络信息传播对青少年理想及道德信念的影响

网络信息传播环境下青少年可以接触到各种各样的人，了解不同的思想观念、政治观念、文化思想和价值理念，这有利于扩大青少年的视野，但同时由于青少年辨别能力与自控能力差、心智未成熟，也容易带来一系列问题。

首先，易导致青少年理想、道德信念紊乱。在互联网条件下，开放、多元的信息内容使传统教育的权威受到严重挑战（王凡，2013），部分国家利用网络平台对青少年进行文化影响，一些青少年在多元文化的冲击中模糊了基本的理想与道德信念。例如，在网络上一些发达国家为实现其"和平演变"的目的，假借民主、人权等问题，在网络上散布一些诋毁我国政治体制和社会主义建设方面的歪曲言论，严重影响着大学生的思想意识（唐琳，2018），导致部分青少年怀疑我国教育体系、盲目追求自由、盲目崇拜西方文化、漠视我国社会主义核心价值观，渐渐成长为利己主义者，影响其理想与道德信念的健康发展。

其次，易导致青少年群体中享乐主义盛行。社交网络上的各种"晒"，有

时也偏离了记录生活的轨道，成为一种无谓的炫耀和攀比，散发着享乐主义、拜金主义的腐朽气息（王瑶，2014），这对青少年健康发展是一个很大的挑战，有些青少年辨别是非能力不强就掉入了享乐的陷阱之中，放弃了自己的理想与道德，只为追求轻松享乐。

最后，网络具有很好的匿名性、开放性与包容性，隔着网络每个人都可以随心所欲地变换自己的面具，因此部分青少年产生了错误认知，认为网络不受现实道德规范的影响，可以为所欲为，他们隔着网络发泄自己的不满，甚至恶意造谣诽谤别人，长此以往也会对其道德信念产生负面影响。

网络信息传播在给青少年理想和道德信念带来消极影响的同时也存在一些积极影响。比如网络游戏充斥暴力的同时也需要游戏者之间相互团结、相互合作，这就使得青少年在玩游戏时可能培养出较强的集体意识（耿红卫，2013a）；再如网络上存在不良信息的同时也有很多正面信息，如国家优秀人才、最美好人、新的科技研究成果等，这些正面信息也在一定程度上有利于青少年树立崇高的理想和道德信念，为其未来成长指明方向，有助于青少年树立崇高的理想道德信念，等等。

三、网络信息传播对青少年神经症及异常人格的影响

网络信息传播为青少年提供了一个展示自我并与同伴交流的平台，但是不恰当或过度的使用也会在一定程度上导致个体心理与社会适应问题（陈春宇、连帅磊、孙晓军、柴唤友、周宗奎，2018），严重者甚至影响其人格发展。主要体现在以下几个方面：

第一，可能导致个体焦虑、抑郁等神经症与人格改变。已对网络形成一定依赖倾向的青少年，当难以顺利使用网络时，可能会表现出焦虑、烦躁及抑郁等不良情绪（Woods & Scott，2016），甚至出现人格改变，比如温和的个体可能因此而变为易怒易暴的个体，在网上与现实生活中的人格表现判若两人（耿红卫，2013a），这些都会对青少年健康人格发展造成巨大阻碍，还容易引起一系列并发神经症与人格障碍情况。

第二，可能形成个体封闭性人格。网络可以促进内向人格的人际交往，但若其过度沉迷网络世界则会使他们对现实生活中的事务缺乏兴趣，模糊虚拟与现实的边界，只活在自己的世界中而不与现实世界有太多的接触，容易逐渐形成封闭性人格（陈毓秀、韦一文、陈星权，2020），不利于其正常人格的发展，也会增加其在现实生活中出现焦虑、抑郁的可能性。

第三，可能引发个体自杀倾向或其他神经症。研究表明，沉迷于网络的青少年，相比非网络成瘾的个体，网络成瘾的个体更容易产生抑郁情绪和自杀倾向 (Cheung & Wong，2011；Kim et al.，2006)，体验到更多的社交焦虑和孤独感 (Hardie & Tee，2007)。这可能与他们长期沉迷网络以致对他人的情感淡漠、更多关注自身和缺乏社会支持有关。

第四，可能诱发个体反社会人格。不仅网络暴力游戏及暴力视频可能使青少年容易产生攻击倾向（耿红卫，2013a），且青少年在使用互联网过程中遭遇到的网络言语攻击等网络欺负行为也具有一定的危害性，它们会使青少年感受到社会环境的不友好，进而引发其对社会的不信任，诱发其不良情绪，甚至导致其反社会人格的形成。这些都需要引起我们的注意，提醒我们在网络信息传播环境下要及时对青少年进行网络教育与危机干预，使青少年的人格得以健康发展。

不得不提的是，在网络信息传播给青少年神经症与人格异常带来诸多不利影响的同时，网络信息技术的发展也为青少年神经症及异常人格的治疗与矫正带来了新机遇。如随着网络的发展，采用基于互联网的认知行为治疗 (ICBT) 对神经症性障碍患者的治疗效果比传统认知行为治疗效果好（赵文暄等，2019）；还有近年来加拿大学者以治疗伴有广场恐怖的惊恐障碍（PDA）为例进行的一系列网络心理学新技术的应用研究，也使我们看到了对 PDA 以及其他焦虑障碍治疗新途径的可能性，也给治愈青少年其他神经症及异常人格提供了新的思路（乐国安、梁樱、陈浩、方霏，2006）。

四、网络信息传播对青少年人生观、世界观和价值观的影响

青少年正处在人生观、价值观、道德观完全形成以及心理渐趋成熟的重要时期，因其心智尚不完全成熟，缺乏对是非美丑的判断能力以及对事物本质的认识能力。因此，青少年比较容易在复杂多元的网络环境中产生人生观、世界观、价值观的异变（王欢、祝阳，2014）。

第一，影响青少年人生观。青少年的人生观还处于发展过程中，尚未形成一个完整的体系；青少年正处于个体人格发展、成熟、稳定的关键时期，对各种诱惑的抵制能力不足，面对互联网上的海量信息来源渠道和各种色情、暴力等违法信息的泛滥，容易耗费过多的学习精力和休息时间，去追求通过网络游戏和网络娱乐获得的快意，或通过网上交友结交大量并非真正意义上的朋友，这些对其成长意义不大甚至有害的网络行为，无疑会影响其健康人生观的形成

（窦广会，2016）。第二，影响青少年世界观。有的青少年长期沉迷暴力游戏中，容易模糊现实与网络的边界，把网络中的暴力倾向和攻击性带入现实生活中（耿红卫，2013b）；而网络的匿名性和相对的安全性，使得那些心怀叵测者更方便发表、散布、传播反动、色情的言论和信息，散布和传播腐朽没落的思想意识（郝文清、吴远，2002），这些负面信息都会充斥到青少年的世界中，歪曲其世界观念，以致做出一系列失范行为。第三，影响青少年价值观念。网络信息传播的发展使得人们可以随时随地交流，但是攀比之风却在人们交流中渐渐盛行，"打肿脸充胖子"，即使负债累累也要在表面上比别人过得风光，"买东西要买最贵的、干什么都要拍个精致的照片发个朋友圈、别人有的我也要有……"，网络上娱乐之风与享乐主义盛行。有些青少年甚至在这些信息的影响下不顾自身情况盲目推崇"提前消费"观念。这种情况显然不利于青少年健康价值观念的形成，第四，对青少年三观产生同步冲击。网络信息传播中还存在一些同时对青少年的人生观、世界观、价值观产生侵害的信息。如被异化的网络流行语，充斥着一些肤浅无聊甚至黄色暴力词汇，但青少年却每天用其进行沟通交流甚至把其当作娱乐的重要方式。如果这种"娱乐变异"持续蔓延，不仅会扭曲青年群体的价值观念、世界观念，而且会使其理性思考能力降低，更会对我国的主流价值观造成冲击（蒋明敏，2019）。大学生长期触网，必然会使得相当一部分大学生受到这些垃圾信息的污染，导致人生观、价值观、道德观的扭曲、变形（郝文清、吴远，2002）。

　　诚然，网络信息传播在给青少年三观带来不利影响的同时也存在诸多积极影响。如网络信息传播的发展一定程度上弥补了青少年人生阅历的不足，青少年德育网站的建立为青少年发展提供了新的平台，网络的开放性与匿名性帮助青少年更好地展现自我，这都有利于其形成积极的人生态度（王凡，2013）。与此同时，互联网中的众多利他行为也为青少年的行为发展树立了榜样，有利于青少年形成积极正向的价值观和人生观。个体在网络中比在现实社会中更具有公平性，具有更少的社会阶层差异，这也会促使个体有更多的亲社会行为(Piff, Kraus, Cote, & Cheng, 2010)，有利于青少年形成积极正向的价值观和人生观。

　　除此之外，网络信息传播还会对个体的创新人格及人格整合产生影响。网络为青少年的成长提供了一个广阔的平台，在网络世界中青少年能接触到各种处于不同文化背景、不同思想观念下的人，可以自由放松地与各类人群进行互动、交往，这都有利于扩展青少年视野，改变其看待问题的常规角度，增强其思维的开放性，充分激发其无限潜能，对青少年创新意识和创新人格的培养起到积极的作用。同时，研究者 Valkenburg 和 Peter（2009，2011）还探讨了网络交往对个体自我概念整合的影响，并提出了两个相反的假说：自我概念碎片假说和自我概念统一假说。自我概念碎片假说认为，网络中的青少年会对其自我认同的诸多方面进行整合，过于频繁的网络交往会让青少年从网络中获取过多的有关自我认同的信息，这些信息往往纷繁复杂，有的甚至完全对立，这就使得个体对这些"飘忽不定的自我"的整合变得困难起来；而且新关系使他们面对人和思想的多种可能性，会进一步瓦解他们已经很脆弱的人格，使个体自我概念变得支离破碎。自我概念统一假说则认为青少年可通过网络交往获取大量帮助他们形成准确自我概念的信息，而网络交往中他人的反馈信息也可进一步验证他们业已形成的自我概念，提高他们自我概念的清晰度，这些都有利于其人格整合。综上所述，网络信息传播对青少年人格的影响有利、有弊，我们要多利用其有利的一面，并采取相应措施减少其对青少年影响不利的一面。

第四节　网络信息传播与青少年社会化

青少年的社会化对青少年成长具有重要意义，个体的一生即是社会化的过程，其中青少年的社会化是青少年成长的重要阶段。网络信息传播为青少年的社会化提供了新的途径，对青少年的社会化产生了积极和消极的双重影响。

一、青少年社会化的概念及内容

社会化，是指个体通过学习知识、社会技能、法律规范，培养世界观、人生观、价值观，从而成为符合社会期许的社会个体的过程（王延隆、廖阳晨、孙孟瑶，2018）。青少年社会化是指青少年在社会环境中通过与社会环境的相互交流学习知识技能、确定社会目标以更好地适应成人社会，达到社会所要求标准的发展过程，也是青少年从自然人变成社会人的重要阶段。青少年社会化主要包括以下三个方面的内容。

其一，社会角色转化的社会化。这具体表现在：①青少年逐渐由被动角色转向主动角色。儿童多处于家长、教师等成人的监督和引导下，其学习也多处于被动状态；而青少年随着年龄的增长，不仅认知能力得到不断发展，而且越来越渴望自由，越来越想脱离父母和教师掌控，进行独立、主动的思考，此时的青少年已能主动地从他人身上学习必要的社会技能。②青少年逐渐从儿童时期需要被人照顾的角色，转变为具有独立生存能力的角色。③青少年逐渐从一个不需要承担任何外界责任的角色，转变为需要承担责任的角色。例如，我国的青少年根据《中华人民共和国刑法》的规定，自 14 岁起即须承担一定的法律责任。④青少年从一个无性意识的角色转变为有性意识的角色，这一角色的转变与其生理和心理的发育成熟密不可分，对青少年的伦理观、社会观和人生观也产生了重要影响。

其二，环境转换的社会化。青少年在成长过程中，其周围的环境呈现逐渐变大的趋势。当儿童处于幼年时，其主要活动范围为家庭和学校，随着青少年的成长，其活动范围越来越大，接触到的社会环境越来越多。青少年的生长环境，从需要他人帮助到自力更生；从单纯的玩乐到充满利益冲突的社会环境；从固定的、无选择的交往到有选择的交往，青少年的成长环境变化，对其人际关系的理解、价值观、人生观的形成产生了重要影响。

其三，文化转换的社会化。青少年的成长过程即是一个对知识和文化的处理过程，处于儿童时期时，儿童对于家长或教师所灌输的知识和文化进行无条件的吸纳与接收；而随着成长，儿童将这些知识灵活地运用于生活与学习中；随着青少年的成长，他们不再依赖于他人给予的知识，而开始对知识和文化进行选择，当无法选择时则要学会适应与改变。

其四，个性发展与社会化的统一。个性发展是人生发展的必然过程，是主客体相互作用的结果，尤其是在青少年阶段。社会化的目的是让个体学会一个文化共同体所共有的行为习惯，而个性发展提倡自我的、独特的东西。这样看来，个性发展与社会化是矛盾的，其根本原因是自我的发展（韩振华，2001）。但个性发展与社会化又是相辅相成的。通过社会化个体形成初步的自我，随着社会化的发展个体的自我意识也越来越强。因此，我国学者谷迎春从这个角度出发，认为青少年社会化是个体利用其关于自我的思考去融汇和转化面临的社会问题的理解，达到"我"和"们"的统一（谷迎春，1987）。

二、网络信息传播对青少年社会化发展的影响

随着网络信息技术的发展，网络已渗透到社会的方方面面，青少年时期是人生中重要的独立探索阶段，而网络则为青少年提供了一个展示自我、实现社会价值的广阔平台，对其社会化进程带来了深刻影响。

不可否认，网络作为当代信息交流的重要途径，给青少年社会化带来了一

系列积极影响。第一，网络增强了青少年社会化的主动性（王贤卿，2011）。在现实社会化中，青少年在与父母、教师的相处中往往处于被支配地位，自身的想法和评价抑制了青少年的个性发展，社会化始终是被动进行的；而网络环境一定程度上脱离了支配者的干预，满足了青少年对平等和个性化的强烈需求，使青少年有自主选择的权利，加强了青少年的主观能动性，有利于其社会化。第二，网络成为青少年人际交往的重要工具，促进了青少年的社会关系发展。青少年借助网络发展同伴关系、恋爱关系已成为社会的普遍现实。青少年的线上交际最初大多由线下现实关系发展而来，青少年在即时通信等软件或平台上，除与同伴保持良好交际之外，还通过在线上的自我表达、自我形象展示等获得更多关注，为其带来一定的归属感和认同感，有利于其建立新型社会关系，尝试更多的社会角色。除此之外，网络交往也渗透到家庭生活中。比如，家长可借此与青少年之间建立起频繁的互动关系，并通过网络交流对青少年进行行为干预，有利于其社会化。第三，网络的使用有利于青少年学习社会知识和技能，顺利参与社会生活。网络是一个巨大的知识宝库，且传播手段多样，不仅拓宽了青少年的视野，也为青少年了解社会规范提供了新的渠道。

但与此同时，网络也使青少年社会化面临前所未有的问题。首先，网络使青少年出现现实交往障碍。网络交往使青少年得到了极大的满足感和归属感，从而忽视了与同伴的线下交流，导致青少年对现实交往的冷漠化。其次，网络交往主要是通过文本方式进行的，它掩盖了许多非语言内容，比如眼神、语调、表情等，久而久之，个体会失去对现实的感受力与参与感，害怕现实交流。再次，网络使青少年出现角色认同危机。网络给青少年提供了现实生活中不能体会到的角色体验，如角色扮演类游戏，但这些角色与现实断裂，导致青少年难以分清"虚拟的我"与"现实的我"，从而出现角色认同危机。最后，网络信息传播弱化了青少年的社会道德意识。社会道德意识的形成是青少年社会化的重要内容之一。网络中庸俗化和灰色化信息泛滥，在这些不良信息的影响下，借助网络的虚拟性，部分青少年可能在网络中表现出一些在现实生活中不敢表现出来的有违社会公德的非道德行为，从而降低了青少年的社会道德水平，使其社会化发生了方向上的偏离。

三、网络信息传播中的青少年亲社会行为

所谓亲社会行为，是由美国发展心理学家艾森伯格提出的，即个体在成长过程中，帮助或打算帮助其他个体或群体的行为及倾向。亲社会行为是个体社

会化的重要内容，具体包括分享、互助合作、利他、追求公平正义等。在青年社会化过程中，环境的作用十分重要。网络作为当代社会中影响较大的因素，改变了人们的行为方式和思维方式，在青少年成长过程中起着重要的作用。随着网络的普及和影响，越来越多的心理学家开始对网络亲社会行为进行研究。所谓网络亲社会行为，即是在互联网中发生的亲社会行为。相关调查研究表明，青少年在网络环境中发生亲社会行为的水平相对于其他人群高出许多（雷雳、张雷，2003）。

（一）青少年网络亲社会行为的表现形式

我国学者杨英等（2011）按照网络亲社会行为的内容将其分为以下四种表现形式。首先，无偿提供信息。在网络上，存在着许多文档资源或课程资源，这些资源的内容十分广泛，小到一家书店的位置，大到国际形势的解读。这些共享资源均是由网络用户精心整理上传的，任何人均可以免费下载，他们不求利益，只为了分享知识。在一些网络平台上，许多网友会针对陌生人的求助做出免费的回答或提供技术指导。例如，无偿为青少年提供学习技巧和学习资料。其次，无偿为他人提供精神支持。网络上存在着大量失意的网友，当他们在网络上倾诉自己的不幸遭遇时，许多青少年则通过网络平台对其表示同情，并且提供精神安慰。许多青少年也对他人的成功表示祝贺。再次，义务招募。当网络上出现求助信息时，许多青少年均会帮助转发消息并发动社会救助，帮助求助人。例如，面对网络捐款平台水滴筹上的求助信息，许多青少年不仅在各种平台转发，而且自身也会为求助人捐款。最后，寻求合作。青少年常常利用虚拟社区招募合作伙伴，例如，找同伴一起学习。此外，提供网络管理义务服务。在网络上存在着无数个网络论坛和网络社群组织，这些论坛或网络社群的版主或群主，多为志愿者，他们为了维护论坛和网络社群组织的繁盛，常常需要花费大量时间和精力来对论坛和社群进行维护（彭庆红、樊富珉，2005；王小璐、风笑天，2004)。

（二）网络亲社会行为的特点

网络亲社会行为与现实中的亲社会行为相比，具有广泛性、及时性、长效性、匿名性等特点。第一，网络亲社会行为的广泛性体现在三个方面。一是网络中的亲社会行为不受时间、地点、领域等限制，几乎遍布于各行各业。二是网络中的亲社会行为可以引发广泛的关注度和参与性，表现出强扩散性。现实中的求助信息只能影响到在场的个体，影响范围有限（杨英、马晓彤，2011）。而网络上出现求助信息时，任何人均有可能伸出援手，对信息进行转发，或给予援助。三是网络亲社会行为的受益者也是广泛的。例如，当某人将某个文档，或某项技术免费通过网络发布后，网络中的无数受众均会受益。第二，网络亲社会行为的的及时性。比如，网络上一则儿童走失或疾病求助的信息往往会在较短的时间内引发大量转发或援助。这种网络行为的及时性常体现在微博中，由于微博既具有网络的即时通信功能，又具有信息发布功能，常引发大量关注。虽然在论坛上某些求助技术的话题帖可能过两三天后才会有人回答，稍有延时，但仍不能否认网络亲社会行为在及时性方面的优势。第三，网络亲社会行为的长效性。由于网络中的信息可以保留较长时间，其亲社会效应往往会持续较长时间。例如，校园论坛中某个关于学习方法的回答贴，可能过了数年仍然存在，使得无数后来者可以从该行为中获益。第四，网络亲社会行为的匿名性。由于网络的虚拟性，除了儿童走失或疾病求助、寻人信息等，绝大部分网络信息的求助者和被求助者之间往往不需要表露真实身份，其之间虽然存在着求助行为与施助行为，但二者可能相隔千里，也没有见过面，二者之间的关系则属于网络弱关系。第五，行为主体的零损失。网络亲社会行为相对现实比较简单，网络资源具有可复制性，只需要简单的操作就可以帮助别人，青少年物质损失几乎为零，且花费的时间和精力都较少。第六，青少年网络亲社会行为主要是无偿提供信息和精神支持，招募和合作相对较少。招募和合作是较高级的网络亲社会行为，对虚拟成员的要求较高。招募和合作行为较少也反映出青少年对网络的信任率和利用率较低（杨英、马晓彤，2011）。

（三）网络亲社会行为的影响因素

网络亲社会行为受到求助者、施助者以及网络环境等多方面的影响。

首先，求助者因素。国内学者（王小璐、风笑天，2004）对网络亲社会行为进行调研后发现，求助者因素是求助者能否获得帮助的重要因素，也是决定亲社会行为是否发生的重要因素。求助者因素包括性别因素、同质性因素、主题因素、语言因素、符号因素等，与求助者在网络中展现出来的个人形象具有较大关系。其中语言因素至关重要，文本交流是网络交流的主要方式，与现实求助不同，在网络中求助者必须使用明确的语言表达自己的需求，较少出现理解错误的问题，诚恳的语气能提高求助信息的真实性，消除施助者的疑虑，更让求助者容易获得帮助。此外，如果求助者在社群或论坛内发出的主题比较新颖、真实，那么其获得求助的可能性也越大。

其次，施助者因素。网络中青少年有极强的自我展现欲望，往往更愿意在网络中充当施助者角色，而内部原因对青少年的亲社会行为是否发生具有决定性作用，具体表现在以下几点。①网络道德。研究发现青少年的网络道德水平越高，就越可能表现出网络亲社会行为（雷雳，2012）。②性别。不同性别的人网络亲社会行为的表现形式不同，男性更愿意提供网络知识与技能的帮助，女性则投入更多精神上的支持。③年龄。随着年龄的增长，网络使用时间越来越长，个体不会轻易相信求助信息，网络亲社会行为水平下降；反而刚接触网络的青少年由于缺乏经验和沟通更容易发生亲社会行为（雷雳，2012）。④自我满足。郑显亮等人（2017）的研究表明，个体的网络利他行为越多则幸福感越强，施助者往往能从施助行为中获得极强的自我肯定感以及价值感，这些都强化了个体的网络亲社会行为，使其能够继续发生，所以自我满足也是网络亲社会行为发生的重要原因。⑤施助成本。研究发现，当施助成本过高时，网络亲社会行为和网络中的利他行为就会相对下降；相反，若施助成本低，则网络亲社会行为发生的概率会大大提高。

再次，环境因素。有研究者指出（郭玉锦、王欢，2005），网络环境激发了网络利他行为与网络亲社会行为发生的频率。这是因为，网络自身特征所营造的网络环境，如匿名性、及时性、虚拟性以及网民构成的丰富性与复杂性等均为网络求助与网络施助提供了较好的环境，使信息能快速高效地传播，因此增加了网络中利他行为的发生率。如旁观者效应在网络中几乎不存在，这是因为网络使个体摆脱了外在压力，较好地避免了责任分散的可能，从而激发个体的亲社会行为（雷雳，2016）。时间也是人们对网络亲社会行为决策的重要因素，因为个体在时间紧迫时助人的可能性较小，如果耗费的时间较少，人们则更容易投身于网络助人行为（迪拉热·艾则孜，2013）。

此外，积极反馈也是促进青少年亲社会行为的重要因素。如果青少年实施网络助人行为之后收到了求助者的感谢和网友的赞扬，那么他的自我价值感也会提高，从而增加网络亲社会行为。

第五节　网络信息传播与青少年压力应对

青少年在成长过程中须面对各种各样的压力，这些压力对青少年的身心发展产生了极为重要的影响。网络信息时代，随着青少年压力源的变化，青少年的心理发展也面临着的新的挑战。

一、压力的概念及特点

物理学上的压力是指垂直作用于物体表面的力，人体通过触觉可以感受到压力的存在。而心理学上的压力是指人们身处不利情境感受到环境需求超出自身应付能力时所出现的心身紧张或不安的体验（Lazarus & Folkman，1984），压力常会导致个体焦虑、抑郁情绪的产生（彭飞、苏吉、朱岳梅，2017；Chen， et al., 2013），压力长期存在会对个体身心健康产生极为不利的影响。压力不是凭空产生的，而是由压力源带来的。压力源是挑战个体适应能力，激发个体压力反应的因素。它可以分为三种类型。一是生物性压力源，是一组直接影响个体生存与种族繁衍的事件。如疾病导致人体不适，噪声干扰人体听觉系统等均属此类。二是精神性压力源，即对个体正常精神需求产生阻碍或破坏作用的事件。如道德冲突、怨恨情绪等均属此类。三是社会环境性压力源，即对个体正常社会需求产生阻碍和破坏作用的事件。如战争、家庭冲突、社会交往不良等均属此类。个体心理压力多由不同压力源共同作用构成，而不仅局限于某个单一的压力源。

心理压力对于个体的身心造成一定的消极影响，严重时还可阻碍个体身心的正常发展。比如，个体在偶然的压力或短期压力下常爆发应激性反应，常见的应激性反应有攻击压力源或逃离现场，在这一过程中，人体的生理会产生一系列的反应和变化；而在长期压力下，身体会出现三个反应阶段。其一为警觉反应阶段，在压力刚刚出现时，机体迅速分泌各种应激激素，激发全身能量，做出自我防御性反应，力求使机体免受伤害。其二为抗拒阶段，此时，机体进一步动员超过平时水平的防御机制来抵抗应激源。若成功，则个体的生理功能恢复正常并适应压力下的环境；若抵抗失败，则进入第三阶段，即衰竭阶段。其三，衰竭阶段，经持续的防御、抵抗仍无法奏效，则机体抵抗能力达到极限，在生理上产生筋疲力尽的感觉，严重者甚至会导致死亡。当然，不可否认的是，在某些特定情况下，压力也可以提高个体工作效率，激发人们的主动性、积极性，因而对个体发展具有一定的积极作用。

二、青少年的压力来源

青少年的压力来源一般来自家长、教师、社会舆论以及团体、个人目标与现实状况的差距等，大致可以概括为家庭压力、学校压力和学习压力等三个方面。

首先，家庭压力。家庭压力包括父母的压力与家庭内部的压力两种类型。

父母的压力，即指父母对青少年的期望过高给孩子带来的压力。父母对青少年的压力有两种表现方式。其一，直接压力，父母往往对青少年期望过高，从而给青少年造成直接压力，比如叮嘱青少年必须要考上某所学校，或必须要考到多少分、必须学几门业余爱好等。其二，间接压力，即对青少年过于关怀，对青少年嘘寒问暖，有的父母甚至牺牲自己的工作、爱好，只为给孩子提供良好的生活服务；还有的父母则通过给孩子置办衣服、用具等为孩子带来心理上的负担与压力（张振中、张付、吴晓曦，2005）。当这些压力超过了青少年的承受范围时，就会引发青少年的一系列心理问题，严重时还会引发青少年自杀心理。

其次，学校压力。学校压力包括师生关系压力、学生之间的人际交往压力以及学校的整体环境压力等。其中，师生关系压力是青少年面临的最主要的压力源之一。一般来说，教师素质低、修养不高、教学能力差、教学水平低、教育方法简单粗暴以及教师的侮辱式批评或嘲讽、教师的偏心以及不公平等，均会导致师生关系紧张，对学生造成一定的心理压力。面对这种压力，只有师生和谐相处，才能减轻学生的心理压力。人际交往压力则指青少年在学校中因性格等原因不合群时所面临的压力。而学校整体压力，则是指学校的整个教育氛围过于注重学习氛围，从而使得学习较差的学生产生较强的心理压力。例如，某市初中在考试后进行了班级大排名，并在学校全体大会上对排名落后的学生进行了批评，导致学生产生厌学情绪。

再次，学习压力。青少年的主要任务即是学习，其大部分时间均在学校中度过，因此，学习压力是学生面对的最多的压力，最易引发学生紧张、产生心理困扰，对青少年的心理健康产生了严重影响。在中小学文化课学习中，常以考试的形式检验学生学习成果，而与考试相连的考试成绩公布以及按分数排名的做法，给学生带来巨大的压力。学习压力不仅是学生对于自己考试成绩的自我压力，还包括父母及教师的期望，同学间人际关系的互动等均会影响学生对于学习压力的感知。面对这种压力，学校的心理健康教育课程应真正落到实处，帮助学生积极应对压力，变压力为动力。

面对以上压力，家长和教师应从不同角度对孩子进行引导，帮助孩子正确面对压力、对抗压力，化压力为动力。例如，家长面对孩子的压力，应从自查开始，检查自己对孩子的要求是否合理，同时注重培养良好的亲子关系，培养孩子积极乐观的性格。对于学校和教师来说，要从环境入手，创造一个优美的学习环境，并优化学习氛围，减轻学生压力。

三、网络信息传播背景下的青少年压力应对方式

对于个体来说，压力每时每刻都存在，采取积极合理的方式应对压力对维护个体身心健康具有非常重要的意义。当今，随着互联网的普及和网络信息传播的飞速发展，青少年面对压力也有了新的应对方式。

第一，网络信息传播为新时期青少年缓解学业、家庭、人际关系等方面的压力提供了新的解决方法。比如，网络信息传播可为青少年学习提供有力支持，网络不仅包含大量的经验信息等指导性的知识内容，而且搜索信息极为方便快捷，使得青少年能够及时补充专业知识，夯实专业基础，提升专业知识水平，有效地弥补学校学习的不足，大大提高学生学习效率从而提升学习成绩，减轻学习压力。网络还为优质教育资源共享创造了便利的条件，青少年可以利用网易公开课、中国大学 MOOC 等轻松体验到很多名校教师的免费教学，有助于青少年打开思路、开阔视野，使其能够对知识内容的理解向更深层次发展，从而缓解其学业压力。此外，网络不仅是信息知识的汇聚地，为青少年获取各方面的知识提供帮助，而且提供了新的社交平台和新的社交模式，许多在日常生活中不善言辞的青少年可以通过 QQ、微博等社交软件交到很多可以共同学习进步的新朋友，这有助于其缓解人际关系的压力。

第二，在网络通信技术高度发展的今天，青少年还可通过寻求网络心理咨询的方式来减压。网络心理咨询指的是专业咨询师和来访者通过一定的技术媒介（如邮件、电话、视频、信息、论坛等）进行心理咨询的过程（Barak，Klein，& Proudfoot，2009）。相比传统心理咨询，网络心理咨询随意性强、保密度高、匿名性强、信息量大、不受时空限制，青少年不需要与咨询师面对面，只需通过电子邮件、在线即时交流和论坛交流咨询等方式，就可与网上在线专家直接进行交流，方便快捷，更容易为青少年所接受。国外调查表明，中学生群体，更愿意通过网络途径解决自身心理问题（Glasheen，Shochet，& Campbell，2016）；而我国大众（尤其是青少年群体）对网络心理咨询也持积极乐观态度（赵晨颖等，2015）。可见，在网络信息时代，网络心理咨询将会成为青少年压力应对的全新途径。

第三，网络还是青少年情绪的宣泄渠道。在网络信息时代，青少年面临压力时，除了通过博客、社群、论坛、微博、即时通信等平台寻求帮助外，还可通过网络游戏等缓解压力。青少年面对高度的压力状态不能够积极正确地应对，在这种无力的状态下可能会选择幻想、发泄、逃避等消极的应对方式，而网络游戏世界正好提供了一个发泄、逃避的场所（叶理丛、孙庆民、夏扉、周斌，

2015），在游戏中他们可以逃避现实，以各种虚拟角色充当"勇士""大侠"等，轻松体验到成功和控制他人的愉悦感、满足感（彭阳、周世杰，2007），产生更强烈的欣快感和成就感，这是现实生活中所不能轻易体验到的。当然，过多的网络游戏可能引发青少年网络沉迷问题，应引起家长和教师的注意。类似的问题还包括，由于网络的虚拟性及匿名性，青少年隔着屏幕可以在网络中扮演任意角色，可以为所欲为而不受现实社会规范的约束，因此有部分青少年通过网络故意抹黑、辱骂别人来获得心理上的满足感，减轻自己的压力。这虽可以一时舒缓自己的压力，却以侵害他人合法权益为手段，从本质上讲也是违法的，且长此以往必然会对青少年人格发展产生不利影响，是不道德、不可取的。

最后，不少研究者还在前人研究的基础上总结概括出了不少有效的压力应对干预模式，这些模式对网络时代青少年压力应对不无启发。比如，信息干预模式（Elkins & Rohcrts，1983），认为在青少年面临压力时，可以通过收集信息、分析信息、重新组织信息以及验证信息四个阶段建立对压力的合理认知。具体来说就是通过求助于教师、父母、朋友等或通过青少年自身对压力和自我信息进行分析后，采取合理的应对方式。在网络信息传播中，青少年可以在微博、微信、绿洲、知乎等 APP 轻松找到与自己志趣相投的人，通过与他们交流可以排遣、应对压力。用户通过社交网络记录心情和生活的过程能增强情感归属和自我表达的满足感（张敏、薛云霄、罗梅芬、张艳，2019），因此青少年还可通过网络写文字记录心情以舒缓压力，或是写压力日记认识、评估压力以求解决方法。再如，社会支持模式（Youniss & Smollar，1985；Greca et al.，1992；Walker，MacBride，& Vachon，1977）认为青少年在面对压力时，可通过从家庭和朋友处获得情感支持、信息支持和工具性支持来缓解自身面临的压力。一般来说，社会支持可通过榜样的作用，引导青少年正视压力，以达到缓解压力、改变青少年对压力情境的夸张估计、提高青少年应对压力信心的目的。而在网络信息传播中，青少年则可通过博客、社群、论坛、微博等平台或途径寻求网友的情感支持，社会的认同、尊重、支持，实际帮助和信息支持，这对有效纾解青少年压力无疑是一个新途径。

总之，网络信息传播给青少年应对压力提供了新的解决方案，使得青少年问题解决更加方便快捷，应对压力更加轻松自如，还可提高青少年自身的抗压能力。但是解决方案有好有坏，当今青少年应摒弃那些不良方式，通过积极的方式排遣、应对自身压力。

第六节　网络信息传播与青少年情绪情感

情绪是现代心理学中的一个重要概念，是指个体的一种心理活动和主观体验，当个体需要得到满足时即出现积极情绪，当个体需要不被满足时则出现消极情绪。这一概念最早出现在哲学中。柏拉图曾指出，情绪是介于精神和欲望之间的人类心灵活动，其与理性相对，具有凌乱、混杂的特点，能够对人类的内心产生不良影响。因此，柏拉图倡导应该压制情绪以获得理性的幸福。之后，亚里士多德对情绪提出了不同的看法，他认为情绪的产生与周围的环境有关，这一看法被现代认知心理学所采用和支持。笛卡儿也对于情绪进行了阐述，认为只有思考才能产生情绪。许多现代心理学家也从不同角度对情绪进行了理论阐述。其中，美国心理学家威廉·詹姆斯和丹麦生理学家兰格提出了著名的"詹姆斯—兰格"理论，该理论指出，情绪是在外界情境刺激下引发身体变化和知觉，并触发个体生理唤醒基础上所形成的心理体验。沙赫特·辛格则指出，情绪与生理唤醒、认知和环境因素密切相关，其中认知过程在情绪产生过程中最为关键。拉扎勒斯提出，情绪是个体与环境相互作用的产物，情绪并非完全取决于外部环境，个体对外部环境所做出的有害或有益的评价才是情绪产生的决定因素。在网络信息时代，互联网成为青少年获取知识的主要信息来源，以及获取娱乐体验的重要途径。互联网几乎能够满足青少年心理行为发展所需要的一切信息。例如，互联网上的海量信息、新奇的功能以及内容的多样化等可以满足青少年的好奇心理和求知欲望，以及追求新奇体验等心理需要。这一方面会引发青少年幸福感等积极情绪体验，另一方面也会导致青少年焦虑等负面情绪的产生。

一、网络与青少年积极情绪

幸福感，是现代心理学中的重要概念之一，具体可分为主观幸福感和心理幸福感。主观幸福感是指个体根据自我制定的标准，对自己的生活质量进行整体性评估后所产生的心理体验。心理幸福感，则更强调个人潜能的实现，其评价标准包括自我接纳、个人成长、生活目标、环境控制、与他人的积极关系、自主性六个维度。主观幸福感单纯地认为，快乐即幸福；心理幸福感则更强调人的发展与自我实现。无论是主观幸福感还是心理幸福感，对于个体都具有重要意义，是个体生活中带有积极色彩的情感。

网络使用可以增加交往活动、增加社会支持，进而在心理层面上交往可缓解消极情绪和各种压力，从而提高幸福感（Larose, Eastin, & Gregg, 2001）。正是从这个意义上说，网络交往与青少年的主观幸福感成正比。西班牙学者对青少年与社交网站的使用研究也表明（Apaolaza, Hartmann, Medina, Barrutia, & Echebarria, 2013），青少年在社交网站上的朋友数量以及青少年在社交网站上收获的反馈、频率等都对青少年的幸福感获得有着重要影响，当青少年在社交网站上得到的积极反馈较多时，青少年的幸福感就强，反之则就弱。另外，社交媒体中的积极自我呈现，即选择性呈现的理想自我也能为青少年带来愉悦的情绪体验（Kim & Lee, 2011）。国内学者（杨洋, 2012）在研究中发现，社交网站的使用与青少年的主观幸福感之间存在着正向关系，社交网站的使用程度越高、网络人际圈越大，青少年从中获得的主观幸福感越强。尽管社交媒介的使用与青少年的幸福感之间存在着密切关系，但青少年幸福感的产生却受多方面因素的影响，并不能仅凭上网时长而决定。相反，如果上网时间过长，则容易导致网络成瘾，反而对青少年情绪情感发展不利。

除此之外，诸多研究结果表明，青少年在网络环境中可以通过自己的行为满足自己的心理需求，进而产生积极的情绪。第一，对于网络游戏的研究发现（黎力, 2004），参与者通过在游戏中构建自我形象这一行为，可以重新得到主体性的满足，获得自身至心的愉悦和舒适满足之感。而且如果青少年参与网络论坛讨论或是通过 QQ 或 MSN 等软件给人答疑解惑，那么他们就会相信自己具有解决现实或网络问题的能力，从而可获得较高的自我效能感（宋耀武、李宏利, 2013），进而产生积极情绪。第二，社交网站的使用能够提升青少年的生活满意度，从而使其产生积极情绪。社交网络中参与者的自我呈现越多，获得的社会支持和自尊感也越高（牛更枫等, 2015），而且个体在社交网站使用过程中进行自我呈现还有利于满足其自我展示及归属需要（Liu & Yu, 2013），这对个体获取他人的关注及社会支持，提升生活满意度具有积极意义 (Lee, Noh & Koo, 2013)。第三，还有研究表明，中学生的网络利他行为能够通过自我效能感的中介作用影响其自尊，进而对个体希望产生间接影响，使青少年能更多地从积极角度看问题，形成更加乐观的生活态度，从而增加青少年的积极情绪（郑显亮、赵薇, 2015；宋耀武、李宏利, 2013）。

二、网络与青少年消极情绪

在网络使用过程中，青少年会产生焦虑、孤独、抑郁等消极情绪与情感。

第一，网络与青少年焦虑。在互联网使用中，青少年会产生信息焦虑。网络检索是青少年获取信息的重要途径，检索策略是影响检索效果的重要因素，多种检索策略的使用往往能更快、更准确地获得所需信息。然而，研究发现不少青少年在使用搜索引擎时感到迷茫和挫败，甚至感到焦虑（Bilal & Kirby，2002）。还有研究表明，当青少年从互联网接收的信息超过其认知负载时，也可能导致青少年产生迷惑、挫败以及焦虑心理，也就是所谓的"信息焦虑症"（程焕文，2002；谢奎芳，2004）。青少年的互联网焦虑主要体现在以下几个方面（Presno，1998；锁玉洁，2019）：其一为信息术语焦虑，即当青少年进行信息检索，看到一大段新词汇或陌生缩略语时所产生的焦虑心理；其二为网络搜索焦虑，即网络搜索过程中引发的焦虑心理；其三为网络时间延迟焦虑，即在网络信息检索时，由于网络带宽或硬件而导致网速变慢，信息获取效率变低而导致的焦虑心理；其四为网络失败者的总体恐惧，即当互联网突然不能用于检索信息或无法在互联网上完成作业时而引发的焦虑心理；其五为信息输出焦虑，即当青少年需要对某一事件做出评论时产生的焦虑心理。刘根勤和曹博林（2012）的研究也发现青少年互联网焦虑现象已经十分普遍，对青少年的生活和学业造成了深远的消极影响。所以探究减少互联网焦虑的途径是非常有意义的。首先，青少年互联网信息焦虑受互联网信息环境的影响，因此政府部门应加强网络立法，对信息传播进行宏观调控，从源头引导信息传播风向，逐渐改善网络环境。其次，要加强青少年信息技术教育，提高其网络信息搜集能力，从而预防和降低青少年互联网信息焦虑（雷雳、李富丰，2012）。再次，各大网络平台应做好自我审查，严格筛选碎片化信息传播，整合有效资源，提高网络检索效率，为青少年使用互联网进行有效信息检索提供保障。最后，青少年应该对自己的网络行为有清晰的规划，这样才能在杂乱的、无序的、碎片化的网络信息中提取出有效信息；青少年还应注意总结信息搜索的规律，形成自己的一套高效检索方法，从而提高媒介素养，这样才能慢慢降低互联网焦虑的程度（刘根勤、曹博林，2012）。

第二，网络与青少年孤独感。在互联网高度发达的今天，互联网的使用取代了线下互动。然而，与现实中的线下互动与交流多为强关系相比，网络上与陌生人之间的交流多为弱关系。根据心理学上的取代假设，青少年的网络交往会对其现实交往产生一定的影响，使得青少年用网络中的友谊取代现实生活中的真实友谊，从而造成青少年沉迷网络，逃避现实，引发孤独情绪（Putnam，1996，2000）。我国心理学家研究也发现，不当的网络使用会引发青少年的孤独感，而青少年孤独感又会促进其对于网络的使用与依赖（刘加艳，2004；陈云祥、李若璇、刘翔平，2019），如此有可能形成恶性循环。国外学者研究（Song et al.，2014）也发现，脸谱网使用频率越高，青少年的孤独感越强；但因现实生活中的害羞和缺乏社会支持而引发孤独感的青少年，则可从脸谱网使用中受益。孤独感越强的人使用脸谱网等社交应用的频率越高。总之，网络使用会对青少年的孤独感产生影响，而青少年的孤独感也会影响到其使用网络时的选择和频率。

第三，网络与青少年抑郁。青少年时期是抑郁情绪的多发阶段。网络与青少年抑郁存在着复杂关系。有研究结果（牛更枫、孙晓军、周宗奎、孔繁昌、田媛，2016）表明，青少年社交网站的使用与其抑郁情绪之间存在显著正相关关系。青少年在利用网络满足自己需求的同时，也会花费大量时间阅读别人发布的信息，而这些信息通常带有积极化偏向（Qiu, Lin, Leung, & Tov, 2012），当青少年将自己实际情况与这些带有积极化偏向的信息进行社会比较时，就有可能使青少年的核心自我评价降低，从而造成抑郁情绪的产生。还有，近年来青少年网络成瘾现象成为社会、学校、家庭以及心理学家重点关注的对象，研究（荀寿温、黄峥、郭菲、侯金芹、陈祉妍，2013）发现，网络成瘾与青少年抑郁之间存在双向预测作用。青少年越沉迷网络，参与的现实活动就越少，现实关系被虚拟关系代替 (Kraut et al., 1998)，导致青少年的安全感和归属感降低，提高了抑郁情绪发生的可能性；而有抑郁症状的青少年很可能利用网络逃避现实世界，他们也就更容易出现网络成瘾。

除以上三种消极情绪外，网络使用中还会引发青少年的无聊、痛苦情绪，在此不再赘述。

三、网络环境下青少年情绪管理与矫正

"情绪管理"最早是由霍克希尔德提出来的，即个人试图通过改变情绪的或感觉的程度或质量而采取的行动。青少年的情绪具有丰富性、不稳定性、掩饰性、冲动性等特点。这些特点使得青少年极易受到外界事件、环境的影响，从而引发个体内部矛盾、冲突，当无法及时解决时，会产生一系列负面的、消极的情绪，在一定程度上损害了他们的身心健康。如在网络信息传播环境下，有些青少年投入过量的心理和时间资源在网络中，对网络具有强烈的依赖性，常反复查看网站动态，并期待好友点赞与评论，如果长期没有收到好友积极的

反馈或收到消极反馈，就会产生消极情绪 (Neira & Barber，2014)。还有些青少年沉迷于网络游戏，逃课通宵去网吧，忽视现实生活规章纪律的约束，甚至出现精神恍惚、情绪低迷等现象。还有学者实验研究（周珲、赵璇、董光恒、彭润雨，2011；孔敏，2011；赵宇，2016）表明，心境状态、认知情绪调节策略或者情绪智力、情绪调节自我效能感等与情绪息息相关的因素都对网络成瘾有显著负向预测效应。可见情绪管理对减少网络带给青少年负面影响的重要性。从这个意义上说，尽量避免网络对个体情绪的负面影响很有必要。当然，这需要社会各界的通力合作，具体可从以下几个方面入手。

于政府而言，应当负起领导和监督的责任。比如，要健全完善有关网络的各项法律法规，包括网络道德行为规范的建构和网络舆论引导机制的完善等方面，密切关注网上动态，与时俱进，不断修改和完善网络监管体系；同时要学习先进的国外相关网络政策，并结合具体国情将其本土化，在主流媒体中宣传网络情绪管理的重要性，让更多的人了解到即使是在网络中也需要管理自己的情绪。

于媒体而言，应当坚持底线，客观、真实报道和评价相关社会事件。当舆情聚焦在某一事件上时，处于价值观发展阶段的青少年尤其容易被误导，从而产生对社会的不满情绪。因此，具有公信力的主流媒体应当立场分明，追踪事件的起因、经过、结果，在保障公民知情权的同时，引导青少年看清事实真相，化解不良情绪，以免被不法分子利用。同时还应注重舆论导向的影响。网络信息传播会潜移默化地对网络主体的思想观念以及行为活动施加渗透性与弥散性的影响（王贤卿，2011），网络中充斥的负面信息很容易影响青少年的情绪情感。因此媒体不宜过多渲染负面信息，也不应为博眼球夸大负面事件，而应该多报道积极正向的事件，制造良好的舆论风向与网络文化环境，从而减少网络信息对青少年消极情绪的影响。

于学校而言，应当配合国家的法律法规和宣传。具体包括要普及网络知识，提高学生使用网络的自我效能感，以降低其网络信息焦虑（雷雳、李富丰，2012）；要积极开展网络思想政治教育和情绪管理课程，使青少年能够熟练运用认知情绪调节策略，保持积极的网络心态；要进行网络心理健康调查，制作学生的个人心理健康电子档案，及时对学生不良情绪进行干预，预防网络心理障碍；要建立心理咨询网站，方便学生在出现消极情绪时及时求助专业人士，帮助学生走出他们所处的困境，化解消极情绪，并引导其在以后出现消极情绪时能自己运用认知情绪调节策略管理自身情绪，避免消极情绪发展成为严重的心理问题；要建立网络匿名留言板（胡凯等，2013），为学生提供交流平台，并请心理学专家以一般网民的身份参与缓解学生不良情绪。

于教师而言，应当紧跟时代，了解新思想。网络信息时代的教师，应知晓网络流行词汇等新兴网络产物，把握学生思想状况，在学生有情绪时引导学生使用情绪调节策略；也可在授课时开辟网络专题，介绍网络相关的学科知识，从专业角度针对某些舆情话题进行讨论，并鼓励学生将互联网与本专业学科相结合去发现问题、寻找答案。

于家长而言，应对青少年进行潜移默化的教育。家长要引导、监督孩子正确使用网络，提高其网络媒介素养；要引导其正确认知自我的情绪，掌握控制情绪的方法（唐琳，2018）；还要在日常生活中培养青少年从积极的角度看问题的能力，并通过网络信息的学习对青少年进行情绪管理教育，增强其情绪智力。当青少年出现网络不良情绪时，要及时给予其关心和爱护，使其能很快从不良情绪中走出。

于社会大众而言，可利用网络对青少年进行援助。如在社交网络中发现青少年的负面情绪时，可通过网络账号的互动，阐明自己也有过类似的情绪体验或遭遇过类似的情况，让对方产生认同感，再介绍一些认知情绪调节策略，帮助其学会情绪管理，从而减少其消极情绪。

于青少年而言，应当合理使用网络。比如，要主动自发地管理自己的情绪，控制自己的用网时长；要学习相关的网络法规，注意自己在网络中的言行，不在网络上肆意发泄自己的不良情绪；发现自己出现不良情绪后，也要采用合理的方式进行宣泄和转移，如哭泣、运动等，同时还要及时寻求他人的帮助，如与父母朋友倾诉或通过网络与心理咨询师交流解决不良情绪。

网络环境信息繁杂，只有从政府、学校、社会大众，到教师、家长、学生共同努力，才能帮助青少年学会情绪管理，最大限度维护青少年情绪健康。

第七节　网络信息传播背景下青少年心理健康提升路径

21世纪是网络信息时代，网络已经渗透到社会各个领域，互联网在满足青少年心理需要的同时，也容易带来种种心理健康问题。但网络已经渗透到社会各个领域，我们不可能因此而拒绝网络。这种情况下，我们唯有审慎分析，在深入了解、掌握青少年网络心理健康的理论、原则和技术的基础上，采取合适的措施，才能有效地维护网络信息传播下青少年心理的健康发展。为此，我们应做好以下几方面的工作。

一、网络信息传播背景下青少年心理健康教育的基本原则

心理健康教育原则是指在开展心理健康教育活动中所必须遵循的一些基本要求和指导思想，对具体的心理健康教育工作具有重要的指导意义。网络信息传播背景下的青少年心理健康教育工作，除了要遵循一般心理健康教育工作的基本原则外，还应特别注意以下几个基本原则的贯彻执行。首先是预防性原则。网络空间缺乏有效管理，大量有害信息弥漫其中，青少年的心理极易受到这种因素的冲击。这些影响可能是隐性的，非常不容易察觉。如果等到发现后再矫治，结果往往事倍功半。所以青少年网络心理健康的提升要坚持预防为主的原则，对青少年展开心理健康普查，加强早期预警，做到早预防、早发现、早治疗。其次是发展性原则。网络发展日新月异，青少年也可能随着网络的变化出现各种各样的问题。这就要求我们特别要以发展的原则分析影响青少年心理健康的各种网络因素，随时追踪出现的新情况。这样才能使青少年心理健康素质稳步提高。再次是主体性原则。在青少年网络心理健康素质提升中要以青少年为主体，尊重青少年的人格，增强其自我教育的能力。具体应给予青少年鼓励和支持、理解和信任，调动其积极性，使青少年面对网络心理健康问题时能有积极的态度，主动改变现状。最后是协同性原则。网络信息传播背景下的青少年心理健康，不仅受到现实世界中各种因素的影响，还会受到情况复杂的网络环境的影响，而且网络环境的管控相对现实环境的管控更为复杂，这就决定了网络信息传播背景下青少年心理健康教育更应充分调动各方面的积极性，形成合力，多角度、多层次地协同开展工作。比如，对黑网吧的整治如果没有政府相关部门的配合根本就无法进行；学校对学生上网行为的宣传教育没有家长在家的配合监督也难以奏效。

二、借鉴心理学及网络相关学科研究成果，开阔网络心理健康教育工作思路

心理学的知情意行理论科学地解释了心理过程的形成、发展及运行规律，对青少年网络心理健康教育有很大的参考作用。比如，从"知"出发，应将社会主义核心价值体系教育纳入新形势下的心理健康教育内容，提升青少年的是非观与善恶观，让青少年懂得自觉遵守网络道德规范；从"情"出发，要着重培养青少年乐观积极的心态、健全的人格，使其能正确处理自己在面对网络时出现的心理危机；从"意"出发，要注意培养青少年个人意志力，增强其自我控制能力，使其不会轻易沉迷于网络或是被网络的低俗信息吸引；从"行"出发，

使青少年的心理健康知识不仅融于心，且寓于行，从而减少其网络心理障碍的发生。网络心理学是对互联网使用中人的心理和行为规律进行研究的心理学领域或心理学分支，网络使用与现实行为之间存在既有替代又有补偿的双重关系（周宗奎等，2017），这告诉我们青少年在现实生活中苦闷彷徨或者无事可做时可能转向虚拟的网络世界，用网络来补偿自己内心的空虚（马东云、李妮娜、郭瑶、牟文静、吴继霞，2018）。为此，我们就应该时刻关注青少年学生的心理需要，并通过开展丰富多彩的校园文化生活等形式拓宽和培养其稳定的兴趣、爱好，避免青少年因过分无聊而受到网络上低俗文化的侵蚀。网络社会学是研究网络社会对现实社会重塑与再造的条件和其自身运行机理的科学（胡凯等，2013），研究表明，青少年社会阅历较低、分辨能力较差、自我约束能力薄弱，其在使用网络时不可避免地会接触到大量赌博信息、黄色信息以及网络诈骗等一系列道德失范乃至犯罪的现象，对他们的身心造成损害，甚至会引发他们的模仿行为。为此，网络心理健康教育要重视培养、完善青少年的人格，注重培养青少年的心理自主性、分辨能力和自制能力，使青少年树立正确的是非观念，提升青少年网络信息鉴别能力，使青少年能够正确认识网络世界，管理约束自己的网络行为。

三、家庭、学校、社会多方联动，筑牢青少年网络心理健康防火墙

在网络信息传播背景下，青少年心理健康受多方因素影响，家庭、学校及社会在其中起着不同的作用，相应地，网络信息传播背景下青少年心理健康教育也要求这三方力量能够各司其职，密切配合。

为此，家长要改变不良的教养方式，要多与孩子建立情感联系，心平气和地多与孩子进行平等沟通，积极主动了解孩子的内心世界和心理需求，尊重孩子内心想法，以减少孩子对网络的沉迷；还要帮助孩子正确认识网络的功能和作用及上网应遵守的网络规范，防止其通过网络做出违法犯罪的行为。学校要起到领头作用，开展线上与线下心理健康课程，教会学生如何正确使用网络，如何消除网上不良信息的影响，同时要加强对学生的人文关怀，认真倾听学生的需求，引发其情感共鸣，这样才能增强心理健康教育的效果。政府和有关网络技术工作人员要规范网络信息环境，通过网络信息技术屏蔽不良信息，提高信息质量，为青少年有效使用互联网信息功能提供前提和保障（雷雳，2012），多制作健康、创新、有意义的网页，不要为了利益制作包含黄、赌、毒的网页致使青少年陷入其中无法自拔。而对于网吧经营者来说则要严禁未成

年人上网；网络媒体也不应为博眼球大力报道社会恶性事件，作为媒体人要有职业操守，要报道真正需要关注的事情同时应注意对青少年的保护。只有真正做到了这三者的联动，才能真正做好网络信息传播背景下青少年心理健康的防护工作。

四、发挥网络媒体教育优势，建立青少年心理健康网络干预体系

在网络信息传播背景下，青少年心理健康素质的提升在坚持传统教育的同时也要充分发挥网络优势，二者相互促进。在家庭、学校和社会努力提高青少年心理健康水平的同时，心理咨询专业人员要在网上建立健全对青少年的危机干预。首先，应以互联网为依托，专业人员通过电话、QQ、微信等提供 24 小时心理咨询服务，同时通过家庭和学校宣传该方式，以便对青少年的心理危机进行及时干预。其次，要联系网络相关技术人员建设完善的心理健康网站，提供全方位的心理健康知识及心理危机应对方法。再次，采用大数据筛选出具有自杀等高风险倾向的青少年群体，为他们制定针对性的干预或辅导方案。最后，可定时在线上开展心理健康教育活动并与观众互动，解决他们的困惑；同时要注意对于一些私密性的问题，应私聊当事人解决或是隐去其个人信息当众解决，等等。

五、重视自我管理与教育的作用，把好青少年网络心理健康最后一关

学校、社会、家庭、网络媒体终究只是影响青少年网络心理健康的外部环境，青少年自身因素才是决定其网络心理健康的内因。网络信息传播背景下青少年心理健康教育的效果最终还要取决于青少年自身的努力。为此，青少年要有正确的上网观念，应遵守网络伦理道德规范和相应法律法规，不浏览黄、赌、毒等不健康信息的内容，不沉溺于网络暴力、色情信息或网络游戏，不借用网络故意抹黑、辱骂他人甚至盗取他人资料，不把网络作为逃避生活的工具，真正做到自爱、自省、自制、自律；同时还要增强自我保护意识，带着批判的眼光审视各类网络信息，自觉抵制各类腐朽思想、文化乃至意识形态的侵蚀。此外，青少年还可通过积极发展现实生活的各种兴趣爱好，加强现实生活中的人际交往，充分体验现实生活中与人交往的乐趣，使自己的生活变得丰富多彩，进而减小网络对自己的吸引力，降低沉迷网络的风险。

参考文献

[1] Apaolaza, V., Hartmann, P., Medina, E., Barrutia, J. M., & Echebarria, C. The relationship between socializing on the spanish online networking site Tuenti and teenagers' subjective wellbeing: the roles of self-esteem and loneliness[J]. Computers in Human Behavior, 2013, 29(4): 1282-1289.

[2] Barak, A., Klein, B., & Proudfoot, J.G. Defining internet-supported therapeutic interventions[J]. Annals of Behavioral Medicine, 2009, 38(1): 4-17.

[3] Bilal,D., & Kirby, J. Differences and similarities in information seeking: children and adults as web users[J]. Information Processing & Management, 2002, 38(5): 649-670.

[4] Blumberg, F.C., Rosenthal, S.F., & Randall, J.D. Impasse-driven learning in the context of video games[J]. Computers in Human Behavior, 2008, 24(4): 1530-1541.

[5] Chen, L., Wang, L., Qiu, X. H., Yang, X.X., Qiao, Z. X., & Yang, Y. J., et al. Depression among Chinese university students: prevalence and socio-demographic correlates[J]. Plos One, 2013, 8(3):e58379.

[6] Cheung, L.M., & Wong, W.S. The effects of insomnia and internet addiction on depression in Hong Kong Chinese adolescents: an exploratory cross-sectional analysis[J]. Journal of Sleep Research, 2011, 20(2): 311-317.

[7] Eagleton, M.B., Guinee, K., & Langlais, K. Teaching internet literacy strategies: The hero inquiry project[J]. Voices from the Middle, 2003, 10 (3): 28-35.

[8] Eisenstein. What to do about bad language on the internet[EB/OL]. Paper presented at the NAACL-HLT 2013. Retrieved from https://www.aclweb.org/anthology/N13-1037.pdf .

[9] Elkins, P.D., & Rohcrts, M.C. Psychological preparation for pediatric hospitalization[J]. Clinical Psychology Rcview, 1983(3): 275-295.

[10] Glasheen, K. J., Shochet, I., & Campbell, M. A. Online counselling in secondary schools: Would students seek help by this medium?[J] British Journal of Guidance and Counselling, 2016, 44(1), 108-122.

[11] Greca, A.M.L., Siege L.J., Wallander, J.L., Walker, C.E., Greca, A., & Annette, M. Stress and coping in child health[M]. Guilford Press, 1992.

[12] Green, C.S., & Bavelier, D. Effect of video games on the special distribution of visuospatial attention[J]. Journal of Experimental Psychology: Human Perception and Performance, 2006, 32(6): 1465-1478.

[13] Green, C.S., & Bavelier, D. Action-video-game experience alters the spatial resolution of vision[J]. Psychological Science, 2007, 18(1): 88-94.

[14] Hardie, E., & Tee, M.Y. Excessive Internet use: The role of personality, loneliness and social support networks in Internet Addiction[J]. Australian Journal of Emerging Technologies & Society, 2007, 5(1) : 34-47.

[15] Johnson, G.M. Cognitive processing differences between frequent and infrequent Internet users[J]. Computer in Human Behavior, 2008, 24(5):2094-2106.

[16] Kim, J., & Lee, J.-E. R. The Facebook Paths to Happiness: Effects of the Number of Facebook Friends and Self-Presentation on Subjective Well-Being[J]. Cyberpsychology, Behavior, and Social Networking, 2011, 14(6): 359–364.

[17] Kim, K., Ryu, E., Chon, M.-Y., Yeun, E.-J., Choi, S.-Y., Seo, J.-S., & Nam, B.-W. Internet addiction in Korean adolescents and its relation to depression and suicidal ideation: A questionnaire survey[J]. International Journal of Nursing Studies, 2006, 43(2): 185–192.

[18] Kraut, R., Patterson, M., Lundmark, V., Kiesler, S., Mukopadhyay, T., & Scherlis, W. Internet paradox. a social technology that reduces social involvement and psychological well-being?[J] Am Psychol, 1998, 53(9): 1017-1031.

[19] Larose, R., Eastin, M., & Gregg, J. Reformulating the internet paradox: social cognitive explanations of internet use and depression[J]. Journal of Online Behavior, 2001, 1(2):96.

[20] Lazarus, R. S., & Folkman, S. Stress, appraisal, and coping[M]. New York: Springer Publishing Company, 1984.

[21] Lee, K., Noh, M., & Koo, D. Lonely People Are No Longer Lonely on Social Networking Sites: The Mediating Role of Self-Disclosure and Social Support[J]. Cyberpsychology, Behavior, and Social Networking, 2013, 16 (6): 413-418.

[22] Liu, C., Yu, C. Can Facebook Use Induce Well-Being? [J] Cyberpsychology, Behavior & Social Networking, 2013, 16(9): 674-678.

[23] Neira, C.J.B. & Barber, B.L. Social networking site use: Linked to adolescents' social self-concept, self-esteem, and depressed mood[J]. Australian Journal of Psychology, 2014, 66(1): 56-64.

[24] Nielsen, J. (2008, May 5). How little do users read? [O]. Retrieved from https://www.nngroup.com/articles/how-little-do-users-read/.

[25] Peña, J., Hancock, J. T., & Merola, N. A. The Priming Effects of Avatars in Virtual Settings[J]. Communication Research, 2009, 36(6): 838–856.

[26] Piff, P.K., Kraus, M.W., Cote, S., & Cheng, B.H. Having less, giving more: The influence of social class on prosocial behavior[J]. Journal of Personality and Social Psychology, 2010(5): 771-784.

[27] Presno, C. Taking the Byte Out of Internet Anxiety: Instructional Techniques That Reduce Computer/Internet Anxiety in the Classroom[J]. Journal of Educational Computing Research, 1998, 18(2): 147–161.

[28] Putnam, R.D. The strange disappearance of civic America[J]. American Prospect, 1996(24): 34-48.

[29] Putnam, R.D. Bowling alone: The collapse and revival of American community[M]. New York: Simon and Schuster, 2000.

[30] Qiu, L., Lin, H., Leung, A.K., & Tov, W. Putting their best foot forward: Emotional disclosure on Facebook[J]. Cyberpsychology, Behavior, and Social Networking, 2012, 15(10): 569-572.

[31] Roberts, J.E., & Bell, M.A. Sex differences on computerized mental rotation task disappear with computer familiarization[J]. Perceptual and Motor Skills, 2000, 91(3): 1027-1034.

[32] Sims, V.K., & Mayer, R.E. Domain specificity of spatial expertise: The case of video game players[J]. Applied Cognitive Psychology, 2002, 16(1): 97-115.

[33] Song, H., Zmyslinski-Seelig, A., Kim, J., Adam, D., Victor, A., Omori, K., & Allen, M. Does Facebook make you lonely？ A meta-analysis[J]. Computers in Human Behavior, 2014(36): 446-452.

[34] Sparrow, B., & Wegner, D.M. Google effects on memory: Cognitive consequences of having information at our fingertips[J]. Science, 2011, 333(6043): 476-478.

[35] Todd, R.J. Adolescents of the information age: Patterns of information seeking and use, and implications s for information professionals[J]. School Libraries Worldwide, 2003, 9 (2): 27-46

[36] Valkenburg, P. M., & Peter, J. Social Consequences of the Internet for Adolescents: A Decade of Research[J]. Current Directions in Psychological Science, 2009, 18 (1): 1-5.

[37] Valkenburg, P. M., & Peter, J. Online Communication Among Adolescents: An Integrated Model of Its Attraction, Opportunities, and Risks[J]. Journal of Adolescent Health, 2011, 48(2): 121–127.

[38] Walker, K., MacBride, A., & Vachon, M. Social support networks and the crisis of bereavement[J]. Social Science and Medicine, 1977(11): 35-41.

[39] Woods, H. C., & Scott, H. Sleepyteens: Social media use in adolescence is associated with poor sleep quality, anxiety, depression and low self-esteem[J]. Journal of Adolescence, 2016(51): 41–49.

[40] Yee, N., & Bailenson, J. (2006, August). Walk a mile indigital shoes: The impact of embodied perspective-taking on the reduction of negative stereotyping in immersive virtual environments. Paper presented at the PRESENCE2006: The 9th Annual International Workshop on Presence, Cleveland, OH. Retrieved from http://pdfs.semanticscholar.org/ec4d/caa6cd9841bcc0993cdd365f720ebf9b6f3e.pdf.

[41] Yee, N., & Bailenson, J. The Proteus effect: The effect of transformed self-representation on behavior[J]. Human Communication Research, 2007, 33(3): 271–290.

[42] Youniss, J., & Smollar, J. Adolescent relations with mother, father & friends[M]. University of Chicago Press, 1985.

[43] 岑国桢.青少年学生网络交友及其心理健康状况调查[J].中国学校卫生, 2005（6）：488-489.

[44] 陈春宇，连帅磊，孙晓军，等.社交网站成瘾与青少年抑郁的关系：认知负载和核心自我评价的中介作用[J].心理发展与教育，2018, 34（2），210-218.

[45] 陈毓秀，韦一文，陈星权.网络文化对大学生人格发展的影响及应对策略[J].传媒论坛，2020, 3（4）：8-9.

[46] 陈云祥，李若璇，刘翔平.消极退缩、积极应对对青少年网络成瘾的影响：孤独感的中介作用[J].中国临床心理学杂志，2019, 27（1），94-98.

[47] 程焕文.信息污染综合症和信息技术恐惧综合症：信息科学研究的两个新课题[J].图书情报工作，2002（3）：5-7.

[48] 迪拉热·艾则孜.大学生网络亲社会行为特点及其影响因素 [J].辽宁教育，2013（6）：27-28.

[49] 丁远，高娜娜.高校网络心理健康教育研究 [J].延安职业技术学院院报，2015，29（5）：23-24.

[50] 窦广会.网络的负面作用对大学生人格和学业的影响 [J].沈阳建筑大学学报（社会科学版），2016，18（2）：192-196.

[51] 杜岩英，雷雳.青少年身体映像与网络化身、自我认同的关系 [C]//.第十三届全国心理学学术大会论文集，2010.

[52] 甘泉.网络检索过程及其心理 [D].武汉：华中科技大学，2011.

[53] 耿红卫.网络与青少年德育研究 [M].北京：新华出版社，2013a.

[54] 耿红卫.网络社交对青少年人格发展的影响及干预策略 [J].教育探索，2013b（11）：142-143.

[55] 谷迎春.论自我 [J].上海社会科学院季刊，1987（4）：115-123.

[56] 郭玉锦，王欢.网络社会学 [M].北京：中国人民大学出版社，2005.

[57] 韩振华.青少年社会化与个性化问题探讨 [J].辽宁师范大学学报，2001（3）：59-61.

[58] 韩志刚.网络语境与网络语言的特点 [J].济南大学学报（社会科学版），2009，19（1）：31-33.

[59] 郝文清，吴远.网络人际关系的特点及其对大学生的影响 [J].淮北煤师院学报（哲学社会科学版），2002，23（5）：119-122.

[60] 何克抗.E-Learning 与高校教学的深化改革：上 [J].中国电化教育，2002（2）：8-12.

[61] 胡凯，等.大学生网络心理健康素质提升研究 [M].北京：中国书籍出版社，2013.

[62] 蒋明敏.从网络流行语看青年价值观塑造 [J].人民论坛，2019（25）：122-123.

[63] 孔敏.情绪智力、自我同一性与网络成瘾的关系研究 [D].曲阜：曲阜师范大学，2011.

[64] 雷雳.青少年网络心理解析 [M].北京：开明出版社，2012.

[65] 雷雳.互联网心理学：新心理行为研究的兴起 [M].北京：北京师范大学出版社，2016.

[66] 雷雳，李富丰.互联网焦虑研究述评 [J].北京邮电大学学报（社科版），2012，14（3）：1-5.

[67] 雷雳，张雷．青少年心理发展 [M]．北京：北京大学出版社，2003.

[68] 李长贵，刘戎．网络对大学生思维方式的影响及教育维度考察 [J]．学校党建
与思想教育，2014（9）：79-81.

[69] 黎力．虚拟的自我实现：网络游戏心理刍议 [J]．中国传媒科技，2004（4）：
21-23.

[70] 刘根勤，曹博林．高校学生网络接触与信息焦虑实证研究 [J]．中国青年研究，
2012（9）：53-57.

[71] 刘加艳．大学生孤独感与网络使用特点关系的研究 [J]．中国临床心理学，
2004，12（3）：286-288.

[72] 马东云，李妮娜，郭瑶，等．某医学院大学生网络成瘾者的冲动性人格特征
及其与认知功能的关系 [J]．中国健康心理学杂志，2018，26（1）：103-105.

[73] 牛更枫，鲍娜，范翠英，等．社交网站中的自我呈现对自尊的影响：社会支
持的中介作用 [J]．心理科学，2015，38（4）：939-945.

[74] 牛更枫，孙晓军，周宗奎，等．基于QQ空间的社交网站使用对青少年抑郁
的影响：上行社会比较和自尊的序列中介作用 [J]．心理学报，2016，48（10）：
1282-1291.

[75] 彭飞，苏吉，朱岳梅．大学生压力知觉与应对方式的关系 [J]．中国健康心理
学杂志，2017，25（1）：79-83.

[76] 彭庆红，樊富珉．大学生网络利他行为及其对高校德育的启示 [J]．思想理论
教育导刊，2005（12）：49-51.

[77] 彭阳，周世杰．青少年网络成瘾与家庭环境、父母教养方式的关系 [J]．中国
临床心理学杂志，2007，15（4）：418-419.

[78] 宋耀武，李宏利．基于积极心理学观点的青少年网络使用研究 [J]．教育研究，
2013，34（3）：120-125.

[79] 锁玉洁．碎片化传播环境下大学生互联网焦虑现象分析：基于北京印刷学院
研究生调查 [J]．新闻研究导刊，2019，10（12）：26-27.

[80] 唐琳．网络环境下大学生心理健康教育研究 [M]．成都：西南交通大学出版社，
2018.

[81] 王凡．青少年网络人格培育中的动力结构分析 [D]．长沙：中南大学，2013.

[82] 王欢，祝阳．网络对90后大学生价值观影响的实证研究 [J]．现代情报，
2014，34（4）：44-49.

[83] 王贤卿．道德是否可以虚拟：大学生网络行为的道德研究 [M]．上海：复旦大
学出版社，2011.

[84] 王小璐，风笑天．网络中的青少年利他行为新探 [J]．广东青年干部学院学报，2004，18（3）：16-19．

[85] 王延隆，廖阳晨，孙孟瑶．网络德育与青年社会化 [M]．北京：人民日报出版社，2018．

[86] 王瑶．社交网络对大学生人格发展影响研究 [D]．青岛：中国海洋大学，2014．

[87] 谢奎芳．信息网络对青少年学生心理的负面影响及教育干预 [J]．湖南第一师范学报，2004（1）：98-100．

[88] 荀寿温，黄峥，郭菲，侯金芹，陈祉妍．青少年网络成瘾与抑郁之间的双向关系 [J]．中国临床心理学杂志，2013，21（4）：613-615．

[89] 杨洋．大学生校园SNS使用与主观幸福感的关系 [J]．今传媒，2012，20（9）：38-39．

[90] 杨英，马晓彤．青少年网络亲社会行为研究：以上海某综合中学BBS为例 [J]．基础教育，2011，8（4）：92-96．

[91] 叶理丛，孙庆民，夏扉，周斌．压力性生活事件与大学生病理性互联网使用的关系：应对方式的中介作用 [J]．心理学探新，2015，35（6）：548-552．

[92] 乐国安，梁樱，陈浩，方霏．伴有广场恐怖症的惊恐障碍的网络心理学治疗新技术 [J]．心理科学，2006，29（2）：383-384．

[93] 张敏，薛云霄，罗梅芬，张艳．压力分析框架下移动社交网络用户间歇性中辍的影响因素与形成机理 [J]．现代情报，2019，39（7）：44-55．

[94] 张振中，张付，吴晓曦．现代青少年心理健康教育 [M]．北京：国防大学出版社，2005．

[95] 赵晨颖，岸本鹏子，刘源清，唐亚彬，肖丹，殷云路，钱铭怡．咨询师与非咨询师对网络心理咨询伦理规范的态度 [J]．中国心理卫生杂志，2015，29（12）：887-894．

[96] 赵文暄，王志仁，王永前，张琪，吴位东，范宁，杨甫德．基于互联网与传统的认知行为治疗对神经症性障碍疗效的meta分析 [J]．中国心理卫生杂志，2019，33（5）：328-333．

[97] 赵宇．大学生无聊与网络成瘾的关系：情绪调节自我效能感、感觉寻求的中介作用 [D]．哈尔滨：哈尔滨师范大学，2016．

[98] 郑显亮，王亚芹．青少年网络利他行为与主观幸福感的关系：一个有中介的调节模型 [J]．心理科学，2017，40（1）：70-75．

[99] 郑显亮，赵薇．中学生网络利他行为与希望的关系：自我效能感与自尊的中介作用 [J]．心理发展与教育，2015，31（4）：428-436．

[100]　周珲，赵璇，董光恒，彭润雨.情绪状态及认知情绪调节策略与大学生网络游戏成瘾的关系 [J].中国临床心理学杂志，2011（2）：77-79.

[101]　周源源.拟剧理论视域下大学生微信自我呈现研究 [J].思想理论教育，2016（9）：84-88.

[102]　周宗奎.网络心理学 [M].上海：华东师范大学出版社，2017.

第四章　网络信息传播与青少年道德失范

第一节　网络道德心理与网络道德失范

随着网络的迅速发展，网络已渗透到社会生活的各个角度，网络信息时代青少年网络道德也体现出新的特点，青少年网络道德建设也成为亟待解决的问题。

一、网络道德心理

（一）道德心理

道德一词的拉丁语含义为社会风俗和人们的生活习惯，后被引申为社会生活和个人行为规范的准则。在中国，道德中的"德"在西周之前为"直"的意思，即直视前方行走，战国时期"道德"开始连用并逐渐开始有了伦理规范之意。商务印刷馆 2016 年版的《现代汉语（第 7 版）》对"道德"一词的解释，是一种社会意识形态，指人们共同生活及其行为的准则与规范。后来，威廉·詹姆斯第一次将道德和心理联系起来，认为道德是一种纯粹先天的心理活动。

道德心理是社会道德在个人身上的集中体现，是个体人格中具有社会意义和道德价值的核心部分，也是个人比较稳定和持久地履行道德准则和规范的秉性。道德心理不同于道德，两者之间的差异主要体现在三个方面。第一方面，两者范畴不同。道德的范畴大于道德心理，除了道德心理还包括道德规范、道德原则以及道德行为等。第二个方面，两者的内容不同。道德反映了整个社会和生活的现状；而道德心理则是一种心理反映。第三个方面，两者的形成条件不同。道德的形成受社会条件的制约，而且随着时间的推移和时代的不同而有所改变；道德心理的发展既受社会条件的制约，也受个人心理活动规律的制约。

一般认为个体的道德心理由道德认知、道德情感、道德意志和道德行为四部分构成。道德认知是个体对道德规范及其执行意义的认识，包括对道德是非、道德理想以及道德价值的认知与判断，是个人道德心理的核心成分，是个体道德行为产生的重要前提和基础。道德情感是个体根据一定的社会道德标准在评价某些道德事件时所产生的一种内心体验，可体现为正义感、爱国感、诚信感、奉献感、责任感等。它是道德认知和道德行为的中介变量，其与道德认知结合产生道德动机推动道德行为。如果一个人缺乏道德情感，就会造成言行不一、知行脱节。道德意志是人们在一定道德认知的支配下，克服各种困难，坚持自己的道德行为，以实现既定目的的心理过程。它建立在道德认识（观念）的基础上，是人们利用自己的意识，通过理智的权衡作用去解决内心的道德矛盾，进而支持自己的道德行为的过程。其作用的发挥依赖于个体的道德认知判断和道德情感激活。道德意志可以帮助青少年抗拒诱惑、克服困难、加强自律。道德行为是在一定的道德意识支配下所采取的言论和行动。一个人的道德认识、道德情感和道德意志，最终都要通过道德行为来体现和判断。因此，道德行为是一个人道德品质的主要衡量标准。

（二）网络道德心理

在讨论网络道德之前，必须明确一个问题，那就是网络道德是否真实存在。网络空间虽然具有虚拟性，然而其确实是对真实生活实践的反映。网络空间中存在着大量社群，其成员均是现实生活中真实的个体，其在网络空间中的行动和实践，也应受到现实生活中某种道德原则和规范的约束。此外，网络本身还蕴含着极其丰富的道德伦理。随着网络技术的发展，人们的日常生活中充满了各种网络信息，这些信息对个体的日常存在和发展起到了不可或缺的资源作用，但只有合理合法地获取、传播以及利用这些信息，才能充分发挥网络信息的作用。从另一个角度来说，网络道德其实是建立在现实道德的基础之上的，是对现实道德的积极推进；反过来，它又会对现实道德具有一定的反作用。由此可见，网络道德是真实存在的（王贤卿，2011）。

马晓辉和雷雳（2010）在综合前人观点的基础上，将网络道德界定为调节互联网行为的道德价值观与行为准则，可对人们的网络生活起到调节约束作用。

比如，在网络世界中，网民在享有信息共享权、隐私权、网络知识产权、信息自由交流权，以及信息安全权利的同时，也必须履行包括爱国、守法，以及文明诚信等在内的道德义务。而网络道德心理则是人们在网络社会中表现出来的比较稳定的道德心理特征，是网络道德在个体心理活动中的具体体现。与现实生活中的道德心理一样，网络道德心理同样包括网络道德认知、网络道德情感、网络道德意志和网络道德行为等四个方面，且彼此相互联系、相互依赖、相互作用。

（三）网络道德心理的形成机制

20世纪80年代美国心理学家雷斯特认为个体的道德心理形成要经过解释情境、道德判断、道德抉择、实施过程等四个阶段后才能最终形成道德人格。相应地，网络道德心理的形成则要经历以下五个阶段（胡凯等，2013）：其一，解释网络情境。即个体通过做出假设、信息整合、线索检索和逻辑推断等对具体的网络情境做出自己的理解，并随着自己的认知对事物或人物产生肯定或否定的强烈情感。其二，进行网络道德判断。即个体对网络情境中出现的各种可能的行动做出道德上是非的判断。据皮亚杰和科尔伯格所提出的个体道德判断图式，公正观是个体道德判断的核心问题，网络道德心理中的道德判断也以公正观作为核心问题。其三，做出网络道德抉择。即个体受到良心、责任感、社会环境等多种因素的综合影响做出自己道德上认为正确的行动抉择。在这一过程中，个体可能因非道德的价值观诱惑而不能遵循网络道德判断去做出相应的网络道德抉择。其四，实施网络道德行为。即在道德认知、道德情感、道德意志的共同参与下，个体将网络道德意向具体转化为网络道德行动。其五，形成网络道德人格。即经过以上四个阶段，个体网络道德内化完成，再经过多次实践检验与理论升华达到人格化的新境界，形成网络道德人格。

二、青少年网络道德失范及其行为表现

青少年生理和心理发展都处于快速发展时期，其道德心理与前几个发展阶段相比，呈现出了一些新的特点。比如，青少年的道德观念逐渐稳定，普遍认同社会主流道德观念，并表现出一致、务实的特点；青少年的道德意识从他律转向自律；其道德自我也日趋成熟，道德自我效能感日益增强，自我教育能力也逐渐提升，等等。这些特点也同样体现在青少年网络道德心理中，但由于网络的开放性和全球性，导致青少年不可避免地接收到一些错误的思潮，从而对青少年的价值取向和道德观念产生了一定冲击，社会主流道德规范的支配作用

被减弱，青少年的网络道德价值取向和网络道德认知难免会发生一定偏差，加之青少年自律及自主性不足，网络道德失范行为也时有发生。

所谓道德失范指在社会生活中，基本道德规范的缺失或不健全，不能对社会生活发挥正常的调节和引导作用，从而引发的社会生活失控、失序和混乱状态。网络道德失范则是道德失范在网络情境下的具体反映和体现，是由于个体缺乏自律性，违反了网络道德行为规范，从而在网络情境中产生的一系列偏差行为（俞红蕾，2011；张锋兴，2010；刘慧瀛、刘亚楠、杜变、黄雪珂，2014）。当前，我国青少年网络道德失范行为主要表现在以下几个方面。

其一，网络赌博与色情传播行为。互联网上存在着海量信息，这些信息内容庞杂，五花八门，良莠不齐，其中包含大量黄、赌、毒信息，青少年的分辨能力不强，很容易被网络上的不良信息诱惑，在这类信息的诱导下陷入了网络赌博和色情传播中，甚至游走在网络犯罪的边缘。

其二，知识产权侵权行为。网络知识产权包括网络著作人产权，专利产权，商标产权等。由于网络的开放性，许多青少年在网络上随意下载软件，下载带有知识产权的网络文章并进行抄袭等，对他人的知识产权进行侵犯。

其三，网络诈骗与偷盗。在互联网信息传播中存在着大量的个人隐私行为和数据，一些不法分子利用网络技术或网络软件非法侵入其他机构或个人主机，盗取他人隐私信息和数据用于商业竞争、非法欺诈，以及恶意制造混乱等。

其四，网络黑客行为。这里所指的网络黑客是指利用高超的网络技术，并依靠这些技术实施非法潜入、偷窃、破坏等反社会行为的人。网络黑客常通过不正当的手段窃取他人计算机网络系统的口令和密码，并对个人计算机系统中的数据和资料进行偷阅、篡改或窃取，导致他人和组织承受巨大经济损失的行为。这种行为既是一种技术行为，也是一种损害社会整体利益的不道德行为。这种道德失范行为在青少年群体中较为常见。

其五，人肉搜索和网络暴力行为。现在网络娱乐与自私心态盛行，人们只在乎"围观吃瓜"，从来不去问真相如何。只要看到有人被批判或者看谁不顺眼便去人肉搜索并暴露其个人信息，推波助澜对其进行网络暴力，对受害者的身心都造成严重损伤。

其六，传播虚假信息和网络谣言。网络具有虚拟性、匿名性等特点，为网络造谣和诽谤行为提供了较为有利的环境。青少年受自身认知能力和价值判断能力所限，同时又希望得到社会和集体的关注和认可，受利益驱动，部分青年沦为虚假信息和网络谣言的传播者（杨伊香，2020），甚至有部分青少年为博关注或发泄内心不满，主动编造谣言并进行传播而扰乱网络。如在校园论坛中，一些青少年出于各种目的，利用图像处理软件进行人像合成，或通过电子邮箱、公告板等发送具有人身攻击性的文章或图片进行恶意中伤以及发布"世界末日"之类的虚假谣言引起社会恐慌，以此发泄现实中对诽谤对象的不满等。

其七，网络交友的污言秽语。网络信息传播技术的发达让网络交友成为青少年交友的重要途径之一，扩大了青少年的交友范围。但受网络不良信息的影响，部分青少年的网络交友动机已偏离原始轨道，其在网络交友中道德失范行为频发。如以使用网络脏话为荣、虚拟网络性行为、使用色情粗俗词汇交流等。

其八，发布反动言论、制造社会混乱。部分青少年由于渴望受到关注或出于崇洋媚外心理，通过网络发表一些反动言论，如散布反社会主义言论，无端攻击现行制度、法令等，在网民中造成恶劣影响，极易引起社会大众的误判，导致社会混乱。

以上这几种网络道德失范行为都干扰了正常的网络秩序，严重时甚至会引发网络犯罪行为。

三、青少年网络道德失范的成因

青少年网络道德失范的原因可以从主观和客观两个方面进行分析。

（一）内部主观原因

青少年之所以做出各种网络道德失范行为，其内部主观原因有四个方面（王贤卿，2011；赵志阳，2019）。第一个方面，网络环境下青少年道德意识弱化。由于网络的虚拟性、匿名性等特点，许多青少年可以隐藏自己的真实身份，在没有教师、家长以及同学监督的情况下容易缺乏自律。此外，由于青少年道德认识水平较低，分辨能力较差，容易陷入道德的相对主义和个人主义，导致青少年的道德意识弱化，从而出现网络道德失范行为。第二个方面，青少年网络道德评价紊乱。现实社会中的大众媒体言论是经过把关人把关的，在网络世界中，青少年既是信息的发布者也是信息的把关人，这就为部分青少年为吸引他人注意而发布一些能引人注目却有一定危害性的虚假或垃圾信息提供了条件。这些信息一经出现，就在网络中引起广泛的关注，并在一定程度上引发其他青少年的模仿。尽管这种行为不被认可，但在网络世界中却很少有人对此进行批判，发布者和传播者也难以及时追责，这就使得部分青少年的道德价值体系发生混乱，以致网络道德是非观念淡薄，网络道德失范也就在所难免了。第三个方面，青少年网络道德人格的缺失。比如由于网络的便捷性，许多青少年沉迷于网络制造的快速与便利，不愿辛辛苦苦地学习、思考和探索，只想借助网络通过复制粘贴完成作业，这种思想最终会使青少年养成不良的学习习惯以及对网络的过度依赖。第四个方面，青少年道德认知不足。青少年处在一个心智尚未完全成熟的阶段，对不良信息的甄别能力不够、辨别是非的能力不强、自控能力较差，同时加之网络虚拟性、匿名性和隐蔽性的特点，部分青少年产生了冒险心理和侥幸心理，忘记了最基本的道德规范，迷失自身价值取向，部分青少年甚至视违反道德规范的行为为一种很酷的冒险活动，认为即使在网络中发布反动言论、传播不良信息、散布网络谣言，也不会被人所知晓，更不会受到应有的惩罚。此种不良心理一旦产生并且获得验证，就让青少年获得满足感与自豪感，在一定程度上引诱着青少年继续其网络道德失范行为，破坏网络社会的合理秩序。

（二）外部客观原因

青少年网络道德失范还有其客观存在的外部原因。第一，网络本身特点及网络技术的局限。网络的虚拟性、匿名性、隐蔽性等特点容易导致网络中个体行为的涣散性和不规范性，同时网络技术方面尚缺乏统一的信息安全标准、密码算法和协议，无法从源头上对个体网络行为进行监管。这些都为青少年网络失范行为提供了无所顾忌、随意表达与发泄的客观环境。第二，网络监管制度不完善。一方面是网络迅速发展，另一方面是网络监管制度建设的滞后，加之网络技术监控漏洞频出，对网络舆论缺乏正确及时的监督和引导，网络道德约束机制弱化，青少年的网络行为缺乏必要监管，青少年网络道德失范行为也就在所难免。第三，当前网络道德教育缺失、网络道德教育方法单一、时效性差，使得青少年网络媒介素养普遍缺失，以致面对鱼龙混杂的网络信息无法形成正确的道德认知、稳定的道德情感和坚强的道德意志，这是引发青少年网络道德失范行为的重要外部因素。第四，网络舆论引领偏误。网络信息传播的虚拟性使网络舆论引导变得特别困难，稍有懈怠道德失范信息或危机信息便会经网络被无限地放大与扩散，相反，一些积极、正面的舆论反而被淹没其中，得不到应有的关注，如此一来极易误导青少年，引发其网络失范行为（赵志阳，2019）。第五，网络责任扩散。网络的隐匿性、交互性使网络环境下行为主体的权责分散、权责失衡现象常常比现实社会表现得更加突出（宋小红，2017），人们都躲在屏幕后面，抱着侥幸心理与法不责众心理，肆无忌惮地在网络上发泄自己的不满，放纵自己的私欲，这给青少年带来了十分不好的影响，也容易诱发其网络失范行为。第六，网络信息鱼龙混杂。网络信息传播环境下，青少年每天所接触的信息是十分丰富且复杂的，其中不乏娱乐至上、拜金主义等一系列不良信息。新媒体环境下多元文化的传播与道德观念的汇集交织，现实社会与网络社会的巨大差异性，容易使人们对想象与现实、自由与纪律、真我与虚我的认知不清（胡焱，2014；宋小红，2017），在一定程度上造成了青少年道德认知上的困惑，对其网络道德行为带来不利影响，如此情形下，青少年网络道德失范频现也就在情理之中了。

四、青少年网络失范行为预防与矫正

（一）青少年网络失范行为的预防

青少年网络道德失范行为的预防可以从以下几个方面入手。

首先，要深化青少年网络道德认知。青少年网络道德失范行为产生的原因之一在于网络道德认知混乱，因此亟须强化青少年网络道德认知。具体而言，应加强对青少年爱国守法、诚信无害、文明友善、自律自护等道德要求，培养青少年的道德辨别能力和道德自律意识，从而加强和深化青少年网络道德认知。

其次，要培养青少年网络道德情感和网络道德意志。具体要训练青少年客观分析、批判吸收网络信息的能力，在鱼龙混杂的网络信息面前保持高度清醒，形成自己的正确判断，适度表达自己的道德情感，避免非理性网络行为的出现。同时，还要在网络相关活动过程中锻炼和培养青少年的网络道德意志。比如，面对种种社会不公现象，部分青少年认为"天下乌鸦一般黑""仅靠一人之力也是难以改变的"，进而选择漠视甚至同流合污；还有些青少年面对朋友的错误，因"担心朋友怪罪"而选择沉默，更有甚者会充当朋友的"帮凶"，这些都是道德意志不坚定的表现。从这个意义上说，努力培养青少年不惧权威，敢于克服困难与种种非道德行为斗争的精神，对预防青少年网络失范行为意义重大。

最后，要规范青少年网络道德行为。在网络道德行为上，要通过完善网络道德教育、加强法律约束和技术监控、树立网络道德榜样、落实网络道德失范行为惩罚措施，以及建立家、校、社会联动联防机制等途径，形成他律与自律相结合共同规范青少年网络道德行为的有利局面，从源头上对青少年网络行为进行监控和管理，早发现早处理，尽可能将青少年网络道德失范行为遏制在萌芽状态。

（二）青少年网络道德失范行为的矫正

目前青少年网络失范行为时有发生，因此对青少年网络失范行为的矫正也尤为重要。

首先，要重视榜样示范作用。加强对具有影响力的明星、网络红人、意见领袖的监管和责任意识教育，打造具有广泛影响力，引领网络正向风气，带头维护网络社会环境的榜样群体（阎国华、李楠，2020），塑造良好的网络氛围，从而使得发生网络失范行为的青少年因为榜样作用而改正自己的行为。

其次，要重构青少年网络道德观念。很多青少年发生网络失范行为都是因为对网络道德规范认知不清晰，因此重构其网络道德观念有着深远意义。比如，学校可以在校园网络平台上开设新媒体平台，及时更新内容，有意识地引导有网络失范行为的青少年关注社会热点或敏感问题，并使其形成正确认识，潜移默化地改变他们的网络道德观念，逐渐放弃网络失范行为（张多多、杨娇娇、王菲，2018）。当然，家庭、学校、社会联合，对青少年进行系统的社会主义核心价值观教育也是必不可少的环节。

最后，要建立健全相关法律法规。根治网络失范现象，仅仅依靠道德规范引领是不现实的，还亟须完善并发挥社会舆论、法律法规、社会制度等多种力量的作用，将网络行为纳入合力控制之下，尤其是要有底线伦理的法治保障（韩小乔，2019）。因此，要界定网络失范行为的界限，加强对青少年网络道德失范行为的处理与应对。比如，当青少年侵犯他人知识产权或是盗取他人信息时，对其进行批判教育并给予必要惩罚，起到反面警示的作用，还要对其进行心理健康教育与德育教育。

第二节　网络信息传播与青少年网络犯罪

网络犯罪是网络道德失范的极端表现形式。信息技术的迅猛发展在为社会带来极大便利的同时，也为青少年犯罪提供了土壤，尤其是近年来，青少年利用网络实施盗窃、诈骗，以及侵害人身权利的案件时有发生，这一现象引发了心理学家、社会学家、犯罪学家等专家和学者的重视。

一、青少年网络犯罪

（一）网络犯罪的定义

所谓网络犯罪，是指行为人利用网络计算机技术或是在网络环境中实施的、侵害或威胁法律所保护的利益的行为（孙景仙、安永勇，2006）。网络犯罪是伴随着网络信息技术的发展和网络普及发展起来的一种利用网络高科技进行犯罪的活动，是网络信息技术发展到较高水平的产物。当前依照我国刑法中对网络犯罪的规定，可以将网络犯罪分为"纯正网络犯罪"和"不纯正网络犯罪"，前者是指行为人的犯罪活动或犯罪行为一旦脱离网络或计算机就不能被定义为网络犯罪，后者是指以计算机网络为工具实施的普通犯罪。

在 20 世纪 90 年代，网络使用者与网络平台的信息交流尚较难实现，网络违规行为多发生在计算机使用过程中的违规侵入、增加、删除、干扰、修改等环节。这个时候的网络犯罪多指以计算机操作所实施的危害计算机信息系统安全的犯罪行为，被称为计算机犯罪，是网络犯罪的雏形（于志刚，2014）。进入 21 世纪后，互联网建设更加完善，计算机技术得到普及，网络犯罪也进入了发展期，随着诸多电子商务平台的迅速崛起，网络犯罪分子开始利用网络技术或网络平台，对他人实施传统的犯罪活动。如利用网络或计算机技术实施诈骗，窃取信息，传播淫秽信息，非法侵害他人、团体权益或损害国家安全与社会稳定等行为，该时期属于技术侵犯与利益侵犯的结合期。我们现在所谈的网络犯罪更倾向于空间化的网络犯罪。互联网中的大数据、云计算等使得网络空间与个体之间可实现无缝连接，这一方面方便了我们的生活，另一方面又给网络犯罪提供了可乘之机。网络犯罪不再局限于传统的犯罪和现实社会基础，依赖于网络的独特新型犯罪出现，如网络暴力、网络盗版等，此时的网络犯罪已经进入了成熟期，其内涵更广，科技含量更高，犯罪形式更新，隐蔽性更强，范围更广，危害更大（崔仕绣、崔文广，2019）。

（二）青少年网络犯罪及其表现形式

青少年网络犯罪是指以青少年为主体或行为人，违反国家法律规定，以计算机网络为主要工具，或在网络环境中进行的犯罪活动，其形式主要有以下六类（李中和，2012；刘士国，2005）。

一是典型黑客网络犯罪行为。行为人利用网络未经目标人的批准或准许，擅自侵入计算机信息系统，非法侵犯信息安全、侵害计算机信息系统功能，如未经对方允许或授权私自删改计算机数据等，使得计算机无法正常安全运行。

二是制造、传播计算机病毒进行网络犯罪行为。这是当今青少年网络犯罪的重要形式之一，是指行为人利用计算机编程技术制作计算机破坏性程序（计算机病毒），或将携带计算机病毒的软件或数据文件进行销售传播等。比如1998 年，我国台湾青年人陈盈豪制作的 CIH 病毒在 1999 年 4 月爆发，造成全球近 6000 万台计算机瘫痪无法正常运行即属此类。

三是以网络为工具或环境实施的传统犯罪行为，如利用网络进行的盗窃、诈骗、敲诈勒索等网络犯罪行为。网络盗窃是指青少年利用计算机网络的虚拟性、便利性等特点实施的，以非法占有他人财物为目的，非法窃取他人财物的行为，如利用计算机网络技术盗取他人存款、游戏账号，通过获取他人金融信息来盗取他人财产等。网络诈骗是指以计算机网络为工具，以非法占有他人财物为目的，对目标人虚构事实或隐瞒真相以骗取其财物的网络犯罪行为，如盗用目标人账号给其亲朋好友发送借钱信息牟利，或利用网络游戏等平台以交易为名骗取对方钱财等。此外，利用网络的开放性，以他人隐私做要挟，对目标人进行的敲诈勒索等，也是青少年网络犯罪中的高发犯罪行为。

四是利用计算机技术制作色情内容，或利用网络建立色情网站传播、销售淫秽物品的网络犯罪行为。网络涉黄犯罪是青少年网络犯罪行为中的常见类型。一些青少年通过建立色情网站向他人提供淫秽信息非法牟利，主要形式有开设色情网站，向他人提供色情影片下载服务，以收取会员费；在自己浏览黄色网站后同他人"分享"，对淫秽信息进行二度传播；自行创作色情小说，制作淫秽图片或将他人隐私视频发布到网上，以谋取利益或满足私欲等。

五是在网络公众社交平台中发布反动言论，危害国家安全及社会稳定的网络犯罪行为。我国目前正处在全面深化改革开放的关键期，社会矛盾凸显，国际环境复杂，网络媒体信息鱼龙混杂，多种势力混杂其中，不法分子往往利用互联网混淆社会舆论，以达到破坏国家安定和社会安稳的目的。如2019年香港暴动事件中，就有暴徒利用网络在外网上发布态度暧昧的不实信息，趁机混淆国际舆论，以"权益"做借口，制造"暴徒无辜"的伪像，恶意损伤国家形象，破坏社会稳定。

六是网络黑市交易。近年来，一种利用加密传输、P2P对等网络、多点中继混淆等，为用户提供匿名的互联网信息访问的技术手段开始流行，由此而衍生出来的暗网也具有独特的加密方式，它们往往会以链接的形式在QQ群、微信群中传播，为黑市交易提供了独特的网络环境，其涉猎内容广泛，包括但不限于枪支、假钞、毒品和人口买卖等非法交易。黑市交易就像一片深不可测的沼泽，青少年一旦涉足就会深陷其中无法自拔。2015年云南警方抓获了五名青少年，他们因为通过QQ群中的暗网链接购买毒品，而被毒贩控制，打伤他人（薛伟伟，2018）。

（三）青少年网络犯罪的特点

青少年网络犯罪既具有一般网络犯罪的特点，也有一些与其年龄阶段密切相关的独特之处，具体表现在以下几个方面（荆慧，2005；温润华，2013；薛伟伟，2018）。

第一，虚拟隐蔽。网络犯罪一般不受时间和空间的限制，犯罪行为不易留痕迹，没有特定的犯罪形态，不易发现，不易识别，不易侦破，隐蔽性极强。网络本身就是一个虚拟世界，参与组织网络犯罪的个体都会有意识地改变自己的身份，或是虚构或是扭曲。一些网络诈骗犯罪为了使目标更易上钩，还会虚构事实，捏造资料，增加骗局的可信度。

第二，科技含量高。虽然当前网络安全问题受到全球高度重视，许多计算机手机安全防护软件为网络犯罪设下了重重阻隔，但仍然有一些青少年能够未经他人允许和官方批准破解安全系统，私自入侵他人计算机。这种行为本身就是一种技术性的犯罪，他们洞悉程序漏洞和计算机缺陷，拥有丰富的计算机技术和扎实的知识基础，借助网络对他人系统或电子数据进行攻击和破坏，如臭名昭著的 QQ 群蠕虫病毒，在 QQ 群下载的文件在打开后会自动跳转到黄色网站，感染对方的手机或计算机。

第三，低龄化倾向明显。资料显示，全球青少年网络犯罪的低龄化愈发明显，美国网络犯罪案件主体的年龄在 10～17 岁。随着个人计算机的普及和网络技术的发展，青少年网络犯罪低龄化这一特征会愈发明显。比如，"九九情色论坛"案是 2005 年我国破获的淫秽色情网站中的第一大案，其创办者年仅 19 岁，而该网站中 30 万的注册会员也大多数是青少年；美国黑客尼克更是在 15 岁时就入侵美国防空指挥中心的计算机系统。

第四，犯罪形式日益多样。早期青少年网络犯罪形式较为单一，主要是通过计算机网络技术侵害他人财产，非法入侵系统。但随着个人计算机的普及和互联网的发展，越来越多的新型网络犯罪形式出现在我们面前。青少年的网络犯罪由网络经济秩序和信息安全延伸到侵犯他人权益、民主权益，以及国家安全、社会稳定等方面。例如，利用网络社交平台侮辱诽谤他人、恶意捏造事实、人肉搜索、电子勒索等侵害他人人身权利；利用公众平台发布反动言论，在暗网中参与网络洗钱等危害国家安全、影响社会稳定的网络违法行为；还有利用网络伪装身份恶意骗取他人财物等。网络犯罪行为从单纯的技术性犯罪已经发展到社会生活的方方面面，更多更新更严重的网络犯罪行为正不断出现。

二、青少年网络犯罪成因

青少年网络犯罪的成因复杂多样，但最主要的不外乎网络环境特点和青少年自身心理发展特点两个方面，其中一个为外部客观原因，一个为内部主观原因。当然，这两者之间又是相互关联的，外部客观原因要通过内部主观原因起作用，内部主观原因则又可对外部客观原因起到一定的制约作用。网络犯罪原因包括客观原因和主观原因两个方面。

（一）青少年网络犯罪的外部客观原因

其一，互联网信息技术的缺陷。互联网信息技术缺陷为网络犯罪的实施提供了外部诱因。互联网最初的技术目的是实现多台电脑互联并进行信息传输，而传输的过程是否安全，则不在技术人员的考虑之列。近年来，尽管网络技术人员对传输中的信息安全进行了重新设防，却依然存在诸多漏洞，给了网络犯罪分子可乘之机。对于网民来说，只要掌握了一定的网络信息技术就可以在技术上实施网络入侵行为，这就为青少年网络犯罪提供了另一个重要的外部诱因。

其二，网络犯罪的相对隐蔽性。网络环境下网络犯罪的相对隐蔽性助长了不法分子的侥幸心理。网络的虚拟性特点，使得网络空间独立于现实空间之外，行为人网络作案时通过远程控制即可完成作案过程。不仅如此，网络犯罪行为人还能够在网络世界隐藏身份或伪造身份，减少被发现的可能，网络犯罪行为人轻易便可掩藏行迹，轻易地达到目的，却没有现场作案时的罪恶感和危机感。这种情况也在一定程度上降低了青少年对自身违法犯罪行为严重性的估计，助长了其进一步放任网络犯罪行为的侥幸心理。

其三，网络立法的滞后性。网络立法的滞后给网络犯罪以可乘之机。我国网络立法和网络执法相对较为落后，部分法律存在空白，定罪门槛高，使得一部分网络犯罪分子明知其行为构成了犯罪却依然为所欲为；对网络违法行为处罚力度低，助长了网络犯罪心理的形成。比如，对于青少年为了私欲捏造事实、侮辱诽谤他人、散布网络谣言这样的网络犯罪行为，行政处罚往往较轻，对造谣者不痛不痒；刑事处罚定罪门槛更高，少有青少年因此判刑的案件；甚至有的受害人不追究就不会予以处罚，即便追究也可能是私下和解。这使得部分青少年认为网络犯罪并非严重犯罪行为，甚至有人会认为这样的犯罪成本较低，无形中助长了网络犯罪行为人的侥幸心理，从而为更严重的网络犯罪行为埋下了祸根。

其四，社会舆论风气的误导。青少年本身正处在思想观念的形成期和成长期，对鱼龙混杂的网络信息尚缺乏较强的分辨能力，容易在无形中受到网络舆论信息的影响，社会上对于网络犯罪行为不恰当的评判，会使青少年形成错误观念，成为鼓励青少年网络犯罪的重要因素（赵春波，2009）。例如，社会上对于黑客的评价，多不认为其是在犯罪，反而认为其网络技术高超。这种评判在无意中鼓励青少年对其进行模仿，以致部分青少年会出于展示自己的才华或技术的目的而模仿黑客行为，做出入侵他人的电脑、威胁网络安全的犯罪行为。

其五，家庭和学校教育的疏漏。网络惠及生活，但我们享受到便利的同时，却忽略了其中的隐患。在计算机网络技术高度发达的今天，家庭和学校都很重视青少年计算机技术的提高，却忽略了对青少年网络媒介素养，尤其是网络道德规范的训练和熏陶，网络道德的缺失就像一条暗线，无时无刻不在影响着青少年的网络活动（张爱华、李西娟、许丽婷，2009），大大增加了部分青少年走上网络犯罪道路的风险。

（二）青少年网络犯罪的内部主观原因

其一，青少年思维发展存在一定局限性。青少年的思维虽具有一定的独立性和批判性，但仍存在一定的局限性，缺乏冷静辩证地分析问题的意识，在面对大是大非问题时往往会走向极端，容易出现方向性错误（张爱华、李希娟、许丽婷，2009）。例如部分青少年受到西方文化影响后会不加分析地追捧资本主义所吹捧的所谓民主与自由精神，进而在网络公众平台上发布不当言论，甚至发表辱国言论，且固执己见、不知悔改，最终难免滑向犯罪深渊。

其二，青少年猎奇心理重，自控能力差。青少年本身处在发展期，好奇心强，猎奇心理重，对于平时无法接触的、不能够去接触的、接触不到的事物信息有着浓厚的兴趣（张红薇，2005）。网络为他们提供了无数的可能，在网络的庞大信息储备下，这种心理特征和兴趣被无限放大，难免有部分青少年会挣脱理智的掌控，放纵自己的情感与欲望，以致最终走上网络犯罪的道路。

其三，青少年自负、好胜心强。青少年网络犯罪行为人因自身高学历、高智商而产生的自负、好胜心理（张树启，2007），对社会规则存在漠视和游戏心理。网络技术本身就是科技进步的代表产物，对于学历较高的大学生或在计算机方面有天赋有兴趣的青少年而言，网络就像游戏，强大的自负与好胜心理使他们苦心钻研计算机技术，希望成为计算机高手，引起他人注意，以致部分青少年将技术黑客作为他们的目标，并认为这是有个性、与众不同的表现。为此，他们不惜以侵入计算机网络系统、传播病毒、开设黄色网站等违法犯罪来博取外界的关注与喝彩，达到他们所谓的"自我实现"目的。

其四，部分青少年道德标准低，法律意识淡薄。市场经济背景下，部分青少年功利意识加重，在对社会、国家、民族的价值目标选择上呈现多维姿态，一些青少年缺乏对国家和社会的责任感和义务感，在网络世界中兴风作浪，法律意识淡薄，对网络行为的正当性缺乏最基本的认识，以致在网络世界中面对利益轻易放下自己的原则和良心，越过法律和道德底线，最终成为网络犯罪大军中的一员。

三、预防青少年网络犯罪的对策

青少年网络犯罪涉及网络和现实生活中的方方面面，预防青少年网络犯罪是一个系统工程，需要全社会各司其职，共同参与，其中政府、社会、学校及家庭的作用最为重要，当然其中也少不了青少年自身的严格自律。

首先，要建立青少年网络犯罪的社会预防体系。网络犯罪与社会立法不健全、不完善和网络环境不健康等有着直接的关系。为此，青少年网络犯罪社会预防体系应从完善网络犯罪立法入手，通过健全法律制度，加大对网络犯罪的处罚力度，减少或阻止青少年网络犯罪；应从建设健康、绿色网络文化入手，通过网站、论坛、微博、博客等网络平台大力弘扬中华民族的优良文化传统，普及法律知识，树立良好的道德风尚，预防青少年网络犯罪心理的形成；应从加强网站行业自律入手，对网站进行整治，严厉打击以违法犯罪手段牟取暴利的非法网站，同时要求各网站自行排查可能被违法犯罪分子利用的漏洞，及时加以整改，不给网络犯罪分子以可乘之机；应加大落实网络实名制的力度，让青少年网民意识到他们的行为有记录，必须为自己的违法行为买单；应从技术手段入手，加强网络技术预防，健全网络安全体系。同时，有关部门还应加强对游戏的管理，严把带有暴力、犯罪、欺负等可能诱导青少年犯罪内容游戏的审批关；建立网络游戏分级制度，比如，要明确哪类游戏青少年不能接触，哪类游戏青少年可以玩，但必须限制玩的时间，等等。

其次，要充分发挥学校的教育作用。目前，学校计算机网络课程的设置往往片面注重知识的传授和操作技能的训练，却忽视了对青少年上网行为的正确引导。如上所述，部分青少年认为黑客是网络上非常厉害的人，这使得许多青少年试图通过入侵别人的网络等黑客行为来展示自己的才华，以致走上网络犯罪的歧路。因此，学校要在教给青少年有关互联网知识和技能的同时，也要教他们认清各种非法网络行为的本质，告诫他们网络不是法外之地，使其认识到网络犯罪后果的严重性，严格约束自身的网络行为。不仅如此，青少年犯罪问题的根源在于他们的道德修养，学校还有义务将网络道德教育纳入学校德育范畴，重视青少年道德修养的提高，要求他们在网络中做到慎独和自省。慎独即要求青少年在不被监督的网络环境中为自己的行为负责；自省即要求他们进行自我反思和自我控制，以形成良好的网络道德。引导青少年学生文明上网，健康上网，这也是从源头上控制网络犯罪的重要环节（张红薇，2005）。再者，学校还要尽可能加强校园文化建设，为青少年开展丰富的课外活动，培养其他的兴趣爱好，满足其自我实现的需要，避免其过度依赖网络，从而有效地预防网络犯罪。特别值得注意的是，在发挥学校教育作用的过程中，要避免刻板的说教，注重青少年心理特点与网络教育的结合，将枯燥的说教寓于青少年喜闻乐见的方式中，以期收到实实在在的教育效果。

再次，家庭要给予青少年足够的关心和爱护。家庭是青少年温暖的港湾，是青少年心灵的栖息地。而家长除在保障青少年衣食住行之外，也应对青少年的心理进行充分关注，从青少年的心理健康入手，培养青少年高尚的情操。对此，家长应及时与青少年进行沟通，在发觉青少年情绪低落、压力较大时，给予足够的关心与爱护，使其在现实生活中感受到充分的幸福与满足，减少其对网络虚拟世界的依赖，同时严格规范自身的网络行为，不传播、不支持、不参与各类网络违法行为，为青少年树立良好榜样，进而从根本上使青少年免受网络有害信息的侵蚀，预防青少年网络犯罪。

最后，要调动不同网络参与者的积极性，共同抵制网络犯罪行为。比如，青少年自身应提高信息甄别能力，提高网络交往的质量，避免被带入网络违法的群体中。再者，网络受欺负者通常有较低的自尊及保守性，他们较少告诉成人他们在网络中的遭遇或去寻求帮助，大多是自我补救，这实际上是保护了犯罪分子和欺负者，使其更加肆无忌惮，促进了更多的网络犯罪和网络欺负行为，所以受害者要勇于揭发网络犯罪和网络欺负行为，在受到侵害时向成人求助。研究表明，网络旁观者的行为也对网络欺负有影响，旁观者若保护受欺负者，采取阻止措施，则有利于减弱网络欺负（Egan，2012）。所以网络中的旁观者不能对网络欺负视而不见，而应积极行动起来，唯有如此，才能在全社会形成共同抵制网络犯罪行为的良好风气。

第三节　网络信息传播背景下青少年道德教育应对策略

　　网络信息时代对青少年的道德培育带来了新的挑战与机遇，面对日益复杂的网络信息传播环境，我们应从网络德育原则入手，分析网络德育的影响因素，充分利用网络信息传播的优势，探索青少年道德培育的新路径。

一、网络德育及其主要内容

　　德育即道德教育的简称，是指教育者按照一定社会或一定阶级的要求，有目的、有组织、有计划地对受教育者施加系统的影响，把一定的社会思想和道德转化为个体的思想意识和道德品质的教育（董纯才，1985）。网络德育是将互联网平台与德育基础理论有机地组合在一起而形成的一系列的德育活动过程，它与传统德育相比，具有开放性、交互性、趣味性、预见性、能动性和隐匿性（班华，2004；曾长秋、薄明华，2012）。有学者（刘旭升，2013）认为，网络德育是针对网络中出现的各种道德问题，运用包括网络在内的德育方法对网络行为主体进行道德教育的活动。许立玲和刘蕊认为，网络德育是指组织者接受并内化社会发展所需的思想品德和心理素质，并通过网络媒介将其传递给网络客体（青少年等受教育者）的过程。也有学者（束梦雅，2019）认为，网络德育是指政府和社会通过网络优势，从思想道德、行为方式、逻辑思维等角度开展的德育实践活动。综合以上观点，本书认为，网络德育就是教育者借助网络技术对受教育者进行的道德教育活动。

　　网络德育内容首先应包括传统道德教育内容。檀传宝（2015）指出，德育内容包括公民道德品质教育、基本文明习惯和行为规范教育、道德理想教育、基本道德品质教育四个重要层次，涵盖基本道德品质、文明习惯和行为规范、爱国主义、集体主义、家庭美德、民主与法制和信仰道德教育七个方面的内容。郑男（2020）则认为，德育内容是指为了实现德育目标，用一定的社会道德规范培养年轻一代思想、法制、道德、政治、心理等方面的内容。实际上，网络德育内容的确定，不仅要以一般意义上的德育内容为基础，同时还需要充分考虑因网络环境而衍生出来的新内容。何广寿（2014）认为，网络德育包括保家卫国的爱国精神、勤劳智慧的开拓精神、重礼守节的道德品格、团结互助的协作精神和自然和谐的生态伦理道德精神等，这一观点充分考虑了网络德育内容对传统德育内容的包容性，却忽视了网络这一特定情境对个体道德的要求。刘旭升（2013）则认为，网络德育内容包括网络道德规范教育、网络价值观教育、网络道德礼节教育，这一提法就充分考虑到了网络环境下德育内容的"网络"特色，但却对传统道德内容考虑不够。因此，将两者有机结合起来，才是确定网络德育内容的科学做法。

二、我国青少年网络德育存在的问题及其成因

随着青少年网络道德失范行为越来越多，青少年网络道德教育引起了人们的广泛关注，在其取得成效的同时，也出现了一系列不容忽略的问题。

（一）当前我国网络德育存在的问题

当前，我国网络德育存在的问题主要有两个方面。一是教学内容单调，教学形式单一，德育工作开展困难，效率不高。网络德育刚开始发展，还没有一个健全的体系，教师多采用传统的灌输方式进行网络道德教育，而没有充分利用网络，在教学内容及教学模式方面都较为单一，部分教育者对网络道德教育的了解及重视不够。在束梦雅（2019）的调查研究中，学生在对"贵校德育的内容是什么？"的回答中，选择思想政治教育的比例高达93%，只选择思想政治教育的比例达到75%；在对"高校德育内容是否不足、是否有待完善？"的回答中，79%的大学生选择了是。可见，目前德育教学内容比较匮乏，教学形式过于单一，只有较为常规的思想政治课程，而很少结合校园活动、社会实践，更是忽略了网络德育在心理教育、创业指导教育等其他课程中的渗透。二是网络德育缺乏针对性，实效性差（马梦瑶，2013）。目前，学校网络德育基本处于真空的状态，大多数学生仍未接受网络道德教育；而很多学校虽进行网络德育，也只是单方面空谈理论而没有落实到实际生活中，没有太大用处；或是依然沿用传统的教学方法，甚至使用让学生死记硬背道德规范的方式进行教育，教育没有针对性也不讲求实效。

（二）当前我国网络德育问题的成因

当前我国网络德育问题出现的原因无非是以下几个。第一，教育工作者德育观念模糊。网络道德教育的目标过于意识形态化且与现实差距大，未涉及大学生网络道德教育具体要达到的目标（郭淑萍，2016），导致学校、家庭等在

网络德育问题上观念模糊、认识不够，因此不能很好地对青少年进行道德教育，也不能随网络变化对德育内容进行更新发展。第二，硬件设施与发展水平限制。开展网络德育工作，除了一定的网络技术水平外，还需要计算机、手机等硬件设备。很多青少年所在的学校因资金或地区限制，导致硬件建设滞后或是缺乏硬件，教师本身就没有接触过网络，更难以开展网络德育工作。第三，德育管理制度不够完善。目前，对于德育工作只有要求开展的硬性指标，但对于德育是否有成效，德育管理及监督部分有待进一步规范。而且，部分学校在网络德育工作方面没有进行责任分配，产生了"责任分散效应"，导致工作者缺乏责任心与积极性，出现无人开展德育工作或是"水课"现象，阻碍了青少年网络德育工作的进一步深化与创新。第四，德育队伍素质不高。受传统观念与网络技术水平限制的影响，部分德育工作者本身就对网络德育知之甚少。限于理论储备的不足，德育工作者的教学方式方法都较为单一枯燥，很难完成德育工作。而且有些网络德育工作者对网络德育的重视度不够，主动性与积极性都不高，只会一味照搬照抄进行"做任务式教学"，因此德育工作效率较低。

三、青少年网络德育的原则

在网络信息传播背景下培养青少年的道德，应首先抓住网络德育的原则，才不会发生偏离教育轨道的情况。在总结众多研究者（王延隆、廖阳晨、孙孟瑶，2018；昝玉林，2003；李琳，2007；吴倬、张瑜，2009）观点的基础上，我们认为青少年德育工作中应有以下几个必须遵循的基本原则。

第一，青少年网络德育工作必须遵守鲜明的政治原则。青少年道德教育的终极目的是使青少年具备符合社会发展需要的思想道德品质，网络德育也应以此为中心。在网络上道德教育的培养者在发布道德教育信息以及制定网络规章制度时，必须站在党和人民的立场，本着培养社会主义合格接班人的高度制定网络规章制度，建设一个正面、积极、健康的网络环境，以此引导和影响包括青少年网民在内的所有网民，带动并促使网民从他律转向自律。

第二，青少年网络德育工作应坚持现实性与虚拟性相结合的原则。互联网具有虚拟性的特点，同时又可实现虚实交互。然而，互联网上的信息均来源于现实生活，以现实生活为基础。因此，在开展网络德育工作时，网络道德教育的培养者应明确无论是道德教育的主体，还是内容、方法以及形式上都应以现实社会为基础，将网络的虚拟性与现实性相结合，通过网络手段和虚拟工具、方法，展现现实德育的内容与形式，将网络德育与现实中的德育相结合。例如，在进行网络德育时，发现青少年无法辨别网络上一些信息的好坏，在现实社会中学校德育课堂上即可将这一问题作为重点，对青少年进行良好的引导。此外，除了将学校道德教育与网络道德教育相结合外，还应在家庭教育中加强对青少年的道德引导和教育。

第三，青少年网络德育工作应坚持教育与管理相结合的原则。互联网的开放性特点，将全世界连接到一起，迎来了真正的全球一体化时代，与此同时，互联网的开放性还使得网络上的信息五花八门、良莠不齐，具有高度自由的特点。在这种情况下，对于青少年的网络道德培养，不仅要充分发挥教育的手段，与此同时，还要对青少年的网络行为进行必要的管理，将教育与管理结合起来。在实施网络道德教育时注意优化资源配置，确保青少年在网络上自由学习以及工作的同时，加强网络规范与引导，充分发挥网络德育的功能。

第四，青少年网络德育工作必须坚持青少年主体性原则。这里的主体性主要是指能动意义上和交互关系意义上的主体性。具体而言，青少年网络德育应大力调动青少年在网络德育活动中的积极主动性，重视活动在网络德育中的地位和作用，实现教育者与受教者之间双向互动，同时鉴于网络的虚拟性、身体不在场以及监管难度大等特点，网络德育还必须高度重视青少年自我教育能力的培养。此外，人是网络德育的主体，网络德育的所有工作均是围绕着人展开的，应当尊重人的主体地位。青少年网络道德教育的培养者在制定相关政策以及发布网络德育信息时，应充分从青少年的思想和心理入手，重视青少年的个体差异性，从青少年的个性和特点入手，制定网络德育方法，选择合适的网络信息传播渠道，吸引青少年的兴趣和注意。

第五，青少年网络德育工作应坚持创新原则。面对飞速发展的网络文化给青少年德育工作带来的严峻挑战，我们应勇于突破传统观念的束缚，以创新的原则来进行德育教育。如充分利用互联网，寓教于"网"，营造良好的网络德育氛围；开设网络课程，通过网络进行德育教育；加强网络法制教育，培养青少年网络法律意识等。网络文化是一种多元性的文化，始终在不断地发展变化着，作为网络德育工作者，要在网络德育工作中坚持创新原则才能更好地发挥网络德育的作用。

第六，青少年网络德育工作应坚持实践性原则。实践性是德育活动的本质特征之一，尤其在网络德育活动中显得更为突出。现在网络德育教育面临的一个重大挑战就是理论与实际之间存在太大差距，甚至很多网络德育工作者自己都不能很好地使用网络，这是不利于网络德育发展的。德育工作者要真正地进入网络生活，充分认识和把握教育文化的时代特征，在实践中切实适应和把握好网络时代开展德育工作的方式方法。

网络德育的六项原则在网络道德教育中具有极强的指导作用以及规范网络道德教育的作用。只有沿着网络德育六项原则所指明的方向，才能在网络信息传播环境下，不断创新网络德育方式和方法，拓宽网络德育途径，帮助网络德育工作者更好地开展网络德育工作。

四、青少年网络德育的路径

我国的网络德育发展至今共经历了三个阶段，即初期阶段、中期阶段、当前阶段（王延隆、廖阳晨、孙孟瑶，2018）。初期阶段，网络德育主体多借助电子邮件、论坛等方式进行网络信息传递，此时的网络德育工作多采用灌输式的方式来解决问题。中期阶段，网络德育主体通过社会热点新闻以及网站形式，对青少年进行引导式道德教育。当前，随着网络信息技术的提高，网络新媒体如同雨后春笋般破土而出，业已成为青少年在网络上的主要活动场所。因此，通过新媒体对青少年进行道德教育成为网络道德教育的主要形式。目前，我国网络德育的实施总体上越来越呈现出形式多样灵活的特点，但无论采用何种形式和载体，从路径上说，均应从学校、社会、家庭和青少年自身四个方面入手。

（一）从学校教育入手，加强对青少年的网络道德教育

学校是学生掌握先进文化知识和技能、接受道德培育的最重要场所。正如前文所述，当前青少年面临着严重的网络道德缺失现象，由此而导致的青少年网络犯罪更是逐年递增。为此，应一方面着手加强学校网络道德教育，另一方面，对传统的道德教育进行反思，与时俱进，探索出一条适合网络道德教育的道路或方法。

一是引导青少年树立正确的网络观。青少年在利用网络信息进行学习时，难免会接触到垃圾信息。网络德育教育工作者应帮助学生树立正确的网络学习观，在有效利用网络信息学习文化知识时，应教导青少年对网络信息加以分辨、评价和选择。同时，学校应加大对于有益的网络信息资源的宣传，加强青少年网络技能培养和网络素质教育，培养学生高效率使用网络有用资源的能力。此外，在网络交际等行为中，学校还应注重和加强对青少年网络心理健康的调适和维护。

二是正视当前青少年网络道德教育中的消极或不利因素，并由此出发，增强网络道德教育的针对性与有效性。有效的道德教育包括认知、情感、意志、

117

信念、行为等"知、情、意、信、行"五个方面，并通过道德内化和外化行为形成道德心理机制，转化为道德行为。当前网络德育教育目标空泛、没有从青少年角度出发设置教育目标以满足其真实需求，且目标内容与现实差距甚远，导致德育教育中存在着不接收、不理解、不接受、不行为等知而不信、知而不行以及言行不一的现象，使青少年的网络道德教育面临种种不利因素（郭淑萍，2016）。这就为学校青少年网络道德教育提出了更高要求。因此，学校应从精准把握青少年心理与需求入手，在满足青少年合理心理需求的同时，转变其消极观念，引导青少年尊重、理解、关心他人，从而推动其接受网络道德教育，并通过他人或自我的道德教育，切实提升青少年道德素质。在教育方法上，要从单向的灌输转向互动与引导。同时，要注意在网络道德教育中，主客体间是平等的，教师应引导青少年从网络中的教育进入现实世界，实现网络行为与现实世界评判标准的统一。此外，在对青少年进行网络道德教育时应与时俱进，使用网络上青少年熟悉的方式和语言对青少年进行引导，提升网络道德教育的魅力。

三是学校党政部门应从青少年网络道德教育入手，抓住网络道德教育的主动权。学校党政部门应高度重视校园网络建设，积极发挥校园网络在青少年道德教育中的主体作用，构建良好的校园网络文化生态系统，为网络道德教育提供一个优良的环境。

（二）从社会环境入手，加强对青少年的网络道德教育

青少年网络道德建设是一项长期工程，需要学校、家庭以及社会的全方位动员。

一是应从健全和完善网络法律法规入手，对青少年的网络道德进行引导。法律和道德是两个规范人类活动的重要因素，其中，法律从行为上对人类的活动进行约束和规范；而道德则是一种内心的情感，因此从内部影响人们的行为。法律与道德相辅相成，其中，法律规范是人们最基本的道德要求。因此，社会有关部门应从法律层面上建立起网络道德的基本秩序与网络道德的法律保障体系。而青少年网络德育问题是全社会共同面对的问题，政府责无旁贷地要加强监管，为青少年健康成长创造良好的外部环境。政府还应该制定相关的政策制度，呼吁全社会齐心协力来关注家庭网络德育建设问题，为网络德育工作的开展提供良好的环境（熊婉均，2017）。

二是应强化网络技术的控制与监管。随着网络技术的发展，网络安全带来的一系列问题引发了社会关注，由于技术漏洞带来的青少年网络犯罪行为屡禁不止。为此，应从加强对技术的控制入手，预防和控制网络道德失范行为。许

多网络失范行为之所以发生，与网络技术有限，无法查知具体的作案人，而助长犯罪人的嚣张气焰有很大关系。从这个意义上来说，政府应提升网络防护技术、杀毒技术、加密技术等对网络信息源头加以控制。比如可建立网络追查系统，通过网络服务器的记忆功能，对网络犯罪进行追查，对网络犯罪分子形成威慑。当然，规范网吧管理、加强对网络内容开发商和运营商的管理、建立健全良性的传播监控机制也必不可少。

三是应重视网络环境浸染与网络文化建设。在对网络文化进行重塑和引领中，应利用网络文化的多元性，宣传社会主义核心价值观和价值取向；利用网络文化的开放性，增强社会主义核心价值观体系引领的多向性；同时从舆论入手，充分发挥舆论的导向作用，对社会舆论进行引导，提高青少年的道德觉悟。同时还应注重为青少年学生创设良好网络学习环境，比如开发青少年学习专用网站和 APP，使得他们在学习时不受其他信息干扰；加快建设一批适合青少年浏览的绿色网站，向青少年宣传积极向上的正能量；同时社会要营造健康氛围，打击规范不文明网络行为，纯洁网络生态（蔡丙丙、王丽君，2016）。

四是注重德育资源开发。网络德育缺乏丰富的德育资源就成了无源之水无本之木。因此，必须致力于开发网上德育资源，使得网络德育发展有承载的载体（裴芳芳，2011）。比如开发优秀德育软件、开发德育课程、建设专门的德育网站，这有利于青少年更好地接受网络德育教育并规范其行为。

（三）从家庭教育入手，加强对青少年的网络道德教育

家庭是对青少年成长过程中最具影响力的因素之一，其在青少年网络道德建设中的重要作用主要可从以下几个方面实现。

一要充分发挥家庭成员对青少年的道德榜样作用。家庭是青少年的主要活动空间，家庭成员的行为对青少年有很大的影响作用，因此父母应发挥良好的榜样和示范作用，如合理、规范地使用互联网，做到在网络中"不以善小而不为，不以恶小而为之"，不行欺诈和盗窃等不良之事，在日常生活中以身作则一点点熏陶青少年的行为，帮助青少年在潜移默化中树立良好的网络道德观念。

二要注重提升孩子的媒介素养（胡凯等，2013）。随着网络时代的飞速发展和信息传播速度的增长，网络在给青少年带来便利的同时也存在许多潜在的威胁，比如网络上信息参差不齐，青少年分辨能力不足就会很容易被网络不良信息影响，因此，作为家长要注重培养青少年有效获取、利用与客观分析批判网络信息的能力，通过教育和引导，帮助孩子确立信息的批判、选择意识，引导其学会对信息中的真与伪、虚与实、良与莠进行判断、评价和选择（王贤卿，

2011），从而提升其网络媒介素养，使青少年能更好地使用网络。

三要对孩子的网络行为进行有效的监管。家庭网络德育有助于快速有效地监管未成年子女的上网行为（熊婉均，2017），因为青少年的大部分空余时间都在家中，因此家长可以很方便地观察到孩子的课余行为并对其起到监管作用，这是学校和社会远不及的。作为家长，要密切关注孩子的思想动态，关心爱护他们。可以从上网时间、上网习惯等入手，对青少年进行监督，发现其出现网络异常行为，如长时间使用电子设备等，要多加关注并积极引导；家长还要多给孩子展现网络上积极正确的一面，引导孩子用网络进行学习而不是娱乐，并对其进行网络危害性教育，帮助其辨别网络失范行为和网络不良信息，从而引导其建立起积极正向的网络道德观。当然在监管的同时也要意识到，网络并不只是网瘾、网恋和孩子不良行为的罪魁祸首，它也能为青少年的学习生活提供丰富的学习资源。在对待网络上，单纯武断地制止孩子一切网络行为或对其网络行为放任不管都是不可取的（裴芳芳，2011），家长应以"疏"为主，积极引导，根据孩子的性格特点对症下药，耐心与孩子沟通交流，培养其网络道德情感，深化其网络道德认知。

（四）从青少年自我教育入手，加强对青少年的网络道德教育

学校、家庭和社会只是外部教育力量，其是否能对青少年起到有效的教育作用，最终还取决于青少年是否能接纳这些外部教育的影响，并将其真正内化到自身的认知结构中去，换句话说就是必须充分发挥青少年自我教育的作用。要发挥青少年自我教育的作用，首先，要遵循青少年心理发展的特点，以青少年喜闻乐见的形式开展网络道德教育，真正调动青少年的积极性，使其主动学习和掌握网络知识，加强道德自律，规范自身道德行为，自觉抵制网络失范或网络犯罪行为等网络偏差行为的侵蚀。其次，还要注意养成青少年强烈的道德反思意识，青少年只有经常在实践中反思自身网络言行，在克己自省的过程中加强对自身道德权利与义务的理解，才能实现对自身网络行为的有效监控和调节，从而逐渐养成良好的网络道德品质。最后，由于网络具有匿名性、虚拟性的特点，使得外界对青少年网络行为的监管变得比较困难，在缺乏他律的环境中，青少年可能会过度放飞自我，为其道德失范等行为出现埋下祸根。因此，在缺少监督的网络情境中，要加强青少年慎独精神的培养，使其在无他人在场的情况下也能做到严格自律，模范遵守各项网络道德准则，谨言慎行。

总而言之，青少年网络道德教育是一项长期的、系统的工程，不可一蹴而就。只有学校、家庭、社会及青少年自身都积极参与其中，才能收到良好效果，

真正优化青少年网络道德认知，陶冶青少年网络道德情感，坚定青少年网络道德意志，完善青少年网络道德人格，规范青少年网络道德行为。

参考文献

[1] Egan, M. An Irish investigation into the factors affecting bystander intervention to cyberbullying among adolescents[D]. Master's Thesis, Dublin Business School, 2012.

[2] 班华. 现代德育论 [M]. 合肥：安徽人民出版社，2004.

[3] 蔡丙丙，王丽君. 网络文化对青少年成长发展的影响和德育对策 [J]. 科技风，2016（23）：173.

[4] 崔仕绣，崔文广. 智慧社会语境下的网络犯罪情势及治理对策 [J]. 辽宁大学学报（哲学社会科学版），2019（5）：87-97.

[5] 董纯才. 中国大百科全书 [M]. 北京：中国大百科全书出版社，1985.

[6] 郭淑萍. 当前大学生网络道德教育存在的问题及对策 [J]. 华中师范大学，2016.

[7] 韩小乔. 网络道德建设需要德法合一 [N]. 安徽日报，2019-1-05（A5）.

[8] 何广寿. 简论大学生网络德育中壮族传统德育资源的开发与利用 [J]. 学校党建与思想教育，2014（19）：73-74.

[9] 胡凯，等. 大学生网络心理健康素质提升研究 [M]. 北京：中国书籍出版社，2013.

[10] 胡焱. 新媒体对高校思想政治教育的影响及对策 [J]. 教育与职业，2014（29）：66-67.

[11] 荆慧. 青少年网络犯罪思想：特征、成因与对策 [J]. 教育理论与实践，2005（22）：28-30.

[12] 李琳. 论网络文化背景下的高校德育创新原则 [J]. 湖南人文科技学院学报，2007（2）：17-18.

[13] 李中和. 高校学生网络犯罪及其防控对策探讨 [J]. 科学经济社会，2012，30（2）：74-78.

[14] 刘慧瀛，刘亚楠，杜变，黄雪珂. 大学生网络道德失范行为量表的初步编制 [J]. 中国心理卫生杂志，2014，28（8）：608-612.

[15] 刘士国. 当前我国青少年网络犯罪对策研究 [J]. 中国青年社会科学，2005，24（6）：9-12.

[16] 刘旭升. 高校网络道德教育研究 [D]. 牡丹江：牡丹江师范学院，2013.

[17] 马梦瑶. 我国高校网络道德教育存在的问题及解决对策 [D]. 石家庄：河北师范大学，2013.

[18] 马晓辉，雷雳. 青少年网络道德与其网络偏差行为的关系 [J]. 心理学报，2010，42（10）：988-997.

[19] 裴芳芳. 青少年网络德育研究综述 [D]. 武汉：华中师范大学，2011.

[20] 束梦雅. 自媒体时代高校网络德育的困境及出路研究 [D]. 扬州：扬州大学，2019.

[21] 宋小红. 网络道德失范及其治理路径探析 [J]. 中国特色社会主义研究，2017（1）：73-78.

[22] 孙景仙，安永勇. 网络犯罪研究 [M]. 北京：知识产权出版社，2016.

[23] 檀传宝. 学校道德教育原理 [M]. 北京：教育科学出版社，2015.

[24] 王贤卿. 道德是否可以虚拟：大学生网络行为的道德研究 [M]. 上海：复旦大学出版社，2011.

[25] 王延隆，廖阳晨，孙孟瑶. 网络德育与青年社会化 [M]. 北京：人民日报出版社，2018.

[26] 温润华. 论网络文化环境下的青少年犯罪 [D]. 南昌：江西农业大学，2013.

[27] 吴倬，张瑜. 论高校网络德育工作的几个基本原则与方法 [J]. 思想教育研究，2009（1）：8-12.

[28] 熊婉均. 家庭：青少年网络德育的重要阵地 [J]. 现代交际（学术版），2017（15）：105-106.

[29] 许立玲，刘蕊. 高校网络德育的过程及路径选择 [J]. 中国成人教育，2014（2）：51-53.

[30] 薛伟伟. 青少年网络犯罪及其防治对策研究 [D]. 哈尔滨：东北林业大学，2018.

[31] 阎国华，李楠. 公众网络表达的道德失范及其治理 [J]. 中国矿业大学学报（社会科学版），2020，22（2）：131-144.

[32] 杨伊香. 中职学生网络道德自律的路径分析 [J]. 佳木斯职业学院学报，2020，36（3）：204-209.

[33] 俞红蕾. 大学生网络道德失范行为问卷编制及应用 [D]. 南京：南京师范大学，2011.

[34] 于志刚. 网络犯罪的代际演变与刑事立法、理论之回应 [J]. 青海社会科学, 2014（2）: 1-11.

[35] 昝玉林. 论现代高校德育的主体性原则 [D]. 武汉: 华中师范大学, 2003.

[36] 曾长秋, 薄明华. 网络德育学: 第 2 版 [M]. 长沙: 湖南人民出版社, 2012.

[37] 张爱华, 李西娟, 许丽婷. 青少年网络犯罪初探 [J]. 职教论坛, 2009（S1）: 223-224.

[38] 张多多, 杨娇娇, 王菲. 自媒体环境中大学生网络行为失范及对策研究 [J]. 山西青年, 2008（19）: 50-51.

[39] 张锋兴. 大学生网络道德失范行为的成因探析 [J]. 广东社会科学, 2010, 27 （2）: 73-77.

[40] 张红薇. 青少年网络犯罪的心理原因及教育对策 [J]. 教育探索, 2005（10）: 87-88.

[41] 张树启. 浅谈大学生网络犯罪问题 [J]. 商业时代, 2007（13）: 76-77.

[42] 赵春波. 青少年网络犯罪问题研究 [D]. 哈尔滨: 黑龙江大学, 2009.

[43] 赵志阳. 虚拟社会道德失范的治理 [J]. 西南石油大学学报（社会科学版）, 2019, 21（2）: 49-57.

[44] 郑男. 人教版小学英语教科书德育内容研究 [D]. 呼和浩特: 内蒙古师范大学, 2020.

[45] 中国社会科学院语言研究所词典编辑室. 现代汉语词典: 第七版 [M]. 北京: 商务印书馆, 2016.

第五章　网络信息传播与青少年道德情感

道德情感是个体根据一定的社会道德规范评价自己和他人的行为时产生的一种内心体验（卢家楣、袁军、王俊山、陈宁，2010）。青少年正处于道德情感形成的关键时期，网络信息时代青少年道德情感的形成与发展更具有其独特之处。接下来，我们将主要从青少年的爱国感、社会正义感、责任感、诚信感、奉献感等着手，对网络信息传播下的青少年道德情感进行详细分析。

第一节　网络信息传播与青少年爱国感

爱国感属于道德情感的一种，是个体从幼年时代开始对于自己的祖国山水以及同胞亲人的热爱，是个体对于自己本民族的优良传统和语言的尊重，是个体因本民族对世界的贡献而体验到的自豪和骄傲。具有强烈爱国感的人会将本民族发展、国家兴衰与个人利益联系在一起，并以国家的发展繁荣为自己责任、义务与使命。

一、爱国感的界定

对于爱国感，又称为爱国主义情感，不同学者对其有不同界定。如潘菽（1980）认为爱国感是在爱故乡、爱党、爱人民等一系列情感体验的基础上形成的最概括的道德情感。黄希庭（1982）指出，爱国主义情感包括对祖国的自然、文化、历史、人民的热爱，对光辉的前程和光荣的革命传统的自豪感，看到祖国所有成就的喜悦感，以及作为民族的一员的尊严感等。郭海燕（2006）认为，爱国情感是指人们对自己祖国所产生的深厚感情和热爱的态度，表现为对符合国家和民族利益的事和人产生肯定、热爱、自豪而对损害国家和民族利益的事和人产生否定、排斥、憎恶、仇恨、义愤的情感。朱智慧（2016）认为，爱国情感是个体对国家的一种心理上的认同和依恋，以及由此形成的民族自豪感和历史责任感，爱国情感体验由浅入深包括亲切依恋感、民族自豪感以及历史责任感三种类型体验。卢家楣等（2016）认为爱国感主要是指个体对于国家和民族的忠诚热爱的情感。

我们认为爱国感是建立在其对故乡、对同胞热爱的基础上的一种强烈的情感，它不仅是公民的一种政治素质，也是公民人生态度、道德观念的体现和价值观的选择，其表现形式具有持久性、稳定性、连续性、承传性、爆发性、深刻性、肯定性、文化性等特点（徐雷，2018）。

二、网络信息传播对青少年爱国感的影响

由于网络信息传播的复杂性，网络环境下青少年的爱国主义情感面临着一定的挑战，可谓利弊同在，现详述如下。

网络信息传播对青少年爱国情感的积极影响。首先，因为网络技术的发达，青少年可以随时随地接触到有关国家的信息，如"一带一路""扶贫救灾""互联网＋""时代最美人物""雷神山和火神山医院"等，这些无不展现了中华民族的优良美德与自信风采，大国风范展露无遗，这些都有利于增强青少年的民族自豪感，激发其爱国情感。其次，互联网信息技术使人们更加便利地领略祖国山河壮美与各地风土人情，有利于促进民族团结，激发青少年爱国情感。古时人们常说"读万卷书，行万里路"，古代诗人也为祖国美好山河写下一篇篇流传千古的赞美诗句，而网络信息技术的迅速发展让青少年足不出户也可"行万里路"，如《美丽中国》《航拍中国》《天山脚下》《国家地理》《舌尖上的中国》等纪录片可让青少年通过网络轻松领略祖国大好山河及各地风土人情，从而激发其对祖国山河及祖国人民的热爱。再次，网络信息技术瞬息万变的发展在让一些传统文化消逝的同时，也让一些传统文化得以在时代留下印记。如《我在故宫修文物》《布衣中国》《茶——一片树叶的故事》等一系列纪录片，向青少年展现了优良的民族文化，激发其对民族的认同感与传承文化的责任感，增强其爱国精神。最后，网络为爱国教育搭建了良好的平台，教师与家长可利用网络资源更好地对青少年进行爱国教育，青少年无论是在课堂上还是在生活中都可轻

松接触到大量的爱国教育资源，其爱国情感较传统教育也更易被激发和增强。

网络信息时代对青少年爱国情感的消极影响。首先，互联网环境对青少年认同感的消解。一个人对其公民身份的认同，就是对国家认同的一种表达，公民身份的模糊很大程度上就意味着国家认同感的模糊（赵华珺，2019）。互联网技术的开放性使得全球各个国家成为一个整体，国籍意义淡化，个人主义占上风，于是一些人放弃原有国籍或是拥有双重国籍，这使得人们的国家归属感削弱；同时，在海量的网络信息中，以英语为传播语言的信息占到了全球网络信息的绝大多数，而以汉语为传播语言的信息在互联网上只占极少数，西方国家的各种文化、主义、思想等通过文章、音乐、游戏、图片、视频等各种形式进入我国青少年的视野，其中所包含的价值观也会对我国青少年产生较深的影响。这种情况极易引发青少年的民族意识以及民族认同感消解，并最终导致青少年爱国感弱化。其次，互联网中的文化冲突在一定程度上也会使青少年形成排斥其他民族的狭隘民族主义和非理性爱国主义情感。由于青少年极易受到外界影响，网络世界中自由表达与平等交流的特点，使得青少年忧国忧民的情怀和强烈的批判意识得到加强。因此，当中华民族传统文化与世界其他文化产生冲突，或者在现实生活中由于立场不同，产生不同的政治观点时，青少年中存在着小部分非理性的爱国主义情感表达，这种非理性的情感表达不利于青少年爱国主义情感的培养。再次，互联网信息的鱼龙混杂使得青少年思想混乱，民族精神减弱。互联网的开放和自由让各种错误的言论和思潮严重侵蚀着学生的思想，如歪曲党史、抹黑英雄、贬低国家法律与指导思想、"娱乐主义""虚无主义"盛行，这些信息使得部分青少年三观混乱，不知道什么是对，什么是错，甚至错误地跟着消极舆论导向进行宣传，在潜移默化之中削减了青少年的民族精神与爱国主义情感。最后，互联网信息技术使得青少年对爱国理解狭隘化（杨雪，2019）。比如，在互联网某些信息的误导下，部分青少年会盲目自大，认为只有中华文化才是世界的优秀文化，其他文化都是糟粕；声称不学英语或英语水平不高是因为爱国；认为爱国就是盲目抵制外来产品，等等，这些在表面上是爱国的表现，实则对青少年爱国感的培养有害无益。

三、青少年爱国情感弱化的表现

当前，我国青少年的爱国情感在一定程度上存有弱化的风险，尤其是以下几个方面，虽不是主流，却也应该引起我们足够重视，以收防微杜渐之效（周宗奎等，2012；张丽，2020；李刁，2017；杨雪，2019）。

第一，崇洋媚外心态。由于网络信息技术的发达与西方文化渗透，青少年可接触到不同的意识形态、社会环境、价值标准的信息，这些信息良莠不齐，再加上各种营销号与西方不良文化的引导，青少年的爱国情感面临弱化风险，以致过度崇拜国外文化，宣传、传递文化自卑，忽视、贬损优秀中华文化，攻击本民族的道德传统和主流价值观的现象时有发生。

第二，鼓吹民族分裂，领土安全意识弱化。近些年，西方打着宗教的旗号，利用互联网和我国地区、民族、宗教问题挑动对立情绪，甚至故意制造恶性、暴恐事件。个别分辨能力不强的青少年受这股势力的影响，也成为反动的一分子，在网络和现实生活中宣扬分裂活动，破坏祖国内部稳定与统一发展。前些年的"日本钓鱼岛"事件中，部分青少年受个别网络舆论的影响，丝毫没有国家领土与主权意识，认为无须就一个钓鱼岛与他国发生争端。然而，国家主权与领土完整都是丝毫不容侵犯的。

第三，恶意攻击政府和国家。由于网络用户数量巨大、用户水平参差不齐、网络监管建设不够完善等，出现部分用户对信息不加辨别就加以传播的现象，如恶意抹黑党和国家等，部分青少年辨别能力不强且长期被这些不良信息浸染，爱国情感减弱，出现恶意诋毁、攻击中国共产党和宪法法律，散布不利于党和政府的谣言，贬损中华民族的形象，娱乐国歌、国旗等国家象征物，宣传暴力等违法信息的行为，给党和国家的形象造成了巨大损失的同时也破坏了正常的网络风气。

第四，不尊重国家和民族英雄。受网络不良风气的影响，部分青少年对民族英雄毫无感恩与敬畏之心，甚至产生"精日分子"，出现辱骂民族英雄、烈士，在南京大屠杀纪念馆穿戴军国主义服饰拍照，抵制党和国家等恶劣行为。

第五，爱国言行不一。部分青少年只把爱国挂在嘴上却不付诸行动，如口口声声说爱祖国，却盲目迷恋外国奢侈品，排斥本国商品；批评别人不要违法乱纪，自己却在网络上匿名大谈反动言论。

四、网络信息传播背景下青少年爱国情感的培育

鉴于网络信息传播背景下复杂的外部环境，以及当前我国青少年爱国情感面临弱化的风险，我们有必要从多方面入手加强青少年爱国情感的培育。

第一，优化青少年的生活环境。在青少年成长过程中，学校、家庭，以及社会应有意识地树立青少年积极的爱国主义价值观。如在现实生活中，教师和家长应以身作则，通过言传身教培养和树立青少年的爱国主义情感，对青少年

的价值观和人生观进行引导；社会各界应在青少年的成长过程中充分利用网络新媒体宣传爱国主义，展示祖国的大好河山以及中国优秀传统文化，培养青少年的民族自信心和民族自豪感；国家要充分挖掘优秀传统文化与重大历史事件、纪念日背后所蕴含的爱国主义教育资源，在现实生活中与网络中同步组织开展系列纪念活动、庆祝活动和群众性主题教育活动。

第二，在网络信息传播中渗透爱国主义教育。互联网信息量大，具有及时迅捷、交互性强等特点，应在网络信息传播中渗透爱国主义教育，充分发挥其在培养青少年爱国情感方面的积极作用。具体可通过以下几种途径来实现：首先，要充分发挥共青团等青少年组织在互联网的引领宣传作用。共青团是学校建立的基层组织，是青少年最熟悉的组织之一。我国青少年组织建设的网站当前已经有数百个，可通过这些网站发起各种各样的专题论坛，在线上线下开展形式灵活多样、趣味性高、互动性强、知识面广的活动，以传播爱国教育知识，培养青少年的爱国主义情感。例如，青年文明号活动、保护母亲河、希望工程活动、学雷锋活动、乡村青年文化节活动、中国青少年新世纪读书计划等就是很好的形式。其次，要充分利用网络意见领袖的力量，通过舆论引导，捍卫国家形象，表达爱国情怀，加强培养青少年的爱国主义情感。例如，面对地震、水灾、疫情等突发灾难，可通过网络意见领袖及时发布相关信息，有意识地向青少年展示中华民族在灾难面前互帮互助、守望相助的强大凝聚力，培养青少年对祖国大好山河的热爱之情，等等。最后，要加强网络思想阵地建设。充分发挥网络信息服务和交流的功能，在网络上建立健全网络舆情收集和反馈机制。例如，充分重视校园网和校园论坛的建设，并在校园网和校园论坛中加入国情教育，使青少年全面了解世界形势，提升青少年的民族忧患意识，激发青少年的历史使命感和责任感。同时强化网络上对中华优秀传统文化的宣传，以文化自信提升青少年的爱国情感。

第三，结合时代精神进行爱国教育。爱国主义教育是个体主观情愿、情感认同、自觉趋近的过程，它的达成和实现必定是人的内在要求，而不是外部的强加（朱小蔓，1995），这启发我们进行爱国主义教育时要注重学生内心的所思所想，不能一味地单纯施加教育。苟婷婷（2008）的研究表明，情感教学能有效地促进学生情感发展，爱国教育应结合时代精神，若一直老生常谈容易引起学生的反感。因此，爱国教育者应结合时代精神，注重学生的所思所想，以多种形式开发微课、微视频等教育资源和在线课程，并借助网络资源寻找爱国主义影片、国防和创新成就纪录片、《国家地理》短片等进行放映，以增强学生对祖国大好山河的热爱及自豪感，激起学生的爱国情感。需要注意的是，爱国教育应脚踏实地，避免给学生一种爱国离他们很远，很难做到的想法，尤其要注意内容的时代性，做到让青少年能够结合实践生活并有所感、有所思、有所悟，这样才能起到爱国教育的作用。比如，可以直接播放国家创新成就，激起学生的荣誉感与自豪感，增强他们的爱国情感。此外，爱国教育者还可通过深入开展线上线下"中国梦·劳动美""我的中国梦"等主题宣传教育活动，通过爱国知识竞赛、爱国主题演讲、文化活动、文学作品等形式，激发培养青少年的爱国情感。

总而言之，网络信息化时代必须在营造良好的外部环境基础上，充分利用网络资源，通过灵活多样的形式，引导青少年树立民族文化自信，强化青少年爱国主义情感。

第二节　网络信息传播与青少年社会正义感

正义感，是人类达成合作的先决条件（Rawls，2003），有助于化解冲突、实现人际和谐，保持社会稳定和谐发展（Pruitt & Carnevale，1993）。正因如此，正义感一直是古今中外人们努力思考、执着追寻的话题。在今天全国上下共同践行社会主义核心价值观，努力构建社会主义和谐社会，社会公平正义成为新时代人民群众对美好生活的重要追求的背景下，社会正义感建设更应该受到足够重视。

一、社会正义感

当前学界对正义感尚未形成一个统一的界定，大致可以归纳为三种：①情感论：认为正义感是一种思想情感。如克莱布斯认为正义感是由一系列思想与情感所组成的（Krebs，2008）；斯密（2015）认为正义感产生于对受害者同情、保护、补偿及对害人者的愤恨和惩罚的感情。②品质论：认为正义感特指一种道德心理品质。如亚里士多德（2003）将正义感视为一切德行的总汇；麦金泰尔认为"正义德行（正义感）是一种习得的人类品质"（康德，1991）。③混合论：这种界定将正义感同时界定为情感和能力。如罗尔斯认为正义感是理解、应用和践行正义理念，判断事物正义与否，并为这些判断提供理由的能力、愿望以及相伴的情感体验（罗尔斯，2011）。

上述情感论侧重于强调正义感情属性，品质论侧重于强调正义感的道德属性，而混合论将正义感同时界定为情感和能力则犯了概念不清的错误。在心理学中情感和能力是完全不同的两个概念，情感属于心理过程范畴，而能力则属于个性心理范畴。将同一个概念同时界定为心理过程和个性心理，显然是不合适的。是否具有"理解、应用和践行正义理念，判断事物正义与否，并为这些判断提供理由"的能力，是否具有"按照正义原则来采取有效行动"以及"产生纠正的动机和相应行为"的能力，只能是正义感产生的前提条件，或是影响个体正义感表现的重要因素，与正义感概念本身有着本质区别。在我们看来，正义感同时具备情感和道德的属性，应属于道德情感的范畴。如梁忠义、车文博等（1989）就认为正义感是人对符合道德原则的事坚决支持，反之则坚决反对的情感体验；卢家楣等（2016）则提出了正直感的概念，并将其定义为一种勇于坚持原则、刚正不阿的道德情感。

我们比较认同卢家楣教授对正直感的定义，但正直感主要是基于个人生活层面的，要将其放到更大的社会背景中去加以考察时，则应称之为社会正直感。同时考虑到在社会情境中我们更习惯使用正义而非正直一词，所以，社会正直感一般也称为社会正义感。鉴于此，本书初步将社会正义感界定为个体面对社会生活中损害自己、他人、集体、国家和社会应得合法权益的行为时所产生的，勇于坚持原则、主持公道的道德情感。

二、网络社会正义感

网络社会正义感是随着网络的出现和发展而产生的，其与现实社会正义感之间既有一定的联系，又有着明显的区别。首先，网络社会正义感与现实社会正义感有着紧密联系，它们同属于社会正义感的范畴。现实社会正义感是网络社会正义感存在的根源和基础，网络社会正义感是现实社会正义感的延伸，其目的和功能具有同一性。网络社会正义感与现实社会正义感所遵循的基本道德原则也是一致的。其次，网络社会正义感与现实社会正义感有着明显区别。现实社会中的法律法规较健全，因此社会道德标准相对清晰，而网络中的法律法规还远远没有达到健全的程度，网络社会正义感多依靠网民的自律，呈现出自主化和个性化的特点。由于网络大大提高了信息的透明度和传播速度，在网络中的社会正义感表达往往较未经网络发酵的社会正义感诉求更能引起广泛关注，往往能够左右事件的发展方向和结局。我们所说的社会正义感，则既包括现实社会正义感，也包括网络社会正义感。

当前，我国青少年社会正义感总体向好，但仍存在一些问题。以大学生为例，虽当代大学生具备一定正义感，但也存在轻行动、重私利、表现不稳定（刘明明、陈园园，2017）；正义认知与行为不一致、正义感弱化（弓丽娜，2011）；正义感认知狭隘、情感模糊、行为意志力不足（廖运生，2011）等问题。还有调查发现，我国当代大学生正直感在所有道德情感中得分最低，近70%得分在6分以下（满分10分），未达"及格线"（卢家楣、徐雷、蔡丹、陈宁、陈念劬、周炎根，2016）。这些情况应引起我们的高度重视。

三、网络信息传播对当代青少年社会正义感的影响

网络信息传播对社会正义感呈现出了积极和消极两个方面的影响。积极方面：网络在一定程度上拓宽了人们对正义诉求的渠道。当人们在现实社会中无法达到正义的诉求时，可以通过网络渠道实现，网民也在一定程度上成为网络正义伸张的推手。从某种意义上说，网络既可以维护个体权益，又能够帮助弱势群体，推动政府信息公开，揭露社会不良现实，匡扶社会正气，有利于个体社会正义感的形成。同时，网络中的信息数量庞大，具有实时性、交互性等特点，也为具有积极意义事件的传播提供了良好的平台，使得大学生能及时地了解到他人的英勇事迹与担当。在浏览名人事迹的同时，大学生还可以及时地发表自己的言论，伸张内心的正义。这些都有利于培养青少年强烈的社会正义感。消极方面有以下几点：比如，网络特性助长了偏激思维，甚至扰乱社会正义。网络的匿名性、虚拟性等特点使得网民在发表言论时可以畅所欲言，甚至肆无忌惮，而网络空间中的法律法规不健全，使得网民行为得不到应有的束缚和引导，网民在网络中的过激言论也得不到及时制裁。久而久之，网络就可能成为网民情绪发泄的工具，从而导致网民隐私被侵犯，偏激思维被助长，社会正义被扰乱，显然不利于社会正义感的培育。再如，网络游戏模糊了青少年的正义判断。网络的普及让网络游戏成为多数人喜爱并常用的娱乐方式，而部分民众不仅利用暴力游戏来释放压力，还利用游戏发表言论以释放对现实的不满，这给涉世未深的青少年带来极坏的影响，无形之中，青少年就会形成错误的是非观，模糊了是非判断，不利于其正义感的培养。

廖运生还分析了网络群体性事件在青少年社会正义感形成中的作用（廖运生、胡晓加，2011）。他认为，网络群体性事件则是在网络环境中获得大多数网民的支持和关注，而对政府或社会产生强大的舆论压力，进而迫使政府和社会公开、透明且公正地处理事件。网络群体性事件与现实社会中的群体性事件

相比，由于其参与者分散在世界各地，在年龄、性别、国别、从事的职业等方面也有着较大差异，参与者动辄以数百万计，远远超过现实社会中的群体事件参与者，其产生的舆论影响也十分深远，而且持续的时间较长，往往等待事件出现最终结果之后才会停止。不仅如此，网络中涉及正义的群体性事件往往具有以下两个显著的特征。一是真实性和虚假性并存。在网络世界中，由于其具有虚拟性，人们表达正义感所付出的代价相对较小。因此，当一个弱者受到不公正待遇后，其遭遇被上传到网络后极易引发人们的同情，人们在现实生活中积累下来的正义感极易被唤醒，并宣泄到网络中。例如，论坛、微博、博客、即时通信等均可以作为人们表达正义感的工具，人们都可以自由而便捷地表达自己的情绪和情感。这种正义感是真实的。然而，不可否认，在网络群体性事件中也存在着一些人，他们不以伸张正义为己任，而是为了起哄、抱着唯恐天下不乱的思想煽风点火。由于网民的从众心理，许多网民在无意识中受到不良情绪的影响，仅凭正义冲动就发表过激言论，做出过激行为。然而，这种从众的正义感却由网民对社会以及社会人物的刻板印象而引发，人们并不了解真实的情况，因此会产生一种虚假的正义感。二是理性和非理性共存。网络中涉及正义的群体性事件之所以会受到人群关注，是因为该事件表达的是网民的理性的正义感。在网络论坛、微博等平台上存在着一批专业的版主，他们所发表的言论往往能够引领网络群体舆论的导向，这些版主又称为意见领袖。网络意见领袖从丰富的社会经验或者专业的知识出发，可以从各个角度对群体性事件进行专业的分析，能够对相关部门管理人员是否公正公平，公开透明地处理网络事件起到一定的监督作用。这种正义感是具有理性色彩的。但由于网络空间中缺少权威的审查机制，又由于大多数网民的盲目性，群体性事件中所表达的社会正义感也具有非理性的一面。这种非理性的正义感，对于社会产生的影响十分恶劣。青少年是网络群体性事件中的重要参与者，但由于其人生观和价值观还未正式形成，更兼其思维发展的局限性，面对网络群体性事件时，往往情绪冲动不能自控，行为抉择也易受他人影响。正因为如此，网络中涉及正义的群体性事件在推动青少年社会正义感形成方面有其独特的作用。

四、网络信息传播背景下青少年社会正义感的培育对策

我国各个时代都很重视培育社会个体的"义"德，如儒家就提倡"克己复礼为仁"，并将从"仁义""情义"之始进而变为"礼义""忠义"，最终完成"义"的德行培育；到了现代，研究者仍认为要将传统道德资源中的自爱

与仁爱、情感与理性、忠恕与信用的因素吸纳、整合到人们的"正义感"中（宋希仁，2000）。那么在网络高度发达的今天，应该如何有针对性地提升个体社会正义感呢？对此，李燕、廖运生等进行了深入探讨，分别提出应该"正视网民对社会正义感的诉求；建设网民表达社会正义感的公共空间和交流平台；保障制度正义；提高网民的网络伦理修养"（廖运生，2010）；要"设立公共微博规避群体极化；推行网络实名，打击网络水军，引导网络推手；提升网民信息素养"，消解网络异化带来的负效应；培养论坛"意见领袖"，积极引导网络舆论；合理运用议程设置，发挥沉默螺旋的正效应；寻求网络"悯弱"舆论的理性回归；完善网络立法，保障制度正义（李燕、孙颖，2012，2013）等。

廖运生和胡晓加（2011）还就如何结合网络群体性事件培育个体社会正义感进行了详细阐述，对网络信息传播情境下青少年社会正义感培育大有启发。具体论述如下：一要正视网络群体性事件中青少年的正义诉求。网络群体事件中的青少年所表达的正义感是真实的，这种真实的社会正义感体现了青少年作为现实社会中的公民对于政府以及社会的监督作用，这种正面的舆论有利于政府信息的公开透明，也有利于促进社会和谐、国家发展。因此，政府应对这种网络正义感给予支持。例如，近年来，我国两会中，越来越重视网络群体性事件中青少年通过网络所表达出来的正义诉求，并对其进行适当引导，以此营造社会正义感的氛围，培育青少年的社会正义感。同时也应该认识到青少年正义感有积极与消极两方面，严惩那些用心不良、煽动民众情绪，打着正义旗号而对社会行不良之事的人群。二要引导和培育网民的正义共识。网络群体性事件中的正义话题，大多涉及社会管理中的新秩序以及新道德的建立，而在现实社会中社会新秩序以及新道德的建立离不开公众的实践以及意见。在数百万甚至数亿网民的参与以及见证下，网络空间为包括青少年在内的所有公民提供了一个参与社会新秩序以及新道德建立的窗口，也为网民正义共识的形成提供了有利条件。正是从这个意义上说，网络空间可以作为社会正义感培育的良好平台。因此，通过开设具有正义感的系列网站，宣传社会正义感，为青少年表达社会正义感提供交流的平台也非常有必要。此外，在处理群体性事件时，应坚持真诚以及正当性原则，应重视法律工作者以及专业人士的建议，以确保其结果能够代表新秩序，促进当前制度和法律的弥补和改进。也只有这样，才能将网民正义共识的形成引上正确的轨道。三要建立健全网络正义相关法律法规，保障网络群体性事件中的社会正义感得到理性表达。近年来网络群体性事件中，反映出我国现阶段网络法律法规制度的缺失。因此，除了要加强现实社会中的各项正义制度外，还应建立和健全网络情境中的各项法律法规，以便为依法依规科学处置网络群体性事件提供指导，唯有如此才能使网络群体性事件中的社会正义感得到理性表达。除此之外，我们也需要强化网络舆论监督作用，确保这些法律法规能得到正当合理执行。

苏黎兰等还通过对影响群体性事件关键因素的分析，构建出了网络群体事件预警管理的超网络模型，指出群体性事件预警管理的关键点是积极解决民众问题、扩大群众维权途径、引导正确的舆论风向、政府部门责任具体化，如此一来才可有效化解社会矛盾，为个体正义感的培养构建和谐的网络环境（苏黎兰、孙雨霖、徐佳慧，2020）。

第三节　网络信息传播与青少年责任感

所谓"责任"，即指个人对自己、他人、集体、社会和国家所承担的职责和使命。责任感则是对自己的事勇于承担并尽力完成的情感（卢家楣、徐雷、蔡丹、陈宁、陈念劬、周炎根，2016）。它是一切美德的基础和出发点，是社会发展所必需的保障，具有增强或减弱动力的效能，还具有巩固或改变行为的效能，它可以渗透在个体的责任认知和责任行为中，对个体的责任行为起到推动和强化的作用，是社会道德情感的重要组成部分。

一、当代青少年责任感现状

丁强、卢家楣和陈宁（2014）认为青少年责任感共包括三个维度九个子类，即自我责任感（对生活、学业、未来）、社会责任感（对国家、生态、社会）和人际责任感（对一般他人、同伴、亲人）。以此为框架，我们在参考国内相关文献的基础上，将我国当代青少年责任感的发展特点概括为以下三点。

第一，当代青少年在自我责任方面虽存在微小的性别差异，但总体的自我评价情况良好。调查者发现有34.4%的人认为"自我责任"是责任中最重要的部分，且在面对"您认为自己是对自己负责任的人吗？"这一开放式的问题时，有60.2%人认为"是"，18.8%人认为"基本上是"，仅有10.75%的同学认为"我不是一个对自己负责的人"，其中男生有31人，占该选项总人数的77.5%，其比例显著高于女生（22.5%），其表现是对学习和未来漠不关心，自我约束力差等（王燕，2003）。

第二，社会责任体现在方方面面，从根本上反映个体的责任意识。青少年社会责任感认知现状良好，但在实际生活中和社会实践上存在认知与行为相分离的现象。2017年的有关中学生社会责任感的问卷调查显示，青少年对社会责任的认知情况比较良好，在学生自评自己的社会责任感程度时，有45.4%的同学认为自己的社会责任感"还可以"，有19.4%的学生认为自己的社会责任感"很强烈"（冯茹，2018）。比如在小区里看到有人破坏公物或乱丢垃圾，很少有青少年会上前制止；甚至还会有以道德责任要求他人，自己却无法做到的情况，如在日常生活中看到别人乱扔垃圾时会心生厌恶或加以指责，自己随手扔垃圾时却满不在乎。这种认知与行为相分离的现象，间接地反映了当代青少年对社会责任认知的片面性和实践的双重标准特点（凌春贤、谭海燕、董苑玫、麦伟立，2011）。

第三，人际责任即对他责任。在家庭中，"他"就是父母，有调查显示很多中学生在家庭责任中存在两极分化现象，即在家庭的传统利益方面表现优秀，但在亲子关系中青少年索取大于付出（王迎，2017）。比如，有32%的同学能"完全做到"，55%的同学"基本做到"在家孝敬长辈，体现了学生对于"传统"家庭责任的良好状况；但在家庭中发生争执时，仅有13%的同学表示"完全"可以在家庭中换位思考，有25%的同学表示"基本"可以体谅父母，即在家庭情感方面的责任意识相对淡薄。家庭责任并非单指将来是否可以赡养老人，孝敬老人，作为家庭中的一分子不应当只关注金钱和物质，情感和精力的投入同样也是家庭责任中的一部分。除此之外，部分青少年在人际责任中还表现出了日益功利的倾向，个人主义、功利主义、责任推脱等问题表现突出，责任观念和责任意识淡薄，常将目光聚焦于现实层面的个人享乐和利益，注重索取多于注重责任付出，缺乏对责任的正确认识（丁泗，2006）。

二、网络信息传播对青少年责任感的影响

由于网络信息及其传播的复杂性，于青少年责任感形成和发展而言，网络信息传播既可能是一个严峻的挑战，也可能是一个难得的机遇，其对青少年责任感的形成和发展既有利又有弊。

一是网络信息对青少年的吸引力和网络环境的相对开放性在一定程度上削

弱了青少年的自我约束力，在一定程度上麻痹了青少年的自我责任意识。网络信息的传播与发展，一定程度上影响着青少年自我责任感的形成。比如，近年来，随着网络（尤其是智能手机网络）的迅速普及，"网瘾少年"、拖延症患者、低头族等群体不断壮大。"晚上十点，打开手机，打算背二十个单词就去睡觉，偶然被微博吸引，刷了半个小时笑话，关了微博打开浏览器，看了一个小时小说，最后该背的单词被推到第二天，快乐的网络信息装了一脑袋"之类的现象司空见惯。有调查显示，有90%的学生有过为上网而熬夜的行为，且对73%的学生来说这已成为常态（王茂诗，2014）。其实这背后起作用的正是网络信息对青少年来说充满了诱惑，满足了青少年的各种需要，而同时网络的相对开放性又使得青少年可随时随地获取这些信息，这种情况直接导致部分自控力差的青少年沉溺于网络五彩斑斓的世界而不能自拔，逐渐成为网络的俘虏，以致"晚上熬夜上网，白天上课睡觉"成为部分青少年的生活常态。这种行为不仅是学习责任的缺失，更是对生命责任的漠视，是自我责任意识淡薄的典型表现。可见，网络信息传播对青少年自我责任意识的负面影响不容忽视。

二是网络不良信息扭曲了青少年的价值观念，淡化了青少年的社会责任意识。不可否认的是，当前部分网络媒体的经营内容正逐渐走入"低俗"之谷（杨晓峰，2011），在网络的某些角落，色情内容，暴力行为，各种有悖伦理、非正确的婚姻观恋爱观横行，身体消费愈演愈烈。青少年无法很好地分清现实与虚拟的界限，网络上的不良信息会变成意识层面的灰尘，落在责任边界上，日复一日，年复一年，模糊了责任界限，淡化了责任意识，从根本上影响了青少年责任感的形成和发展。

三是网络正能量信息是青少年责任观念形成的沃土，为青少年责任感的培育提供了丰富的资源。并不是说网络信息传播对青少年责任感的影响都是负面的，如果利用得当，网络自身的超媒体特质也有助于青少年责任感的形成和培育（陈小花，2012）。如在新型冠状病毒爆发期间，医生护士对自己负责，千里迢迢赶赴一线；钟南山院士等专家组对人民负责，用尽办法前往疫区亲身查探疫情；民众对社会负责，想尽办法捐助医疗物资、生活物资，这些行为被拍成视频，写成文章。这种满载着正能量信息的广泛传播，让青少年可以感知社会责任的存在。同时这些责任榜样的感人事迹，经由网络的传播和发酵，也可形成强大的宣传效应，为青少年树立标杆，引导青少年在社会实践中不断践行其应当承担的社会责任，在潜移默化中增强其责任意识，培育其强烈的社会责任感。

三、网络信息传播背景下青少年责任感培育路径

青少年责任感的培育首先离不开政府、社会、家庭和学校的参与，比如政府和社会应从宏观上净化社会风气，为青少年社会责任感的培育构建和谐有利的外部环境；学校应将学生责任感培育渗透到校园文化建设中，在实践中提高青少年学生对社会责任感的认知，培养其强烈的社会责任感，同时还要完善青少年学生的责任评价体系，将对社会责任感的考核纳入学生的考评范围；家庭则应将对孩子的责任感教育融入日常生活中去，为孩子树立良好的责任榜样，让孩子从小就形成勇于承担责任的观念和意识。但除此之外，网络信息传播背景下青少年责任感的培育还应充分体现"网络"特色。

首先，要警惕网络中不良信息对青少年责任感的影响，防微杜渐，构建全面的网络监督机制，发动群众对"低俗"内容进行监督举报，为未成年人在网络中圈出一片绿地，对网络不良产物进行隔离。同时，还要借助官方媒体的公信力，以潜移默化和润物无声的方式向青少年传播正确的责任观念（张丽霞、吴玉娟，2013）。比如，可在官方微博等网络社交平台开展生命责任教育网络讲座，明确生命责任的内涵，帮助青少年确立正确的生命责任观念，让青少年明白生命的可贵，帮助自我责任意识的健全和发展；再比如，可组织青少年网友，以"责任伴我行"为主题进行网络投稿展示活动，在形成良好的舆论氛围的同时，促使青少年在活动中多思多想，使正确的"责任观念"能真正入脑入心。

其次，可树立责任榜样，并在网络上广泛宣传（陈宁、丁强、黄洪基，2014）。具体可将现实责任行为与网络相结合，将责任践行拍成系列短视频，传递正确的责任观，弘扬榜样的责任行为（朱理鸿，2012）。比如曾经"5·12"地震中的女教师走进我们的视野，成为责任的代言人；今天，火灾中消防队员的逆行，层层密林中护林者日复一日的守护等，都可以成为青少年践行社会责任的绝佳榜样。

最后，要强化青少年网络媒介素养教育，使其面对纷繁复杂的网络环境时能够冷静分析，批判吸收，不被网络上那些自私自利、毫无责任担当的极端个案所迷惑，同时还要强化自身"文明自律"行为，遵守网络法制法规，本着对自己对他人负责的态度，合理合法地使用网络，为风清气正的网络空间建设贡献自己的一分力量。

第四节 网络信息传播与青少年奉献感

奉献自古以来就是中华民族的传统美德。我国学者对于"奉献"一词从多个角度进行了多种解读，认为奉献包括三个维度，即自愿付出，不求回报；奉献的对象不是具体的个人，而是社会整体；奉献是一种行为或行为表现。从道德情感角度来看，所谓"奉献感"就是指为社会付出、不求回报的一种道德情感（卢家楣、徐雷、蔡丹、陈宁、陈念劬、周炎根，2016）。

一、当代青少年奉献感现状与特点

当代青少年的奉献感主要呈现出以下几个特点。

其一，奉献感总体呈积极正向，但仍需提升。研究（虞亚君，2015）发现，青少年奉献感均分为 4.036，该得分与"基本符合"存在一定的差距，但与"有点符合"十分接近，说明青少年奉献感总体属于积极正向的范畴，但还存在很大的提升空间。

其二，奉献精神有知行分离倾向。调查显示（杜德省，2016），有 76.33% 的大学生觉得应该感恩奉献，然而青少年选择愿意每周奉献 5 小时以上的仅占 11.55%，选择 4 ~ 5 小时的占 17.21%，且大多数青少年都希望不占用周末时间进行奉献。这说明青少年对奉献精神的认同，多是在言语上表示乐于奉献，一旦到了实际行动上大多不能以身作则。

其三，强调奉献应该与索取并存。刘世权（2017）经调研发现，仅有大约 1/4 的青少年认为奉献应该大公无私，不应计较个人得失；而超过 2/3 的青少年认为在追求社会价值的同时也应注重自身价值，强调奉献应该与索取并存。在杜德省（2016）的调查中，虽然大多数大学生愿意参加支教，做志愿者、义工等奉献工作，然而相当多的大学生还是出于积累社会实践经验或完成学校任务的功利性目的，不是单纯具有奉献精神。

其四，奉献行动功利性过强。当代青少年的奉献精神与传统的奉献精神不同，传统的奉献精神讲求无私奉献，不求回报，只要社会需要就应该去做。一项针对大学生的调查（高林，2013）显示，有 43.6% 的大学生支持奉献应有必要的回报。如果奉献是徒劳无功的，那么，青少年则不屑于做。比如杜德省（2016）

的研究发现，有学分有社会回报的活动经常有人参加，而校园内无回报的奉献活动则很少有人参与。

二、网络信息时代青少年奉献感培育的机遇与挑战

网络信息时代给青少年奉献精神的培育带来新的机遇。首先，网络空间不仅为青少年奉献感培育提供了丰富的教育内容，还为青少年奉献感培育提供了创新平台。现代社会中，网络几乎无孔不入，对青少年的影响可谓是全方位的。当社会上涌现出无私奉献的榜样人物和榜样事迹，他们的事迹通过网络媒体及时、立体化的报道能够迅速在社会上、青少年群体中掀起热议。杂志、报纸等传统媒体的深入报道也可通过媒体网站、微信等平台进行二次传播，全方位宣传奉献精神和奉献人物。网络的自由性和公开性等特点则使得崇尚自由、追求自我的青少年愿意主动参与到网络讨论中，在潜移默化中对青少年奉献精神产生正向影响。其次，使网络主客体身份由单一变得多元。网络信息时代打破了传统的听报告的形式，可以通过图像、文字、视频等全方位手段，以有趣、生动、具有时效性的形式，对奉献精神进行宣传，使青少年从一个被动接收的人变成一个主动学习的人。同时，在网络上，学生与教育者地位平等，双方均既是施教者也是受教者，思想教育者和学生共同分享体会，交流思想，互相影响（刘爱玲，2020），这些都有利于培育青少年的奉献精神。

当然，网络信息技术的过度发达也给青少年奉献精神的培养带来了一定的挑战。在看到网络有益于奉献精神宣传的一面时，也应关注到由于网络的虚拟性、公开性以及匿名性特点所带来的负面影响。首先，青少年分辨能力差，而网络信息芜杂。网络信息技术使得青少年可不经过教育者的筛选、调控，自主在网络中查找信息，而各种信息良莠不齐，除了对榜样人物的赞美外，也存在着对榜样人物的恶意诋毁行为。这种行为极易对判断和分辨能力不强的青少年产生误导。实际上，除此之外，网络上大量存在的颓废萎靡、虚荣拜金、及时行乐思想，也会对其奉献精神产生间接侵蚀。另外，网络上功利之风盛行，金钱和财富的作用被无限夸大，也容易使青少年淡漠奉献精神，而一味追求利益，从而给当代青少年奉献感的培育带来了干扰。

三、网络信息传播背景下青少年奉献感的培育对策

网络信息传播背景下青少年奉献感的培养应充分发挥网络宣传的优势，因势利导开展。

　　首先，要充分利用网络信息媒体的便利性，积极开展青少年奉献感教育。网络的交互性、自由性以及开放性，使得网络能够为青少年提供多种平等交流的对话平台，这些平台打破了传统的道德思想教育模式，为我们开展青少年奉献感教育提供了便利。具体而言，教育者可走出传统的课堂、报告会现场，充分利用论坛、微博、微信公众号等网络媒体平台发起话题，引导青少年关注无私奉献先进典型及其典型事迹，并就其中体现的无私奉献精神展开网络讨论；甚至还可请奉献人物参与到讨论中来，现身说法，以一种平等的、朋友式的方式与青少年进行交流，对青少年产生潜移默化的影响。当然也可以通过正规化、权威化、有影响力的各大门户网站及时报道，推出带有权威色彩的人物的奉献事迹报道，扩大宣传，借助主流媒体的公信力与号召力引导青少年向奉献人物学习，以便在社会上形成一股人人讲奉献的风气，并使青少年从中受益。

　　其次，学校要从网络的特点入手，探索奉献精神培养方法，建设和推动网络教育运行机制。具体可建设校园网络，并发挥校园网站的整合作用，通过整合校内外优势资源，为学生提供各种各样、包罗万象的信息服务；可借助校园网的平台优势，开辟青少年奉献精神新平台。例如，开辟"校园雷锋""榜样面对面""公益热点事件"等专题，开办"公益网络课堂"，并与社会上公益网站或公益组织合作，为青少年提供多种多样的公益实践活动，吸引青少年参与到奉献实践中去。

　　最后，借助网络实现奉献教育的"精品化"、生活化和日常化（胡树祥、赵玉枝，2020；高翠欣，2014）。为此，我们要注重奉献教育的内容建设，不断提高精神文化产品质量，打造青少年奉献精神培育的网络精品课程；要本着"坚持以人为本，贴近实际、贴近生活、贴近学生"的原则，积极寻找奉献精神与青少年物质和精神生活的最佳结合点，将青少年奉献精神的培养渗透到日常生活的方方面面；同时还要充分利用互联网及新媒体技术的优势，使青少年可以随时随地通过网络方便地获取有关奉献精神的教育资源。如此，则不仅可提高青少年奉献精神培育的感染力和吸引力，还能将其融于青少年日常生活之中，使青少年在潜移默化的过程中就能受到教育，不知不觉中提高了青少年奉献感培育的实效性。

第五节 网络信息传播与青少年诚信感

诚实守信，自古以来就是中国传统道德的重要内容，是个体安身立命的根本，是考验个体道德品质的最重要道德标准之一，也是中国现代文明建设的基石。近年来，随着网络信息技术的发展，网上购物以及网上交易等新兴事物如雨后春笋般出现，与此同时各种网络欺诈行为也有所增多，这似乎也给现实生活中个体的诚信表现带来了不小的冲击，青少年诚信缺失现象也时有发生，这主要体现在考试作弊、求职信息不实、欠贷不还等方面。这些诚信缺失现象，对青少年的道德形象造成了极大的损害。

一、青少年诚信感现状

所谓诚信感即为人处世诚实守信的情感（卢家楣、徐雷、蔡丹、陈宁、陈念劬、周炎根，2016）。诚信感属于道德情感的范畴，包括诚实和守信两个维度。诚信感的培养和发展有助于青少年的成长以及社会的和谐稳定。信息技术的飞速发展无时无刻不在影响着人们的生活和态度观念，网络信息传播背景下，当代青少年的诚信感也与从前大相径庭，表现出了其独有的时代特点。

当代青少年诚信感总体水平较高，在群体内体现出了"大同小异"的特点。青少年诚信的"大同"之处在于，对诚信持积极赞成的态度，且随着受教育程度的增加，他们对诚信的认知也愈发完善。李平平等人关于中学生诚信度的调查研究表明，中学生对诚信有较高的认同度（李平平，2011），在426份有效问卷中，有86.1%的同学都认为"人应该诚信"。在"当代中学生应该具备的品质你认为有哪些？"这一问题中，有72.7%的同学都将"诚信"这一品质选入，其中有25.3%的同学认为诚信应该排在中学生应有品质的第一位。在对高中生的诚信现状调查中，也发现有93.7%的同学认为诚信重要，他们将诚实守信、说到做到、不自我欺瞒看作诚信的重要组成，甚至有98.4%的同学认为诚信是立身之本，绝大多数的同学对待非诚信行为都持厌恶态度，其中40.1%的同学甚至对非诚信行为表示深恶痛绝（余茉莉，2006）。而其"小异"之处则在于，不同群体之间存在细微的群体差异，如在不同年级学生心中诚信的重要程度存在显著性的差异，且诚信对于青少年的重要程度随着年级的增长有逐步降低的趋势（刘磊，2011）。

与此同时，当代青少年诚信感也表现出了明显的"知行分离"倾向。王守仁先生在《传习录》中有言"知行合一"，即知中有行，行中有知，知决定行，以行为知。对青少年诚信认知的诸多调查和研究都表明，青少年对诚信的认知充分，对诚信的认同度很高，但在真正实践诚信时，却有着这样那样的问题。很多青少年学生在面对生活中的一些小事时，往往违背诚信的原则，常见的如作业抄袭问题。调查研究显示，有 64.1% 的初中生有抄袭作业的经历（李雪，2017），尤其是当今网络和多媒体的普及，学生可以轻易地从网络上得到习题的答案，符合教师命题的作文范文。再如，考试作弊行为，不仅发生在"学渣"中，一些班干部、优秀学生之类成绩优秀的同学也有一定程度的作弊行为。对重点学校重点班学生进行调查发现，有接近 1/3 的学生表示，为了"让成绩更好看"有过作弊经历。在和教师的访谈中，教师表示，现在学生的作弊手段越发高科技了，一些学生利用电子设备和网络让作弊更加隐蔽而难以发现，且作弊现象从班级小测试到期末测试再到中考高考都有存在。在日常生活中，有超过 2/3 的同学表示自己说过谎，甚至 1/3 的学生表示自己在日常生活中经常说谎。60.6% 的同学表示自己有过违背承诺的经历，其中一半的同学甚至表示经常会食言。在大学生群体中不诚信现象更是多种多样，论文剽窃、考试作弊、代课逃课、贷款不还、拖欠学费、虚假包装等诸多问题屡见不鲜（鞠永熙，2011）。可见，知行不一是当代青少年诚信的最大问题（赵艺，2009），很多青少年都是"语言的巨人，行动的矮子"，在诚信和利益之间游离徘徊。

二、网络信息传播对青少年诚信感的影响

当前对青少年诚信的影响因素的研究多集中于家庭、学校、社会等方面，而实际上网络的出现也给青少年诚信带来了新的挑战。网络信息更新快，范围广，储量大，虽在一定程度上给人们的生活带来了极大的便利，但对于人生观、世界观、价值观正在形成的青少年来说，则可能暗藏危机。这种影响也会体现在青少年诚信感的形成和发展上，具体表现在以下几个方面。

首先，新媒体背景下网络信息有很强的易复制性和娱乐性，正是这些因素的存在淡化了中学生的诚信观念（孙珲，2017）。娱乐是中学生在网络中最喜欢的部分，公众人物、公众事件、公众话语都在娱乐化或被娱乐化。批判家尼尔波兹曼在作品《娱乐至死》一书中认为，在新媒体环境中，几乎全部的文化

信息都自愿成为娱乐的附庸，心甘情愿，毫无怨言且悄无声息，"其结果是我们成了一个娱乐至死的物种"。如某些短视频平台上的作品，拍摄者利用胶带、橡皮、敲击桌子的频率来传递考试答案，我们点进评论区，都是一些"学到了""下次试试""这个厉害了"之类的评论，转发也不过是出于新奇好笑、想转给朋友看、蹭热度之类无伤大雅的原因。创作者、观众、传播者都把娱乐化的不诚信当作与众不同的笑料来看。这些娱乐化的表达，似乎只是学生随意一说的玩笑话，但实际上却可能在潜移默化中改变他们的诚信观，影响他们的诚信行为。

其次，网络信息传播本身具有低门槛、虚拟的特点，这使一些价值观不正确的"网络红人"常通过网络发布一些不当言论或虚假信息，以制造所谓的"轰动效应"。这些网络信息会潜移默化地让青少年对社会产生不正确的认知，形成错误观念（余茉莉，2006）。比如，某些"网红""富二代"可能在网络上晒自己的豪车豪宅，晒自己的整容脸，晒自己的奢侈生活，公开鼓吹拜金主义和享乐主义，这可能会引发部分青少年的盲目攀比心理。在这种心理的驱使下，个别青少年极有可能会做出一些有违诚信的行为，以满足自己的虚荣心。长此以往，他们甚至不再以丢失诚信为耻，甚至以此为荣的也大有人在。如此，青少年诚信感只能是每况愈下。

最后，网络上泛滥成灾的有违诚信的新闻事件让青少年对社会诚信产生了怀疑。如果网络是21世纪的另一双眼睛，那么网络新闻就是当今社会的另一张嘴巴。现实生活中那些尔虞我诈的现象和事件在网络上随处可见，这些事件虽有一部分在经过网络舆论发酵，博得大众的关注后得到妥善处理，对人生观、世界观和价值观尚处于形成期的青少年来说，造成的负面影响较深。如此一来，不少青少年也会逐渐对诚信的价值产生怀疑，诚信感下滑就在所难免了。

三、网络信息传播背景下青少年诚信感培育路径

在网络信息传播正义的特殊背景下，青少年的诚信感培育除了要遵循一般意义上诚信感培育的基本原则，最重要的是要在"网络"二字上做文章，现择其要点分述如下，以兹说明。

首先，家庭作为青少年成长的重要伴随者，在网络信息技术高度发达的今天，应围绕孩子诚信感的培育做好以下三方面的工作。一是在网络视频、网络言论泛滥的环境下，家庭成员要规范自己的网络行为，恪守道德规范，面对另有目的的虚假信息乃至谣言要做到"不制造、不传播、自觉抵制"，面对不实

信息不做主观臆断，不跟风传播，为孩子树立良好榜样。二是要引导孩子树立正确的诚信观念，网络虽然是虚拟的，但也是现实社会的一部分，这两者的道德底线是一致的统一的，引导孩子正确上网，诚信上网，规范孩子的网络行为，不利用网络做不诚信不道德的事情。三是要多多关注孩子的内心世界，当孩子对网络非诚信事件感到迷惑不解时，要积极与孩子进行沟通，进行及时引导（孙珲，2017）。

其次，学校要善于利用网络资源培育青少年正确的诚信观念。例如，可将网络上各种有较大轰动效应的热点诚信问题引入课堂进行讨论，引导学生在对失信行为进行批判反思的同时，以守信行为为标杆，使学生在激烈的思想碰撞中受到教育；还可以网络技术为基础，以诚信为主题，建立完善系统的诚信教育网络课程，让学生进行短课时、长周期的诚信教育（李红梅，2015）。除此之外，还要注意将诚信教育纳入或渗透到学校思政课程体系中去，比如在班会课上开展诚信大讨论，在学科教学中渗透诚信教育等都是不错的选择。

最后，对于社会来讲，一方面，要明确网络制度规范，国家政府适当介入网络，对待网络失信、网络造假、利用网络舆情非法获取个人利益等行为严惩不贷。比如，一些明星偶像为了提升自己的商业价值，发动水军、低龄粉丝等人为制造产品销量、票房等商业数据，制造繁荣假象，给青少年树立了不好的榜样，就应视情况予以及时曝光或惩处。为此，应加快网络立法进程，切实推行网络实名制，加速完善执法机制机构，为青少年打造良好的网络环境。另一方面，要建立个人诚信档案，将其作为衡量其诚信水平的基础和依据，建立完备全面的征信系统，通过构建完备的信用档案体系，实现诚信的可视可查（赵宏伟，2013），切实遏制网络失信行为泛滥的不良趋势。

参考文献

[1] Krebs, D.L. The evolution of a sense of justice[J]. In J. Duntley, & T. K. Shackelford (Eds.). Evolutionary Forensic Psychology. Oxford University Press, 2008: 229-245.

[2] Pruitt, D.G., & Carnevale, P.J. Negotiation in social conflict[M]. Buckingham, UK: Open University Press, 1993.

[3] Rawls, J. A Theory of Justice[M]. Cambridge, Mass: Harvard University Press, 2003.

[4]　陈宁,丁强,黄洪基.论青少年责任感及其培养[J].中国青年研究,2014(5):108-119.

[5]　陈小花.网络对大学生社会责任意识形成的影响及对策[J].教育探索,2013(2):102-103.

[6]　丁强,卢家楣,陈宁.青少年责任感问卷的编制[J].中国临床心理学杂志,2014,22(5):831-834.

[7]　丁泗.论大学生责任观教育[J].中国高教研究,2006(12):56-57.

[8]　杜德省.大学生感恩奉献意识的现状与对策:基于山东三所高校的调查研究[J].学理论,2016(9):248-249.

[9]　冯茹.中学生社会责任感的培养策略研究:以贵州师范大学附属中学为例[D].贵阳:贵州师范大学,2018.

[10]　高翠欣.新时期大学生雷锋精神教育研究[D].北京:中国地质大学,2014.

[11]　高林.当代大学生践行雷锋奉献精神的调查[J].中国统计,2013(10):53-54.

[12]　弓丽娜.论大学生正义感的培育[J].河南工程学院学报,2011(3):91-94.

[13]　苟婷婷.两种情感教学策略对学生学业成绩和爱国主义情感发展影响的实验研究:以历史学科为例[D].成都:四川师范大学,2008.

[14]　郭海燕.爱国主义新论[M].北京:海潮出版社,2006.

[15]　胡树祥,赵玉枝.网络思想政治教育发展历程及未来趋势[J].思想理论教育导刊,2020(6):128-134.

[16]　黄希庭.普通心理学[M].兰州:甘肃人民出版社,1982.

[17]　鞠永熙."90后"大学生诚信现状与教育的现代性维度反思[J].学校党建与思想教育,2011(33):18-19.

[18]　康德.法的形而上学原理:权利的科学[M].沈叔平,译.北京:商务印刷馆,1991.

[19]　李刁."互联网+"时代高校德育实践创新研究[D].华中师范大学,2017.

[20]　李红梅.网络场域下大学生诚信教育模式的构建路径[J].中国教育学刊,2015(S1):371-372.

[21]　李平平,王明宇,赵娟,隋雪.初中生诚信度及影响因素研究[J].中国健康心理学杂志,2011(12):71-73.

[22]　李雪.初中生诚信品格养成教育研究[D].长春:东北师范大学,2017.

[23]　李燕,孙颖.网络群体极化视阈下网民正义感的培养[J].电子政务,2012(7):51-56.

[24] 李燕，孙颖．网民正义感：网络群体性事件中非理性的博弈及消解 [J]．中国海洋大学学报（社会科学版），2013（3）：100-104.

[25] 梁忠义，车文博．实用教育辞典 [M]．长春：吉林教育出版社，1989.

[26] 廖运生，胡晓加．论网络群体事件中网民社会正义感培育 [J]．求实，2010，（10）：81-83.

[27] 廖运生．网民社会正义感的现状分析及调适对策 [J]．现代远距离教育，2010（2）：64-67.

[28] 廖运生．大学生正义感现状分析与教育启示 [J]．黑龙江高教研究，2011（1）：72-74.

[29] 凌春贤，谭海燕，董苑玫，麦伟立．当代大学生责任感的调查与研究 [J]．学校党建与思想教育，2011（34）：93-94.

[30] 刘爱玲．互联网视域下思想政治教育场域的转换与重构 [J]．思想理论教育导刊，2020（6）：135-138.

[31] 刘磊，傅维利，李德显，王丹．高中生诚信观状况调查分析与改善对策 [J]．中国教育学刊，2011（2）：72-75.

[32] 刘明明，陈园园．当代大学生正义感培育的意义、障碍与路径 [J]．教育探索，2017（4）：66-69.

[33] 刘世权．互联网时代的大学生奉献精神培养 [J]．山东农业工程学院学报，2017，34（6）：39-40.

[34] 卢家楣，徐雷，蔡丹，陈宁，陈念劬，周炎根．当代大学生道德情感现状调查研究 [J]．教育研究，2016（12）：54-61.

[35] 卢家楣，袁军，王俊山，陈宁．我国青少年道德情感现状调查研究 [J]．教育研究，2010（12）：83-89.

[36] 罗尔斯．作为公平的正义：正义新论 [M]．姚大志译．北京：中国社会科学出版社，2011.

[37] 潘菽．教育心理学 [M]．北京：人民教育出版社，1980.

[38] 斯密．道德情操论 [M]．蒋自强，等译．北京：商务印书馆，2015.

[39] 宋希仁．道德观通论 [M]．北京：高等教育出版社，2000.

[40] 苏黎兰，孙雨霖，徐佳慧．超网络视角下群体性事件预警管理研究 [J]．安全与环境工程，2020，27（2）：111-117.

[41] 孙珲，李晓娥．新媒体环境下中学生诚信观的构建 [J]．中学政治教学参考（下旬），2017（3）：51-53.

[42] 王茂诗．大学生责任伦理问题研究 [D]．重庆：重庆师范大学，2014.

[43] 王燕.当代大学生责任观的调查报告 [J].青年研究，2003（1）：17-22.

[44] 王迎.初中生责任感的现状及教育对策研究 [D].武汉：华中师范大学，2017.

[45] 徐雷.大学生爱国情感的测评研究 [D].上海：上海师范大学，2018.

[46] 亚里士多德.尼各马科伦理学 [M].苗力田译.北京：中国人民大学出版社，2003.

[47] 杨晓峰.网络媒体低俗化成因及社会责任的重建 [J].当代传播，2006（1）：117-120.

[48] 杨雪.新时代爱国主义教育研究 [D].长春：东北师范大学，2019.

[49] 余茉莉.高中生诚信行为及其影响因素的研究 [D].武汉：华东师范大学，2006.

[50] 虞亚君.大学生奉献感的现状、影响因素及其培养的实证研究 [D].上海：上海师范大学，2016.

[51] 张丽.新时代爱国主义教育内容发展研究 [D].上海：上海师范大学，2020.

[52] 张丽霞，吴玉娟.论青少年学生的数字公民责任 [J].教育发展研究，2013，33（4）：76-80.

[53] 赵宏伟.论信息时代大学生的网络诚信教育 [J].教育与职业，2013（26）：72-73.

[54] 赵华珺.新时代中国爱国主义及其实践研究 [D].长春：东北师范大学，2019.

[55] 赵艺.当代中学生诚信现状调查与分析：以江苏省两所异质中学为例 [J].现代教育管理，2009（7）：120-122.

[56] 周宗奎，等.网络文化安全与大学生网络行为 [M].广州：世界图书出版社广东有限公司，2012.

[57] 朱理鸿.网络社会中青少年学生责任意识的缺失与培育 [J].教学与管理，2012（27）：59-60.

[58] 朱小蔓.高举爱国主义旗帜：学习《爱国主义教育实施纲要》座谈 [J].教育研究，1995（4）：21-23.

[59] 朱智慧.利用艺术符号培养少年儿童爱国情感的行动研究 [D].重庆：西南大学，2016.

第六章　网络信息传播与青少年成瘾行为

第一节　成瘾行为概述

一、成瘾行为及其分类

成瘾行为是指个体不可自制地反复渴求从事某种活动，或滥用某种物质的行为（张瑞星、沈键，2015）。成瘾者往往对自身行为的危害有着明确的认知，却无法自主控制。成瘾行为是一种超乎寻常的嗜好或习惯，它通过刺激人体中枢神经而引发快感和兴奋，正是这种快感和兴奋进一步强化了个体的成瘾行为，以致陷入恶性循环，使成瘾行为越来越严重。

成瘾行为可分为物质成瘾行为和精神成瘾行为。物质成瘾是因长期使用某类物质导致中枢神经系统功能与结构改变而逐渐产生的对该物质的一种慢性依赖。物质成瘾常见的致瘾源有烟草类、酒类和阿片类等。阿片类物质可在短时间内让人成瘾，使用者会产生极强的幻觉，迅速忘记烦恼，产生解脱感，一旦戒断，使用者就会体验到痛苦的戒断症状，唯有再次使用方可解除痛苦。酒类成瘾源主要通过酒精作用使人出现意识模糊，思维混乱，甚至幻听、幻视、记忆丧失、情绪失控等心理障碍，严重情况下可致患者犯罪而不自觉。烟草类成瘾源也会对成瘾者身体造成严重危害，尤以呼吸系统为甚。精神成瘾行为也是成瘾行为中的重要类型，如网络成瘾、色情成瘾、赌博成瘾等。虽然精神成瘾不会导致物质成瘾所带来的药物效应，但在临床症状上却与物质成瘾较为相似。如赌博成瘾是一种沉迷于赌博行为而无法自控的心理障碍，成瘾者无时不刻不对赌博活动充满憧憬，一旦长时间不参与赌博，就会焦虑不安、无精打采、食欲不振。赌博成瘾者常通宵达旦参与赌博，不仅严重危害自身健康，也常常因此而对亲人和家庭不管不问，或无暇顾及本职工作，对社会、家庭及个人都具有巨大危害性。网络成瘾、色情成瘾也是精神成瘾行为的重要类型，接下来两节我们将要对其进行详细介绍，在此不再赘述。

二、成瘾行为的特征及危害

成瘾行为具有以下三个主要特征：其一，有一定依赖性。成瘾行为是成瘾者主观上的生活必需品。成瘾行为是一种心理疾病，其往往能够导致成瘾者对其产生强烈的生理、心理以及社会性依赖。所谓生理依赖，指成瘾者在接收药物治疗时，停止用药即会出现一系列临床特征；所谓心理依赖，指成瘾者在心理上对致瘾源表现出强烈的渴求，然而这种渴求往往只存在于心理层面，从体征上无法表现出来；所谓社会性依赖，指成瘾者一旦进入某种特定的社会环境或呈现出某种状态，即会出现成瘾行为。例如，网络成瘾者如果习惯在晚上在家上网，那么，一旦到了特定的时间、在熟悉的环境中就会出现相应的上网行为。又如吸烟成瘾者如果习惯在开会前吸烟，那么，如果开会前没有进行这项活动，就会表现出焦虑、不专心等状态。其二，伴有戒断症状。成瘾行为一旦中断，就会引发相应的戒断症状，这种戒断症状表现为抑郁、焦虑、烦躁及记忆减退、注意力不集中，严重时还会出现幻觉、错觉及妄想。在生理上则出现呕吐、疼痛、打哈欠、腹泻、失眠、疲乏等症状，严重时还有意识丧失、抽搐等现象。不同的致瘾源所引发的成瘾行为在戒断后会表现出不同的生理或心理症状，其共同点是当成瘾者再次接触致瘾源时，戒断症状就会立即消失，同时在心理上产生极大的满足感和愉悦感。然而，当其再次进行戒断时，戒断症状就会再次出现，在医学治疗时必须加大用药量才能使得成瘾者消除戒断症状。其三，有较大危害性。成瘾行为会导致个人健康受损，并危害个人的家庭和事业。不同的致瘾源所导致的成瘾行为不同，其对身体的损伤也不同。例如，网瘾者会出现视力下降、肩背肌肉劳损等病变，而其所引发的心理问题则是相同的，均会出现焦虑、烦躁及抑郁等情况。严重时，成瘾行为会导致个人家庭解体、学业或工作中断等。

成瘾行为一旦形成，无论是精神成瘾还是物质成瘾，对成瘾者的工作、学习、生活及健康均会造成一定程度的伤害。MA（甲基苯丙胺）滥用者会经常出现一定程度的持续精神障碍，如持续烦躁、抑郁、认知功能障碍、记忆力下降等，甚至出现偏执妄想等精神分裂症状（陈梦嘉、周文华，2012）。有研究表明，吸烟行为不仅会对吸烟者的心肺功能有不良影响，还存在全脑连接功能异常等现象（许珂，2019）。在 Flanker 任务中，吸烟者的 Pe 波幅均显著低于正常组，而其反应时间则明显高于正常组，反映吸烟者在错误监控能力方面存在一定障碍（陈雅静，等，2018）。网络社会繁荣发展至今，随之而来网络成瘾的危害也不可小觑，网络成瘾会减小成瘾者的肺活量，对成瘾者身体素质（刘芳梅，2016）、视觉能力、睡眠质量（姜兆萍、李梦，2019）等均有较大影响。还有研究表明，网络成瘾青少年在注意品质方面与正常青少年相比存在明显缺陷，网瘾青少年的冲动抑制能力差（陈斯好，2019）。不仅如此，网络成瘾还会影响成瘾者的心理健康状态，对上海市中学生网络成瘾行为与抑郁症状相关性的调查发现，有网络成瘾行为的学生抑郁症状检出率更高（孙力菁、罗春燕、周月芳、张喆、乐贵珍，2019）。"剁手族""月光族"等群体的出现已将购物成瘾的弊端摆在我们面前，购物成瘾者似乎还陷入了"越购物，越空虚""越空虚，越购物"的恶性循环中，许多消费者沉溺在购物带来的消费快感中，不惜花光自己的积蓄，透支自己的信用卡。除了非理智消费问题外，"强迫购物障碍"也是购物成瘾者面临的一个大问题，购物行为成了他们排遣空虚、发泄不满的重要手段甚至是唯一方式（蒋建国，2020）。

三、成瘾行为的形成过程

一般来说，成瘾行为都会经历如下四个阶段（李锐，2012）。

第一个阶段，诱导阶段。在这一阶段，个体与致瘾源偶尔接触，并初次感受到致瘾源所带来的巨大愉悦感。例如，在现实生活中被种种压力所束缚的青少年，在网络世界中可以恣意遨游，忘却现实世界中的压力。再比如，青少年在影视文学等作品中、在同学的诱导下，或是在青春期的蠢蠢欲动等条件下尝试吸烟、饮酒、打牌等行为，让其体验了与现实世界截然不同的乐趣和快感。虽然这些愉悦感对于个体有着强大的吸引力，但由于此时个体与致瘾源的接触时间短，并没有对其形成依赖。因此无论是由于外界因素还是自身行为导致的与致瘾源的隔离，都不会出现明显的戒断症状。

第二个阶段，形成阶段。在这一阶段，个体反复与致瘾源接触，并逐渐对致瘾源产生依赖心理。如对甲基苯丙胺药品的使用，在尝试接触后，个体有忘记烦恼和压力、精力旺盛、亢奋不已等感觉，对其产生愉快的体验，使得个体多次使用该物质，进而对其产生依赖。这种依赖心理又反过来促使个体与致瘾源频繁接触，形成一个恶性循环，使个体成为初期成瘾者。初期成瘾者常对自已依赖致瘾源的行为感到羞耻、内疚，并常伴有自责心理和畏惧心理。如对于性行为成瘾者而言，对性瘾的关注会带给成瘾者很多负面的心理感受，如低自尊、羞愧、想要自杀等（刘中一，2016）。这一时期如果进行戒断治疗，成瘾者在心理上会有较强的戒除欲望，戒断时会引发一定的戒断症状，从而引发初期成瘾者在生理与心理上的不适与痛苦，但却可使成瘾者根除这种不良行为。

第三个阶段，巩固阶段。在这一阶段，个体频繁与致瘾源接触，成瘾行为已经融合为成瘾者生命活动的重要组成部分。美国心理学家扬制定了八条标准以确诊网瘾（Young，1998），其中"无法自控使用网络""使用网络会对自己的生活、社交等产生不良影响""将上网作为排遣消极情绪、逃避现实的方法"等标准充分说明该阶段成瘾者对致瘾源的耐受性（为满足欲望不断投入其中）、冲突性（网络使用与现实生活相冲突）和心境改变（通过网络改变自己的负面心境）等特点。正是这些核心因素，使得致瘾源愈发靠近成瘾者，成为其血肉，让成瘾行为难以与之割舍分离。此时，如果对成瘾者进行戒断治疗，就会引发其强烈的反抗心理。在戒断时，成瘾者宁愿不吃不喝，也要与致瘾源接触。如网络成瘾程度较为严重的青少年，网络成瘾后被父母断网，最后可能会不惜以跳楼、自杀、绝食、离家出走等方式威胁父母要求上网，以满足自身对网络的渴求。

第四个阶段，衰竭阶段。在这一阶段，致瘾源对成瘾者的身体产生巨大伤害，引发身体病变，严重者还可引发死亡。研究表明，尼古丁成瘾主要伤害个体的心肺功能，有调查研究发现慢性阻碍性肺疾病、呼吸道症状等患病风险与吸烟者的烟龄和吸烟量呈正相关（查震球等，2020）；性瘾患者在该阶段不仅会出现疾病传播等身体健康问题，还会出现丧失价值感、无助等心理症状（王卫媛，2014）。现实生活中，当代青少年的生活网络化比例近乎百分之百，其成瘾问题也接踵而至，熬夜打游戏等行为影响其学业和身体健康，更不利于其人际社交的发展。许多网络成瘾的学生在离开网络后有不自在、疲惫、魂不守舍，甚至会有幻觉、经常行为失态等精神症状出现。需要强调的是，不同的致瘾源所导致的成瘾行为的各阶段持续时间不一，然而无一例外均会对个体产生深刻的影响。因此，成瘾行为的预防应该从小开始，尤其是对于青少年来说，更要加大对其成瘾行为的防控力度。

四、成瘾行为的影响因素

成瘾行为受到诸多因素的影响，其中社会因素、个人因素和家庭因素最为重要。

首先，社会因素。社会环境对个体成瘾行为有着重要的影响，具体表现在以下几个方面。①当所处的社会环境中有成瘾行为的个体很多时，青少年易形成成瘾行为，中国古代孟母三迁的故事就说明了环境的重要作用。如果所生活的环境比较糟糕，个体则容易接触致瘾源，并借此逃避现实。②社交习俗也可能成为成瘾行为的重要外因。在人际交往过程中，人们会借助一些外部工具作为润滑剂，如朋友聚会时，常通过烟酒或游戏来交流感情，拉近彼此间的距离，因此有的人明知致瘾源有害，却不得已而在这些社交场合接触致瘾源，长此以往，在不断地接触中将致瘾源引入自己的生活，产生成瘾行为。③媒体的广告宣传。在生活中，常常会见到网络游戏广告、烟酒广告等，这些广而告之的信息，会吸引一些对其感兴趣的人。此外，广告中所塑造的致瘾源接触者的光彩形象，或有明星代言的广告，都会对青少年产生巨大的误导效果。④团体效应。如果一个团体中大部分成员有某种成瘾行为，其他非成瘾者因为长期接触该成瘾行为的致瘾源，在环境的潜移默化下也会导致成瘾行为。例如，同一个学习小组中，许多学生是同一款游戏的成瘾者，那么其谈论的话题总是与该游戏有关，导致其他人也容易成为该游戏的成瘾者。

其次，个人因素。作为成瘾行为发生的主体，个体的性别、年龄、独生与否、人格特征、情绪因素等都对个体成瘾行为存在一定影响（刘勤学、杨燕、林悦、余思、周宗奎，2017）。拿网络成瘾举例，有调查研究表明，男生的网络成瘾比例显著高于女生，且独生子女在网瘾强迫性、戒断反应等方面的得分显著高于非独生子女（张志松、李福华，2011）。生活中容易接触致瘾源并成瘾的人在人格特点上有着许多共同之处，如有些人从众心理强，对于事物的判断能力较弱，对不良事物分辨不清，缺乏批判；有些人性格内向，想要缓解压力、逃避现实生活中的各种不如意，却缺少对外排解渠道，也没有良好的、积极的解脱方式；有些人意志力薄弱，难以抵挡外界的诱惑；有些人争强好胜，容易被别人激怒，容易受到别人的挑唆（Govitrapong, Suttitum, Kotchabhakdi & Uneklabh, 1998）；等等。个人情绪因素在个体成瘾行为中的作用也不可小觑，现实生活中的平庸、孤独、无趣、无助等情绪体验就像一双无形的推手，将本就在危险边缘徘徊的人推到致瘾源的身边，与致瘾源接触过程中产生的愉悦体验则让成瘾者沉溺其中，难以自拔。有调查显示，高校网络成瘾的学生的主观幸福程度显著低于其他类型的学生（来枭雄等，2020）；还有调查表明，个体使用手机时的快乐体验会使其成为手机的忠实粉丝，致使其成瘾（Salehan & Negahban, 2013）。

再次，家庭因素。父母的行为习惯、教养方法及家庭关系也对成瘾有着莫大的影响。当所处的家庭环境中的父母有成瘾行为示范时，青少年也容易接触同一种致瘾源，并在潜移默化中成为该致瘾源的成瘾者。家庭中父母如果吸烟，那么青少年吸烟的概率大于非吸烟家庭，更容易导致孩子成瘾行为。相关调查显示，对于个体的手机成瘾问题，父母的拒绝否认、父母对个体的偏爱、母亲对个体的过分干涉和保护都与之存在显著正相关；溺爱有加和过度保护环境下的孩子个人意识强烈、唯我独尊、自私自利，更容易把精力转到手机上；而被严苛教导、频繁否定的孩子则过度自卑，愈发渴望从手机等其他途径中获得肯定和快乐体验（王平、孙继红、王亚格，2015）。良好的家庭关系是个体成长的阳光，不良的家庭关系则是其成长的恶性土壤。网络成瘾者与父母关系不和谐的比率较一般人更高（王若晗等，2019）。良好的家庭环境会成为个体的精神支柱，在遇到生活的打击和不愉快的情绪体验时，父母的耐心倾听与帮助可有效避免其成瘾行为的发生。

最后，致瘾源的本身属性也在一定程度上影响着成瘾行为的方式方法和成瘾程度。甲基苯丙胺等药品被严格管制，禁止流通贩卖，无论是生产者，还是贩卖者，未经国家允许都触犯法律，社会舆论等也对该药物的滥用者深恶痛绝。该类物质本身的特点就限制了致瘾源的存在范围与扩散途径。再者，由于该类药品成瘾迅速，毒副作用强，对成瘾者身体健康和日常生活有很大影响，所以在面对毒品时绝大多数人都会拒绝与之接触，以避免成瘾行为的发生和发展。而尼古丁等则不然，香烟流通量大而且流通面广、价格低廉，且被社会舆论接受，受众群体多，在一些社交场合中"递烟"等行为常被视作礼貌和尊重，在一些影视文学作品中还与"成熟""酷"等画等号，甚至在日常生活中吸高价位的烟会被认为是"身价"的体现。所以尼古丁成瘾者不在少数，且戒除较难，许多尼古丁成瘾者成瘾程度深，有较长时间的烟龄，虽有过戒烟行为，但复吸者的数量也不在少数。

五、成瘾行为的干预与预防

如前所述，无论是物质成瘾还是行为成瘾所造成的成瘾行为，都对青少年当前阶段的学习、社交等有着严重的影响，甚至还为青少年成年后犯罪行为埋下祸根，为了减少或避免成瘾行为的潜在危害，应对其进行积极的预防和干预。

（一）成瘾行为的预防

成瘾行为预防是指让个体远离成瘾源。为了使青少年健康成长，预防青少年的成瘾行为，需要政府、学校、家庭以及社会各界共同构建一个预防系统，具体来说可通过以下四个方面来实现。

其一，加大对环境的净化力度，对于毒品等触犯法律类致瘾源，减少其与青少年的接触，并通过多种方式加强宣传教育，让青少年明晰法理与毒品本身的危害，提高青少年对于致瘾源的防范意识（雷海波，2018）。

其二，对于尼古丁、酒精等流传范围广、受众面庞大的致瘾源，应该对其购买途径和使用对象做出规范性要求。如购买烟酒商品时应以年龄为依据，禁止向未成年人售卖烟酒商品，不提倡未成年人过早使用含尼古丁、酒精的产品。

其三，家长要关心孩子的身心健康，适当改变自己的教养方式，营造良好的家庭环境，不为成瘾提供土壤，不让成瘾成为选择；约束自己的一言一行，不给孩子做坏榜样，不带给孩子负面的消极影响；言传身教，让孩子知道娱乐要适可而止，不可肆意妄为（刘昶荣，2019）。

其四，充分发挥媒体的作用，加强对青少年的引导。拍摄公益广告，提倡远离毒品，吸烟有害健康，饮酒应当适量，上网张弛有度，以成瘾物、成瘾原因、成瘾过程、成瘾危害为内容，以青少年的生活范围和环境为出发点，以动漫等通俗易懂、可爱有趣的形式，进行广泛传播，形成正确观念（周立民，2019）。

（二）成瘾行为的干预

成瘾行为干预是指对成瘾者的行为进行戒断，使其改正成瘾行为的过程。成瘾行为干预可分为躯体依赖的戒断及心理依赖的戒断两大类型。

所谓躯体依赖戒断，包括硬性戒断、递减戒断、替代疗法三种方法。躯体戒断对许多不同种类的成瘾物，无论是对物质成瘾行为还是精神成瘾行为，都有很好的干预效果，但对不同的个体情况应该进行斟酌选择，主要适用于成瘾时间不长、成瘾程度不深、有戒断决心和毅力的成瘾者。拿毒品成瘾者举例，对于吸毒时间较短、吸毒量不大、成瘾程度不严重、有毅力的戒毒者可以采用硬性戒断，停掉毒品，让戒断症状自然发展，从而起到脱毒的作用（马俊岭、郭海英、潘燕君，2010）。再如一些有关运动戒毒的调查研究表明，长期中等强度的有氧活动，可以调节多巴胺分泌，控制毒瘾的发作，可以有效提高毒品戒断的成功率（顾庆、盛蕾、马小铭，2019）。还有一些戒毒机构会给吸毒者服用美沙酮，利用美沙酮等戒毒药物的作用机理，替代毒品，以减轻减弱成瘾者对毒品的渴望（徐帅、罗晓云、杜晓华、黄文华，2009）。心理依赖戒断的方法则包括心理动力疗法、认知行为疗法、行为疗法以及家庭社区疗法等方法。如通过个体化常模反馈，使青少年对自身的上网行为进行自我监控，以减少上网频率，降低成瘾程度（黄吉迎、苏文亮、赵陵波，2019）；营造亲和、温暖的家庭氛围，父母积极展示其优良温暖的一面，母亲表达慈爱与鼓励，父亲展示力量与责任感，给孩子足够的安全感和支持力量，形成良好的亲子互动，激发其力量与自信；等等。

应当注意的是青少年成瘾的预防与干预应遵循平等尊重原则、倾听理解原则、助人自助原则、真诚守信原则、多方协同原则、过程监督原则、预防为主原则等原则。拿网络成瘾治疗举例，许多传统的网瘾治疗仍停留在家长的批评惩戒、学校的警告处分，以及送到"戒网学校"等未被官方认可的教育方式上，且不说这些方式能否解决青少年的网瘾问题，单从原则方面来讲，此类方式就是不可取的（建博文，2017）。这些方法多忽视了青少年成瘾的原因以及在成瘾后青少年的情绪体验（熊锦林，2008），要明白成瘾是许多因素共同作用的结果而非成瘾者所自愿。有些家长在帮助孩子戒除成瘾行为时，没有遵循尊重、倾听等原则，导致成瘾者反抗激烈，有极大的抵触情绪，甚至表现出危险的反抗行为。如一杭州女孩在打游戏时被母亲断网，最后情绪失控，殴打母亲，甚至有跳楼举动；还有"戒网学校"使用非科学、非人道的方式对成瘾者进行戒断行为，对其成瘾者使用虐待式治疗，伤害青少年的身心健康。再以青少年吸烟成瘾为例，由于其成因相对复杂：一些青少年是出于好奇心理，一些青少年是受身边吸烟朋友影响产生的从众心理，还有一些青少年是因为学习压力或人际压力过大，无处排解释放，因此，对烟瘾青少年，我们要明确其成瘾原因，提早预防，使其明确吸烟有害健康，并多方协作，共同将其成瘾行为遏止在萌芽状态。

第二节　网络信息传播与青少年网络成瘾

互联网为社会带来了巨大的便利，但与此同时，对于互联网的不当使用或超时使用又会引发网络成瘾行为，危害青少年的身心健康。近年来，网络成瘾已成为青少年成瘾行为的重要表现形式之一。全面了解青少年网络成瘾并对其进行积极的预防和干预，对于提升青少年的网络心理健康水平有着重要意义。

一、青少年网络成瘾的内涵、类型及测量工具

网络成瘾又称病态网络使用，最早由美国精神病学家伊万·戈德伯格提出，

并将其定义为一种行为成瘾，主要表现为成瘾者对网络过度使用，进而导致其心理功能与社会功能受损。国内学者认为，网络成瘾是指不适当、长时间使用网络，导致戒断反应、对网络的耐受、持续的上网欲望及行为失控的现象，常会导致个体生理、心理及社会功能的损害（方晓义等，2015）。

（一）网络成瘾的内涵

网络成瘾的定义虽仍有分歧，但我们可以从网络成瘾的内涵入手，进一步加深对网络成瘾的认知。网络成瘾是一种会使个体中枢神经系统产生兴奋和快意，并经其不断强化发展而成的一种超乎寻常的习惯性嗜好，属于行为成瘾的范畴。所以，格里菲斯（Griffiths，2000）认为网络成瘾具有突显性、心境改变、耐受性、戒断症状、冲突和反复等所有行为成瘾都具备的六大核心要素。不仅如此，网络成瘾还具有其自身独特的内涵。第一，网络成瘾的致瘾源具有间接和虚拟的特点。网络本身并不具有致瘾性，但当它作为信息载体给人们带来的独特的交互式体验却能让人深陷其中难以自拔。同时，与其他致瘾源相比，网络成瘾中的致瘾源还具有虚拟性的特点，是一种只存在于网络中、在现实生活中触摸不到的精神性的致瘾源。第二，网络成瘾由长期、稳定的不良网络行为而引发。个体的网络行为可分为良性和不良两种。良性网络行为中，个体上网是出于工作或生活的需要，其在网络上的具体行为也与工作或生活有关；不良网络行为则是指个体与现实脱离的网络行为。当然，并非所有不良网络行为都是网络成瘾，只有持续时间长，且较为稳定的不良网络行为，才能导致个体长时间与社会现实脱离，最终发展为网络成瘾行为。第三，网络成瘾往往伴随着个体功能受损。网络成瘾所造成的生理危害包括电磁辐射危害，对视力的危害，对神经内分泌系统的损害，对包括肩、颈、肘、腕等身体部位产生的不良影响；网络成瘾所造成的心理危害则包括认知发展受阻、反应功能失调、人格异化、情绪低落、思维迟缓等。在特定条件下，网络成瘾还可能引发一系列的信任危机、网络犯罪、道德沦丧等行为，对社会公共安全和秩序造成一定的危害。

（二）青少年网络成瘾的类型

一般来讲，青少年网络成瘾行为主要可分为四种典型类型，即网络游戏成瘾、网络人际关系成瘾、网络信息下载成瘾及网络购物成瘾。

1. 网络游戏成瘾

网络游戏成瘾指个体长时间沉迷网络游戏导致明显的心理、社会功能受损的现象。据调查（佐斌、马红宇，2010），绝大部分青少年都接触过网络游戏，而且随着网络的普及，成瘾的青少年还在逐渐增多，网络游戏成瘾的青少年通常有以下症状：其一，成瘾者的认知、情感和行为都仅仅围绕着上网打游戏这个中心，玩游戏成为其主要的日常活动，无法上网玩游戏时会产生强烈的渴望。其二，青少年一旦游戏成瘾，其玩游戏的时间会与日俱增。其三，网络游戏成瘾的青少年能意识到过度游戏的危害，但他们不愿意放弃玩游戏带来的满足感，因此他们常处于自责状态。其四，网络游戏成瘾行为得到控制后短期内会循环反复发作，并且比之前更强烈。

2. 网络人际关系成瘾

网络人际关系成瘾是沉迷于使用聊天室、论坛等网络社交功能建立和发展亲密关系，而忽略现实人际关系，导致个体心理行为和社会功能受损的现象（钱铭怡、章晓云、黄峥、张智丰、聂晶，2007）。一些青少年在现实生活中存在着社交面窄的问题或社交羞怯等心理，缺乏社交技巧，而网络具有社交互动性强、自由度高、可选择性交流等特点，这使得他们很容易将注意力从现实生活中转移到网络上，以网络社交代替生活中的社交。青少年可在网络空间中建立完全不同于现实空间的社交关系，但过度使用网络进行社交则会导致网络人际关系成瘾。网络人际关系成瘾的青少年往往有较低的自我概念、社交自尊和较高的社交焦虑（万晶晶、李前奔、李大威，2017）。

3. 网络信息下载成瘾

这种网络成瘾与互联网信息体量庞大且繁杂无序有关，这类网络成瘾的青少年常花费大量时间在网络上查找和收集各种信息，比如小说、电影、游戏和学习资料，但他们缺乏明确的搜索目的和内容，只是尽可能多地下载相关信息，即使其中许多是无用的，也会表现出一定的强迫性倾向（邓验，2012）。网络上层出不穷的信息，以及使用不同的搜索方法所搜集到的信息呈现出多样化、丰富性、良莠不齐等特点，许多青少年面对海量的网络信息常显得手足无措，不知如何选择，导致学习和工作效率下降。

4. 网络购物成瘾

网络购物摆脱了时空限制，为我们的生活带来了巨大的便利，青少年足不出户就可以享受购物的愉快。另外，网络商品价格相对于实体店较低，青少年经济尚未独立，所以网络商品无疑对他们有巨大的吸引力。网络购物的这些特点吸引了大量青少年加入网购大军。网络购物确实给包括青少年在内的个体的生活带来了不少便利。但如果青少年沉迷于重复网络购物带来的快感，则会逐渐产生对网络购物的依赖心理（陈剑梅、蒋波，2010），进而逐渐演化成网络购物成瘾。研究显示，网络购物成瘾至少存在以下三个方面特征：其一，青少年对网络购物没有自控力，感觉自己停不下来；其二，一旦停止网络购物，个人就失去了生活的方向；其三，网络购物已经对生活造成了很大的负担（业绪华、毛诚著，2011）。

除此之外，青少年网络色情成瘾也是青少年网络成瘾的重要表现形式，我们将在第三节具体介绍。

（三）网络成瘾行为的测量工具

由于网络行为中包括良性网络行为及不良网络行为，因此网络成瘾行为的判定较其他成瘾行为更为复杂。国内外的心理学家多通过网络行为量表对网络成瘾行为进行测量。

其一，国外网络成瘾测量工具，主要包括"网络成瘾症鉴别测量问卷"和"戴维斯在线认知量表"。前者由扬（Young，1997）制定，在八个有关网络行为的问题中如果有五个问题的答案是肯定的就会被认定为网络成瘾；后者由戴维斯等编制（Davis，Flett，& Besser，2002），通过孤独／抑郁、低冲动控制、社会舒适感、分心等四个维度对网络成瘾进行测量。以上两种判断方式虽存在一定缺陷，但使用较为广泛。此外还有布伦纳（Brenner，1997）编制的"互联网相关成瘾行为量表"、莫拉汉·马丁与舒马赫（Morahan-Martin & Schumacher，2000）编制的病理性互联网使用问卷等，但使用并不广泛，这里不再赘述。其二，国内网络成瘾测量工具，最具有代表性的是陈淑惠的"中文网络成瘾量表"和雷雳的"青少年病理性互联网使用量表"。"中文网络成瘾量表"是陈淑惠1999年制订的，通过青少年在强迫性上网行为、网络成瘾耐受性、戒断行为与退瘾反应、时间管理以及人际健康问题等五个方面的表现，对青少年的网络成瘾行为进行判定。雷雳和杨洋（2007）编制的"青少年病理性互联网使用量表"共38个项目，由耐受性、强迫性上网／戒断症状、突显性、社交抚慰、心境改变、消极后果等六个维度组成，采用五点计分，平均分小于3分为正常，界于3分至3.15分之间即可定为网络成瘾边缘群体，达到3.15分就可判定为网络成瘾者。

除了量表之外，许多学者也制定了网络成瘾的判断标准来测量网络成瘾行为，较著名的有《网络成瘾临床诊断标准》（陶然等，2008）和《网络成瘾诊断标准》（庄海红，2008）。《网络成瘾临床诊断标准》是由陶然等人制定的，2013年被收入美国精神医学学会编著的DSM-5《精神疾病诊断与统计手册（第五版）》，从而成为国际标准。该标准共包括八条症状标准和一条严重标准：①渴求症状（对网络使用有强烈的渴求或冲动感）；②戒断症状（易怒、焦虑和悲伤等）；③耐受性（为达到满足感而不断增加使用网络的时间和投入的程度）；④难以停止上网；⑤因游戏而减少了其他兴趣；⑥即使知道后果仍过度游戏；⑦向他人撒谎玩游戏的时间和费用；⑧用游戏来回避现实或缓解负性情绪；⑨玩游戏危害到或失去了友谊、工作、教育或就业机会。《网络成瘾诊断标准》（庄海红，2008）由原北京军区总医院于2008年制定，其中对于网络成瘾的症状进行了详细描述，并指出只要个体每天连续上网的时间达到或超过6个小时，而且这一情况连续持续3个月以上即可认定为网络成瘾。此外还有青少年网络成瘾评判标准（中国青少年网络协会，2005）、少年上网成瘾的10个等级（陶宏开，2005）等评判标准也值得借鉴。

二、青少年网络成瘾的成因

网络成瘾是一种行为成瘾，具有周期性长、易反复、难戒断等特点，促成青少年网络成瘾的原因包括客观原因与主观原因两方面。

客观原因主要包括网络本身的特点及环境因素。网络本身的平等性、形象性、丰富性、广泛性等特点，带来了海量信息的易得性、人际沟通的平等性及扩展性、个体身份的隐匿性与灵活性以及空间与时间的自由掌握，这对于处于青春期渴望自由、具有强烈的好奇心和求知欲的青少年有着致命的吸引力。青少年网络成瘾的环境因素主要包括家庭因素、学校因素和社会因素。家庭是个体身心发展的重要场所，家庭功能不良对个体发展有重要影响。在生活压力较大的今天，许多父母因忙于工作而忽视了与子女的沟通，尤其是在留守儿童家庭和单亲家庭中，父母缺乏对孩子的监督、管理和交流，在这种不健全的家庭环境中长大的青少年更容易在网络中寻找倾诉对象，迷恋网络互动（李芳、曹瑞，2008）。另外也有研究证明，网络成瘾的青少年较少感觉到家庭的温暖，他们对家庭的满意程度与非成瘾者相比较低，成长过程中常出现父亲功能缺失的现象。再者，积极的学校环境有利于青少年心理发展，消极的学校环境可能导致青少年产生各种各样的心理问题。例如，高校宽松的管理机制赋予了刚从中学严格管理环境中走出来的大学生较大自主权，他们缺乏老师的监督，上网时间充足，更容易网络成瘾。在社会环境方面，如今的消费、交际都要用到网络，可以说是人人都离不开网络。网络资源变得非常容易获得，青少年上网时间也随之激增，加之当前法律对网络内容也缺乏监督，青少年极易沉迷其中无法自拔。

主观原因则主要是从青少年自身来看，其正处于特定的心理发展阶段，在特殊的人格特质、认知及各种心理需求的驱使下更容易产生不良的上网行为，进而诱发网络成瘾。首先，网络成瘾与青少年不同的人格特点密不可分。如孤独、抑郁、内向、敏感及约束能力差、渴望成功的青少年较其他青少年更容易受到网络的吸引和影响。有研究表明，患有抑郁症的青少年，以及具有敏感警觉、缺乏社交能力、孤僻等人格特质的青少年更易受到网络的吸引（张延赤、张治华，王建国等，2009）。其次，青少年时期特殊的心理需求与网络的独特属性共同催生青少年网络成瘾。随着青少年身心逐渐走向成熟，其自我意识逐步增强，渴望独立自主却又无法完全脱离对于父母的依赖，渴望得到认同与理解又不愿意去理解别人在现实中的处境，同时其思维活跃、好奇心强，有着独特的心理需求，强烈的交往需求、尊重需求以及自我实现需求。网络交互性、虚拟性的特点正好为青少年提供了良好的与人交往的平台。调查研究表明，青少年中一半以上的网络行为出于无聊寂寞，而网络交友的原因则是可以倾诉内心的苦闷与压抑（颜卫东，2014；周茜，2014）。因此，当青少年需求无法在现实生活中得到满足时，就会以网络游戏、网络聊天及网络交友等形式去寻求自身需求的满足，久而久之极易导致网络沉迷。最后，青少年认知局限性的影响。青少年尚未完全进入社会，人生阅历尚浅，一旦他们进入网络获得积极的体验，就可能发生对网络不恰当的、错误的认知。戴维斯（Davis，2001）的"非适应性认知—行为理论"模型认为个体的认知是网络成瘾的核心因素，如果青少年认为"与现实相比在网络中能得到更多尊重""使用网络能解决现实中无法解决的烦恼"，那么他就更容易网络成瘾。可见，青少年在认知上的局限性也可能会成为青少年网络成瘾的重要原因。

三、青少年网络成瘾的预防与治疗

网络成瘾的预防与治疗并不是一蹴而就的，而是一个长期的、系统的工作，需要社会、家庭、学校的共同配合，才能收到较好的效果。

（一）青少年网络成瘾的预防

首先，学校要寓预防于教育之中，正确引导学生使用网络。作为主要教育场所的学校要真正重视青少年网络成瘾问题，而不是限于形式。学校可以开展与网络成瘾相关的专题活动，使他们正确认识学习、生活中的压力，增强青少年对网络成瘾的免疫力；还要多开展丰富多彩的校园活动，吸引青少年选择自己感兴趣的活动前往参加，引导青少年从虚拟的网络中走出来。另外，绝大部分学校都配有心理咨询中心，学校应创造条件充分发挥这些专业机构和专业人才的作用。

其次，青少年网络成瘾家庭预防应以正确沟通为主。很多家长在面对孩子玩手机时通常是以劝说、打骂等消极方式对待，但往往是无用功。面对孩子的网络迷恋行为，父母应冷静对待，真诚平等地与之沟通交流，倾听孩子的心声，真正了解其内心需求，对其说明网络成瘾的危害，使其自觉控制自己对网络的高度依赖与使用。另外，父母应该明白戒除网络的不合理使用是一个渐进的过程，当孩子表现出进步时父母应给予鼓励。再者，身教重于言传，父母应以身作则，合理管理自己的网上娱乐时间，这样才能有效预防青少年网络成瘾。

最后，预防网络成瘾需要青少年自身的努力。青少年作为网络成瘾的主体，其自身努力对于预防成瘾非常关键。青少年应提高辨别能力，摒弃各种对身心发展有不良影响的信息。青少年应正确认识自我，遇到挫折时要冷静下来思考失败的原因，而不是逃避现实，用网络来弥补自己的失败感（王艳、刘云影，2010）。另外，在网络世界中，时间的起点和终点的感觉都是被无限延伸的，所以青少年要提高自身时间管理能力，严格限制上网时间，养成理性上网习惯，这样不仅有利于预防网络成瘾，还有利于青少年自控力的提高（李志红，2013）。

无论是哪一种预防方法，都要以尊重青少年为前提，要绝对禁止对青少年进行言语辱骂等损害个体自尊的行为。

（二）青少年网络成瘾的治疗

对已然处于成瘾阶段的青少年，则需要针对性地采取一些行之有效的治疗方法。具体来说，有以下几种。

第一，认知行为疗法。认知行为疗法主要通过改变来访者不合理的信念和思维方式来改变其对人对事的错误认知，进而达到矫正患者不适行为的心理治疗方法。如 Davis（2001）认为网络成瘾的认知行为疗法可以经过定向、规则、等级、认知重组、离线社会化、整合以及通告等七阶段，在明确来访者网络成瘾认知成瘾的基础上，循序渐进地矫正他们错误的思维方式，帮助他们形成健康的适宜的网络行为。

第二，精神分析法。精神分析是一种"以领悟取代压抑的方法"。即要通过心理分析，将压抑在网络成瘾青少年内心深处的冲突和痛苦释放出来，使其深刻意识到自身过度或病态使用互联网的原因，并在心理分析师的适当引导下自行放弃不健康的上网行为（黄涛，2015）。

第三，多家庭团体干预法。以家庭治疗理论为基础，将多个网络成瘾青少年家庭组织在一起，以亲子沟通和亲子关系的建立为主要内容，共同讨论网络成瘾的解决方案，各家庭之间相互学习、相互支持、取长补短，试图通过优化家庭互动、改善亲子关系来有效减少青少年病态网络使用时间，达到治疗的目的（方晓义等，2015）。

第四，系统脱敏疗法。采用系统脱敏方法，循序渐进地实现网瘾青少年对各种网络成瘾环境的脱敏，并同时辅以健康网络使用观的培育，直至网瘾青少年在所有环境中都能自如控制自身的上网行为，有效降低其对网络的依赖程度（汤珺、王晶、向东方、张淑芳、张尧，2017）。

第五，有计划的日常生活管理对治疗青少年网络成瘾也有一定效果。如坚持将上网放到其他重要事件之后执行；通过一定的方法（如设置闹钟）强行叫停自己的上网行为；制作警醒卡，写上网络成瘾的诸多弊端，时刻提醒自己停止不必要的上网行为；通过列出事情的优先顺序，恰当安排活动日程表，提醒自己不要因上网而耽误其他事情等。这些措施虽不能立竿见影，但如能长期坚持，也可助益青少年网络成瘾的革除。

第三节　网络信息传播与青少年色情成瘾

在网络成瘾中，存在着一种色情成瘾行为。这种成瘾行为为青少年带来极大的生理以及心理损害，导致青少年道德观念沦丧，这种危害还可能延续到现实世界中，破坏成瘾者家庭乃至社会的和谐、稳定。

一、网络色情的概念与分类

关于色情一词，国内外的许多学者从不同角度对其进行了不同的阐释。《中国女性百科全书》中对色情一词的解释是淫秽的文学、艺术、电影或实物以及与此对应的性道德观与情趣。对于网络色情的界定，学界目前仍存在较大分歧。肖内西等（Shaughnessy et al.，2011）认为网络色情是一个可供人们实时分享有关性活动、性幻想及性欲望的网络系统，该概念着重强调了色情内容在网络中的传播特性；琼斯和塔特尔（Jones & Tuttle，2012）则将网络色情界定为互联网上所有与性有关的行为与活动，这一界定方法有将健康的性教育内容纳入到网络色情范畴的嫌疑，不过却扩大了网络色情外延，值得商榷。国内学者则认为网络色情具有以下四个特征（徐柱，2005），即以互联网为传播手段；内容带有色情性质；与道德和法律规范相悖，具有社会危害性；以盈利为目的。

关于网络色情的分类，不同国家也不尽相同。我国学者陈龙鑫将网络色情的表现形式分为六种（陈龙鑫，2010）：色情图片，是当前网络中最普遍，也是最易获得的类型，常由色情网站的建设者或使用者上传，供色情网站使用者浏览或下载；色情文本，多见于色情网站，散见于 BBS 论坛，常带有一定情节，内容多较为露骨；色情视频，是存在于网络中的能激起网民性欲望的影视作品或小视频，常无实质情节，近年来由于网络技术的发展，正逐渐成为网络色情的主要形式之一；网络色情互动，如网络色情交谈、视频互动及色情游戏等，由于其存在实质性的交流，参与者的性体验也更丰富，因此也更具吸引力；网络色情买卖，该形式因网络交易便利性而兴起，如通过网络贩卖色情光碟、网络性交易信息、色情用品等即属此类；网络色情中介，即为色情成瘾者提供性需求信息的联络渠道。国外研究者拜尔斯和肖内西（Byers & Shaughnessy，2014）则认为网络色情并非都是有害的，其中也可能包括一些积极因素。据此，他们将网络色情分为三类：不会唤起性冲动的（如以普及性知识、进行性道德教育为目的的相关内容）、单向唤起性冲动的（如色情文本、图片等）及以互动方式唤起性冲动的（如裸聊、色情直播等）。这一分类与琼斯等（Jones et al.，2012）对网络色情的定义一致，即认为健康的性知识传播也属于网络色情，但与国内学者一般认为网络色情带有一定危害性的观点不一致。本书将以国内学者提法为基础对网络色情相关内容展开论述。

二、青少年网络色情成瘾的内涵及测量

（一）网络色情成瘾的内涵

所谓网络色情成瘾是指沉溺于性爱空间、色情网站、色情聊天室、参加色情活动的行为。对于网络成瘾者而言，网络色情行为是其生活的重心，他们总是希望通过网络色情信息唤起性欲和得到性满足。此外，网络色情行为也是网络色情心理发展的较高级阶段。根据卡瓦格兰（Cavaglion，2019）的研究，网络色情成瘾者的心理行为往往具有以下基本特征：①沉迷于网络色情行为不能自拔；②网络色情行为几乎是他们应对压力和缓解不良情绪的唯一手段；③对网络色情信息耐受性越来越高，要获得情绪上的解脱感，必须不断寻求越来越多、越来越新奇的网络色情行为；④会出现戒断症状，外部环境无法满足其从事网络色情行为时，会产生生理和心理的严重不适；⑤网络色情活动常引发

其自身内心冲突以及与周围人群的冲突，严重者更会对其学习、工作和生活产生重大影响。

（二）网络色情成瘾的测量

网络成瘾作为一种新的疾病受到国内外学者的广泛关注，许多学者制定了量表和标准来判定网络成瘾，但这些量表无法了解个体具体是哪一种网络成瘾。目前国内外也有学者编制了特定类型网络成瘾量表，但主要集中于网络游戏成瘾，对网络色情成瘾的测量工具较少（苏文亮、章之韵、林小燕、方晓义，2014）。国外具有代表性的量表主要有卡里克曼（Kalichman）色情成瘾量表和Wery等的网络色情成瘾测试。卡里克曼色情成瘾量表共10个项目，主要测查网络成瘾者的成瘾强度及受困扰程度；库珀、德尔莫尼科和布尔格（Cooper，Delmonico，& Burg，2000）认为凡符合卡里克曼色情成瘾量表诊断标准，且每周沉迷网络色情时间超过11个小时的可诊断为网络色情成瘾。网络色情成瘾测试由韦里和比利奥克斯（Wery & Billieux，2017）等人编制，共12个项目，包括控制力缺失和渴求两个因子，采用5分制计分法，分数越高，网络色情成瘾越严重。

三、青少年网络色情成瘾的成因

青少年网络色情成瘾多表现在浏览色情网站、下载色情文字视频资料、参与虚拟色情活动及网络色情犯罪等方面。青少年网络色情成瘾的原因主要表现在以下五个方面。

其一，网络属性使然。网络上存在大量不间断开放的成人网站；上网费用低廉、上网方便快捷使得青少年可轻松享受免费的"性"；网络环境下的匿名性使人与人间的交往更加开放和坦诚，可开启并加速亲密关系的建立，进而加速网络性关系的产生。此外，匿名的身份使得网络色情成瘾者可以安逸地将在现实社会中备受压抑的性欲唤醒并毫无忌惮地表达出来；同时，以匿名的身份在网络上表现出截然不同于现实生活的人格特征也是网络色情成瘾者逃避现实困境的一种途径（Young，Cooper，Griffin-Shelley，O'Mara，& Buchanan，2000）。正是这种网络的易接近性、可负担性和匿名性导致了人们对网络性行为的特别偏爱（Cooper & Sportolari，1997），大大提高了人们色情成瘾的风险。

其二，网络色情能满足青少年的某些心理需要。随着年龄的增长，青少年对异性的好奇和渴望心理大大增强，对性体验的需求十分强烈。然而，由于当代青少年的学习压力及生活压力，其在婚姻上的性体验远远迟于性心理与性生理的成熟，而网络色情心理则满足了青少年对于性冲动的需求。因而，青少年出于生理补偿的需要接触网络色情网站，排解压力与苦闷。此外，青少年对于外部世界有着极强的求知欲和探索欲，正常娱乐的需求对其吸引力不足。但青少年还处于心理未完全成熟、人生观与世界观还未形成的关键时期，因此在强大的学习压力与心理压力下，许多青少年选择通过色情网站排解压力，满足娱乐需求。

其三，腐朽价值观的冲击。在全球一体化的今天，我国社会的发展正处于全面转型时期，西方价值观无孔不入，给我国传统价值观造成了很大冲击，价值观尚未成型的青少年更是如此。因此，当代青少年更容易陷入西方价值观与我国传统价值观的强烈冲突中，更容易被西方包括享乐主义在内的各种消极思潮所俘获，更看重感官刺激及本能欲望的满足，以致"一夜情"等有违伦理道德的事物也会成为某些年轻人迷恋的对象。在这样的氛围下，青少年在面对色情诱惑时更容易放松警惕，加之网络色情资源获取的便利性及个别青少年意志力不够坚定，就难免有一些青少年失去抵抗力，一旦接触便一发不可收拾，迅速发展成为网络色情成瘾。

其四，正常渠道性教育的缺失。青少年生理发育基本接近成年人，性发育基本成熟，他们迫切地想要了解这方面的知识。但是，我国传统文化一向对"性"讳莫如深，长辈与晚辈之间更是极少谈及此类话题，学校则迫于升学压力而无暇顾及。因此，无论家庭教育还是学校教育，对孩子的青春期性教育都重视不够，有的几乎处于空白状态。在这种情况下，由于无法从正常渠道获取性知识，许多青少年就只有通过色情网站等非正常渠道去了解，而色情网站中绘声绘色的视频、露骨的图片、煽情的文字描写无疑对血气方刚的青少年充满无限诱惑，加之我国学校德育中性道德教育的缺失，不仅会使部分青少年沉溺其中，甚至会让青少年走上性犯罪的道路。

其五，网络行业监管不足。国家虽然明确禁止网络色情信息的传播，但网络具有即时性、虚拟性和隐秘性等特点，网络色情大量泛滥，给实际审查带来了较大的难度。从未成年人接触网络色情途径的调查数据来看（李守良，2017），浏览网络时自动跳出色情信息的占55.6%，垃圾短信提供色情链接的占15%，可见绝大多数青少年是被动接触网络色情信息的，这在一定程度上说明我国对网络色情信息监管力度尚有待提高。而这种监管的缺失，在客观上纵容了网络色情的传播，这对自控力不强的青少年来说无疑是一个冲击力不小的诱因，终难避免部分青少年陷入色情成瘾的泥潭。

四、青少年网络色情成瘾行为的预防与矫正

网络为我们的生活增添了许多色彩，但网上淫秽信息却严重危害了青少年的身心健康。调查显示，34%的美国青少年曾有意接触过网络色情信息（Wolak, Mitchell, & Finkelhor，2007）；56.8%的中国大学生浏览过网络色情信息（袁大中，2004）。可见，网络色情信息对青少年影响之大。网络色情对于个体具有积极影响和消极影响两方面。其中，网络色情虽在一定程度上能缓解青少年压力、增加青少年性知识，但其主要影响还是消极、有害的。比如，长期沉溺于网络色情会让个体产生抑郁、焦虑以及压力，此外还会表现出对家庭与学校的严重疏离以及网络成瘾等负面影响。因此，网络色情的消极影响远远大于积极影响，我们要及时对网络色情行为进行预防和干预。

（一）青少年网络色情成瘾的预防

第一，要建立良好的网络环境。当前，互联网上的色情网站数量达420万，占所有网站的12%（胡凯等，2013）。这种庞大的有害信息网站对青少年产生了极强的负面作用。因此，相关部门必须采取措施净化网络环境，加大对网络色情网站的治理力度。具体可从以下几个方面入手。建立健全针对网络色情传播的法律制度，从根本上对网络色情的传播进行有效遏制；建立网络实名和网络分级制度，更好地监督网络色情信息状况，更好地对相关责任人进行事后追责，从而有效减少甚至杜绝色情信息的传播（李守良，2017）；加强对网络色情的监督与打击力度，网络色情监管部门要严格执法、违法必究；网络信息传播者与自媒体行业应增强道德自律，增强对青少年正确引导和服务的社会责任感，不通过制作色情网页和传播色情信息来牟利，自觉实施有效的监管，规范网络经营行为；网吧营业者要有社会责任感与道德感，禁止未成年人上网，不传播色情信息或通过色情网页吸引未成年人上网。

第二，学校要规范开展性教育。中国的学校教育受中国传统文化的影响，性教育与性知识一直徘徊于青少年学校教育的边缘，而缺乏科学规范的性教育也是青少年接触网络色情信息的重要原因之一。因此，在学校中，应加入包括性生理、性心理、性道德与性法律等知识在内的科学规范的性教育内容。同时在学校开展形式多样的性教育。例如，可通过在高校中设置专门的性教育选修课，向青少年传授性知识；又如，可通过学校的德育网站、教学网站等正规网站对性教育知识进行传播，在培养青少年性知识的同时，对青少年的性道德进行培养。

第三，要加强对青少年的心理辅导。对于沉迷于色情网站，甚至已网络色情成瘾的青少年，应加强心理辅导。具体而言，要遵循青少年心理发展特点，

结合网络色情的独特之处，针对性地对青少年色情心理开展辅导，纠正其错误价值观，科学分散其注意力，引导其进行体育锻炼，自觉抵制网络色情的腐蚀。在此过程中，还要充分发挥学校和社区心理辅导与咨询机构的作用，积极组织心理专家，采用科学的技术和方法，因地制宜地做好青少年的网络色情心理的咨询、辅导、调适乃至矫正工作。

第四，开展网络文化活动。青少年之所以在网络虚拟世界中流连忘返，与其现实生活中的无聊和空虚有着很大关系，因此学校应充分发挥网络的媒介作用，在网络上开展丰富多彩的素质教育活动，并将网络上的活动与现实中的活动有机结合起来，开展丰富多彩的校园文化活动，充实青少年的业余生活。例如，可在网络上开辟青少年感兴趣的网络论坛；在网络上开展网上团学活动；加强网络校园文化建设；等等。

第五，提高家庭的辅助作用。性教育是家庭教育的重要部分，但大多父母受传统思想的影响往往"谈性色变"，不愿意在孩子面前谈及性，造成许多青少年性知识的空白。有研究发现，亲子沟通水平越高，青少年网络色情行为就会越少（Meschg，2008）。所以家长要正确面对孩子对性的好奇心，并给予孩子科学适当的性启蒙、性道德教育及性安全指导，避免他们上网搜索刺激性强的、淫秽的、有违伦理道德的性信息，预防其网络色情成瘾。

（二）青少年网络色情成瘾的矫正

对青少年网络色情心理的矫正治疗也很重要，目前，对网络色情成瘾的治疗方法有以下几种。一是行为疗法。普特南（Putnam，2000）提出可利用强化原理治疗网络色情成瘾，使习惯成瘾行为反射得以消退。他指出行为疗法的关键在于要通过一系列手段（如系统脱敏、防松训练等）帮助网络色情成瘾青少年缓解或消除因性紧张和其他因素带来的焦虑、压抑等消极情绪，以重建其健康的性关系和性态度。二是接受承诺疗法。研究人员提出可用接受承诺疗法治疗网络色情成瘾（Twohig & Crosby，2010）。接受承诺疗法即聚焦青少年的内心经历，通过接纳、正念、情境化自我、明确价值和承诺行动等灵活多样的治疗技术，增强网络色情成瘾者的心理灵活性，使其将更多经历投入到有价值、有意义的事情上去，进而逐渐放弃网络色情成瘾行为。三是在线支持，即以网络为平台，向青少年提供帮助资源，通过个案辅导技术来减少网络色情成瘾青少年的羞耻感，重建其自尊（贺金波、李兵兵、郭永玉、江光荣，2010），进而增强其解决问题的信心，达到助人自助的目的。四是艺术疗法，齐京生（2006）认为，可以引导网络成瘾青少年多参加绘画、舞台剧、书法等艺术活动，转移自身注意力，以积极向上的生活情趣来对抗网络色情成瘾的羁绊纠缠。五是动机访谈疗法。这种方法最初是用来治疗物质成瘾，但研究发现它对网络色情成瘾的治疗也有帮助（Matthew & Kutinsky 2007）。动机访谈疗法是以当事人为中心，通过治疗者与当事人建立积极的治疗关系同盟使当事人找回自我实现的潜力，改变自己的错误认知。动机访谈疗法的治疗技术包括反馈性倾听、积极肯定等。此外还可以通过叙事、潜能激发的方式去发现青少年受到的压制，从其抗争中激发梦想力、行动力、创造力，最终戒除网络色情成瘾，实现自我发展（刘斌志、赵茜，2019）。

参考文献

[1] Brenner, V. The first 90 days of the internet usage survey[J]. Psychological Reports, 1997, 80 (11): 879-882.

[2] Byers, E.S., & Shaughnessy, K. Attitudes toward Online Sexual Activities[J]. Cyberpsychology: Journal of psychosocial Research on Cyberspace, 2014, 8(1): 1-20.

[3] Cavaglion，G. Cyber-porn dependence: Voices of distress in an Italian internet self-help community[J]. Ment Health Addiction, 2009(7): 295-310.

[4] Cooper, A., Delmonico, D., & Burg, R. Cybersex users, abusers, and compulsives: New findings and implications[J]. Sexual Addiction and Compulsivity, 2000(7): 5-29.

[5] Cooper, A., & Sportolari, L. Romance and Cyberspace: Understanding Online Attraction[J]. Journal of Sex Education and Therapy , 1997(22): 7-14.

[6] Davis, R.A. A cognitive- behavioral model of pathological Internet use[J]. Computers in Human Behavior, 2001, 17(2): 187-195.

[7] Davis, R. A., Flett, G. L., & Besser, A. Validation of a new scale for measuring problematic internet use: implications for pre-employment screening[J]. Cyberpsychology & Behavior, 2002, 5(4): 331-345.

[8] Govitrapong, P., Suttitum, T., Kotchabhakdi, N., & Uneklabh, T. Alterations of immune functions in heroin addicts and heroin withdrawal subjects[J]. Journal of Pharmacology & Experimental Therapeutics, 1998, 286(2): 883-889.

[9]　Griffiths, M.D. Does internet and computer "addiction" exist? Some case study evidence[J]. Cyberpsychology & Behavior, 2000, 3(2): 211-218.

[10] Jones, K.E., & Tuttle, A.E. Clinical and ethical considerations for the treatment of cybersex addiction for marriage and family therapists[J]. Journal of Couple and Relationship Therapy, 2012, 11(4): 274-290.

[11] Matthew, J., & Kutinsky, J.D. Applying motivational interviewing to the treatment of sexual compulsivity and addiction[J]. Sexual Addiction and Compulsivity, 2007(14), 303-319.

[12] Meschg, S. Social bonds and internet pornographic exposure among adolescents[J]. Adolesc, 2008, 32 (3): 601-618.

[13] Morahan-Martin, J., & Schumacher, P. Incidence and Correlates of Pathological Internet Use[J]. Computers in Human Behavior, 2000(16): 13-29.

[14] Putnam, D.E. Initiation and maintenance of online sexual compulsivity: Implications for assessment and treatment[J]. Cyberpsychology and Behavior, 2000(3): 553-563.

[15] Salehan, M., & Negahban, A. Social networking on smartphones: When mobile phones become addictive[J]. Computers in Human Behavior, 2013, 29(6): 2632–2639.

[16] Shaughnessy, K., Byers, S., & Thornton, S. J. What is cybersex? heterosexual students' definitions[J]. International Journal of Sexual Health, 2011, 23(2): 79-89.

[17] Twohig, M.P, & Crosby, J.M. Acceptance and commitment therapy as a treatment for problematic internet pornography viewing[J]. Behavior Therapy, 2010, 41(3): 285-295.

[18] Wery, A., & Billieux, J. Problematic cybersex: Conceptualization, assessment, and treatment[J]. Addictive Behaviors, 2017, 64: 238-246.

[19] Wolak, J., Mitchell, K., & Finkelhor, D. Unwanted and wanted exposure to online pornography in a national sample of youth internet users[J]. Pediatrics, 2007, 119: 247-2572.

[20] Young, K. S. Internet addiction: The emergence of a new clinical disorder[J]. Cyberpsychology and Behvaior, 1998, 1(3): 237-244.

[21] Young, K., Cooper, A., Griffin -Shelley, E., O' Mara, J., & Buchanan, J. Cybersex

and Infidelity Online: Implications for Evaluation and Treatment[J]. Sexual Addiction and Compulsivity , 2000, 7(1): 59-74.

[22] YoungK, S. What makes on-line usage stimulating: potential explanations for pathological Internet use[M]. The 105th Annual Convention of the American Psychological Association, Chicago, 1997.

[23] 陈剑梅，蒋波 . 网络购物成瘾的临床症状、形成机理与心理干预 [J]. 前沿，2010（3）：177-179.

[24] 陈龙鑫 . 网络色情及其防治研究 [J]. 江西师范大学学报（哲学社会科学版），2010，43（3）：122-126.

[25] 陈梦嘉，周文华 . 甲基苯丙胺成瘾对女性和子代的危害 [J]. 中国药物依赖性杂志，2012，21（5）：328-333.

[26] 陈淑惠 . 我国学生计算机网络沉迷现象之整合研究子计划一：网络沉迷现象的心理病因之初探（2/2）[R]. 行政院国家科学委员会专题研究计划成果报告，1999.

[27] 陈斯妤 . 青少年网络成瘾注意力研究 [D]. 西安：陕西师范大学，2019.

[28] 陈雅静，马瑶，卜利梅，苏少平，张晓花，袁凯，喻大华 . 青少年吸烟成瘾者 Flanker 任务下事件相关电位研究 [J]. 中华行为医学与脑科学杂志，2018，27（1）：56-59.

[29] 邓验 . 青少年网瘾现状及监控机制研究 [D]. 长沙：中南大学，2012.

[30] 方晓义，刘璐，邓林园，刘勤学，苏文亮，兰菁 . 青少年网络成瘾的预防与干预研究 [J]. 心理发展与教育，2015，31（1）：100-107.

[31] 顾庆，盛蕾，马小铭 . 毒品成瘾者运动戒毒方法与康复效果研究进展 [J]. 体育与科学，2019，40（6）：37-45.

[32] 贺金波，李兵兵，郭永玉，江光荣 . 青少年网络色情成瘾研究进展 [J]. 中国临床心理学杂志，2010，18（6）：772-774.

[33] 胡凯，等 . 大学生网络心理健康素质提升研究 [M]. 北京：中国书籍出版社，2013.

[34] 黄吉迎，苏文亮，赵陵波 . 个体化常模反馈干预在青少年网络成瘾预防中的应用 [J]. 中国学校卫生，2019，40（7）：1028-1030.

[35] 黄涛 . 网络成瘾干预研究的文献综述 [J]. 长春教育学院学报，2015，31（12）：132-133.

[36] 建博文 . 青少年网络成瘾的社会工作介入研究：以灵宝市 A 中学为例 [D]. 杨凌：西北农林科技大学，2017.

[37] 姜兆萍,李梦.睡眠质量与大学生心理健康的关系:一个有中介的调节模型 [J].中国特殊教育,2019(11):81-87.

[38] 蒋建国.网购成瘾:商品幻象与循环型自恋 [J].探索与争鸣,2020(3):93-99.

[39] 来泉雄,黄顺森,张彩,唐斌,张美萱,朱成伟,王耘.中小学生手机成瘾与人际关系主观幸福感和学校认同感的关联[J].中国学校卫生,2020,41(4):613-616.

[40] 雷海波.青少年毒品预防教育的创新发展 [J].中国青年社会科学,2018,37(5):107-112.

[41] 雷雳,杨洋.青少年病理性互联网使用量表的编制与验证 [J].心理学报,2007,39(4):688-696.

[42] 李芳,曹瑞.青少年网络成瘾的现状、原因与对策 [J].天津市教科院学报,2008(2):68-71.

[43] 李锐.尼古丁成瘾行为的心理机制研究 [D].西安:陕西师范大学,2012.

[44] 李守良.论网络色情信息对未成年人的危害和治理对策 [J].预防青少年犯罪研究,2017(4):22-28.

[45] 李志红.构建青少年网络成瘾的综合预防体系 [J].浙江青年专修学院院报,2013(1):26-28.

[46] 刘斌志,赵茜.我国青少年网络色情研究的回顾与前瞻 [J].前沿,2019(2):95-104.

[47] 刘昶荣.游戏成瘾也是病 [N].中国青年报,2019-07-26(6).

[48] 刘芳梅.网络成瘾对大学生体质健康的影响及干预对策研究:以广东省高校为例 [J].北京体育大学学报,2016,39(7):108-113.

[49] 刘勤学,杨燕,林悦,余思,周宗奎.智能手机成瘾:概念、测量及影响因素 [J].中国临床心理学杂志,2016,25(1):82-87.

[50] 刘中一.性成瘾研究的再考察 [J].中国性科学,2016,25(11):158-160.

[51] 马俊岭,郭海英,潘燕君.毒品的危害及戒毒方法 [J].淮海医药,2006,28(1):92-94.

[52] 齐京生.帮未成年人戒掉网瘾 [J].德国:小读者,2006(5):38.

[53] 钱铭怡,章晓云,黄峥,张智丰,聂晶.大学生网络关系依赖倾向量表(IRDI)的初步编制 [J].北京大学学报(自然科学版),2007,42(6):802-807.

[54] 苏文亮,章之韵,林小燕,方晓义.国内外网络成瘾量表的编制现状 [J].中国健康心理学杂志,2014,22(5):785-790.

[55] 孙力菁，罗春燕，周月芳，张喆，乐贵珍.上海市中学生抑郁症状和网络成瘾行为的相关性 [J].中国学校卫生，2019，40（3）：445-447.

[56] 汤珺，王晶，向东方，张淑芳，张尧.替代递减疗法在青少年网络成瘾干预中的应用效果 [J].中国学校卫生，2017，38（2）：228-230.

[57] 陶宏开.孩子都有向上的心 [M].长沙：湖南人民出版社，2005.

[58] 陶然，黄秀琴，王吉囡，刘彩谊，张惠敏，肖利军，姚淑敏.网络成瘾临床诊断标准的制定 [J].解放军医学杂志，2008，33（10）：1188-1191.

[59] 万晶晶，李前奔，李大威.大学生网络关系成瘾的个体相关因素研究 [J].绿色科技，2017（21）：190-193.

[60] 王建国，张国富，祁富生，刘素芳，余志中，徐彩霞.青少年网络成瘾的影响因素分析 [J].中国健康心理学杂志，2009，17（2）：187-188.

[61] 王平，孙继红，王亚格.大学生手机成瘾与孤独感、父母教养方式的关系研究 [J].当代教育科学，2015（1）：56-58.

[62] 王若晗，东宇，谭荣英，吴梦晓，花蓉，庄淑梅.青少年网络成瘾倾向与家庭环境的关系研究 [J].护理研究，2019，33（11）：1832-1836.

[63] 王卫媛.性瘾：西方的研究与中国的调查 [J].北京：北京林业大学，2014.

[64] 王艳，刘云影.高职院校学生网络成瘾的预防方法及对策研究 [J].科技创新导报，2010（36）：146.

[65] 熊锦林.湖南省中小学生网络成瘾流行病学特点 [D].长沙：中南大学，2008.

[66] 徐帅，罗晓云，杜晓华，黄文华.戒毒治疗方法应用比较 [J].中国公共卫生，2009，25（7）：792-793.

[67] 徐柱.论网络犯罪及其预防 [D].长春：吉林大学，2005.

[68] 许珂.基于度中心度及功能连接评价尼古丁依赖者的静息态 fMRI 研究 [D].郑州：郑州大学，2019.

[69] 颜卫东.大学生网络心理问题及教育对策研究 [D].青岛：中国海洋大学，2014.

[70] 业绪华，毛诚著.浅析大学生网络购物成瘾原因及对策 [J].中小企业管理与科技（下旬刊），2011（10）：229-230.

[71] 袁大中.大学生网络色情行为及网络色情成瘾探讨 [D].长沙：湖南师范大学，2004.

[72] 查震球，何玉琢，徐伟，陈叶纪，刘心勇，刘志荣，叶冬青.吸烟对慢性阻塞性肺疾病及呼吸道症状的影响 [J].中华疾病控制杂志，2020，24（1）：46-51.

[73] 张瑞星，沈键.医学心理学 [M].上海：同济大学出版社，2015.

[74] 张延赤，张治华.100 例青少年网络成瘾者相关因素分析 [J].中国医疗前沿，2007，23（2）：107-108.

[75] 张志松，李福华.大学生网络成瘾现状调查 [J].教师教育研究，2011，23（2）：44-48.

[76] 中国青少年网络协会.中国青少年网瘾数据报告 [R].2005.

[77] 周立民.毒品预防课程视频教学设计与评价：以一部纪实片和动画片为例 [J].齐齐哈尔师范高等专科学校学报，2019（4）：136-138.

[78] 周茜.网络文化对大学生生活方式的影响及对策研究 [D].南京：南京邮电大学，2014.

[79] 庄海红.北京军区总医院推出《网络成瘾临床诊断标准》[N].解放军报.2008-11-18（2）.

[80] 佐斌，马红宇.青少年网络游戏成瘾的现状研究：基于十省市的调查与分析 [J].华中师范大学学报（人文社会科学版），2010：49（4）：117-122.

第七章　网络信息传播与青少年人际关系

第一节　网络信息传播背景下人际交往概述

人际关系是指个体同任何他人或团体构建的多种多样的联系。网络的发展将天涯变为咫尺，在现实社会中，互不相识的两人在网络上可能成为知心的朋友。网络彻底改变了青少年人际交往的手段、方式，对青少年人际关系的形成产生了深远影响。

一、人际关系与人际交往

人际关系是人与人之间在交往过程中产生和发展的心理关系（林崇德、杨治良、黄希庭，2003），涉及认知、情感、行为三个方面，渗透于社会关系的各个方面，受社会关系的制约。美国社会心理学家舒兹（Schtuz，1958）认为人际关系的质量取决于以下三类需求的满足程度，即包容的需求、支配的需求和情感的需求，人际关系的好坏反映了彼此心理需求的满足程度，当双方需求得到满足时就容易缩短心理距离从而建立良好的关系。人际关系按照不同标准，可以分为不同的类型。例如，根据不同的人际关系主体，可将青少年人际关系分为师生关系、同伴关系、亲子关系、恋爱关系；按照层次和发展水平进行分类，可分为低层次、低水平的人际关系，中等层次、一般水平的人际关系，高层次、高水平的人际关系；按照对他人的需求进行分类，可分为主动性与被动性人际关系，等等。

人际交往是人际关系形成的前提，或者说人际关系是在人际交往过程中形成的。要研究人际关系，就必须研究人际交往。所谓人际交往就是人们在共同活动中，为了寻求需要、满足需要从而建立起来的相互间的一种互动交流过程。按照不同标准划分，人际交往可分为不同的类型。如以人际交往的作用为标准（张亚杰，2019），可以分为正面交往（积极交往）和负面交往（消极交往）；以人际交往的方式为标准，可将人际交往划分为直接交往（以面对面交往为主要形式）和间接交往（借助文字或通信工具进行交往）；以人际交往发生的场域为标准，可将人际交往划分为线下人际交往（现实生活中的人际交往）和线上人际交往（在网络环境中进行的人际交往，又称网络人际交往），等等。

人际关系和人际交往对个体的生活、工作，以及对群体、组织、社会有深刻影响，好的人际关系（交往）有助于人们获得尊重、信任和支持，能提高群体的凝聚力；失调的人际关系（交往）则有损身心健康。

二、网络人际交往

网络人际交往是以现代计算机技术、通信技术、传媒技术等数字化信息交流系统为基础的人际交往（胡凯，等，2013），即人们以网络通信技术为基础条件，通过数字化信息进行各种信息交流，得以实现个体与个体之间、个体与群体之间、群体与群体之间的信息、情感、物质的交流的活动（夏俊，2003）。从这一概念中可以看出，网络人际交往是一种以计算机、手机等为工具，以QQ、微信、微博、博客、贴吧、电子邮件等社交互动软件为中介，借由网络终端的数字、虚拟、平等、自由特点发展而来的人际交往模式。

网络人际交往是一种间接交往，不受时间、空间等交往场景的限制，以人与人之间的个体关系来看，网络人际交往又可分为三类。一是发生在熟人之间的网络交往，这种类型中，人际交往的双方之间的关系建立在现实生活中的实际关系之上，交往的双方可能存在家庭关系、朋友关系或工作关系等，但地理位置相距较远，不得不采用线上交往方式进行联系和互动。二是发生在网民与网民之间的网络交往，即两个或多个最初完全不相识的个体通过网络结识而展开的交往活动。三是发生在现实中的特殊个体之间的网络交往，在现实社会中，有的个体之间距离很近，但是也选择通过网络进行交往。例如，因业务关系需要虽在现实生活中的地理位置很近，但考虑到网络交往的便捷性、交流记录保留性、异步性等特点，还是选择通过网络进行交往。实际上，随着社交网站的兴起，网络人际交往之间的关系也越来越复杂、越来越灵活，线上（网络）交往和线下交往可并行，可交叉也可相互转化。此外，从网络人际交往的动机来看，网络人际交往还可分为时尚娱乐型交往、学习工作型交往、情感求同型交往，等等（陈志霞，2000）。

网络人际交往的方式主要有即时通信、电子邮件、聊天室、博客、社交网站、论坛或 BBS、网络游戏等。其中，即时通信的网络人际交往方式常借助微信、QQ 等即时通信工具来实现；电子邮件则是较早在网络人际交往中应用的交流方式，人们可以通过电子邮件实现信息交互、文件网络传输；聊天室是在网络人际交往中较早出现的一种在线交流方式，是群聊模式的前身，其将多个个体集中到一个小范围之中，实现文本、图片、语音、视频等不同形式的交流；社交网站既包括人人网、开心网等互联网信息技术早期的、以社交为性质的网站，也包括今天的微信朋友圈、QQ 空间等社交平台；博客与微博是集社交平台与信息发布平台于一体的综合性平台；论坛、BBS 和贴吧等则是一种交互性强、内容丰富、即时性特色明显的平台，网民可在平台上获得各种信息服务，同时能自主发布信息，进行聊天或讨论；网络游戏平台在为用户提供游戏娱乐的同时，也为用户营造了一个与众不同的人际交往空间。

网络人际交往对个体身心发展同样有着重要的影响。研究显示（覃江霞、姜永志，2020），网络人际交往中，个体常常通过对个人资料的设置、在线互联对象的选择，以及对在线互动过程的控制来提高个体自尊。还有研究（孔芳，2010）发现，网络交往在促进和维持现实生活中人际关系的同时，还可与陌生人在网络上建立开放性的人际关系，有助于个体获得大量、高效的信息支持，进而降低个体的抑郁水平和孤独感。但网络人际交往对于个体的心理健康也存在一定的消极影响。比如，网络人际交往给个体呈现的是片面化、感情化的信息，个体容易被动接受他人的观点，丧失独立思考的能力（孙洪静，2015）；再如网络人际交往主要是符号交流，不利于人际交往技能的提高，有研究表明，过度沉溺于网络交往的个体会出现语言能力差、现实交往表现较生硬、缺乏感知他人情绪的能力等问题，进而在人际交往中无所适从，产生社交退缩（余玉婷、王萍，2019）。

三、青少年网络人际交往的特点

网络空间为青少年的人际关系发展提供了新的平台，据研究发现，青少年网民中 90% 以上的人热衷于网络交友（雷雳、张雷，2003）。青少年网络人际交往首先是一种线上的人际交往，因此它也具备一般网络人际交往的特点，如交往内容丰富，交往形式手段多样，交流即时、高效，交流主体虚实并存，交往空间开放自由，人际沟通的弱联系性，等等。但青少年群体由于其生理和心理发展的特殊性，在网络人际交往方面也必然表现出一些区别于一般个体的独有特点。比如，他们在网络人际交往中较一般个体更追求平等、互利，更理想化，交往目的和范围也更简单和稳定。除此之外，我国青少年网络人际交往还表现出了以下具体特点。

第一，青少年网络人际交往的目的呈现多样性，但以情感表达为主。以大学生为例，调查显示（胡江、徐金诚、薛信宇，2019），网络交往目的为与亲人、朋友取得联系的大学生占 75.25%，希望能结交更多朋友的大学生占 47.26%，利用网络社交休闲娱乐的大学生占 60.97%，希望在网络交往中宣泄不良情绪的占 41.44%。由此可见，大学生主要将网络交往视为情感表达的途径，希望从中得到宣泄和社会支持。

第二，青少年在网络交往中喜欢选择异性作为交往对象（马倩、裴旭，2000）。青少年正处于身体发育时期，会对异性产生好奇和向往，网络正好给他们提供了一个与异性交往的隐秘空间。对 166 名青少年网络使用者的调查数据显示（岑国桢，2005），网络交往中的异性网友约占 3/4，其中男生的异性网友约占 79%，女生的异性网友约占 70%，这些数据也从一个侧面反映了青少年性意识的萌发。

第三，青少年的网络人际交往行为有一定的性别差异。调查显示（解登峰、谢章明，2015），在网络虚拟互动中，青少年男生的活跃程度比女生高，通过网络社会与朋友交往的比例显著高于女性，且交往范围较广，有更多的冒险行为。女生主要通过网络交往强化现有的关系，而男生则更喜欢在网络中结交新朋友。

第四，青少年在网络人际交往中更容易开放自己。"2014 年中国青少年上网行为研究报告"显示：60.1% 的青少年信任网络信息。青少年容易信任网友，将网友当成比现实中的朋友更可靠的人，内心形成与网友更亲密的感觉（孙彩平，2015)，网络环境中"你我不相识""说了也没什么"的想法会使青少年更容易对网络交往对象说出心声，理解体悟网络交往对象的"建议"，将网友当作知己，对网络交往对象投注更多的信任和认同。这在一定程度上与青少年缺乏社会经验、对网络环境认识不深，以及对高质量友谊的强烈憧憬有关。

四、青少年网络人际交往的影响因素

由于视觉线索的缺失，青少年的网络人际交往的影响因素与现实人际交往的影响因素有许多不同，但由于交往主体都是青少年，双方又有一些相似性。本书将从青少年自身特性和网络交往中的互动过程两个方面来阐述其对青少年网络人际交往的影响。

从网络交往的主体来看，网络人际交往的影响因素主要包括两种。一是以交往对象为中心，交往对象的性别、年龄等因素会影响青少年的网络人际交往。青少年正处于性意识发展的时期，对异性交往充满了渴求和期待，而网络给青少年的人际交往提供了更多的自主性和私密性，这种异性交往需求在网络中得到了巨大的满足。当青少年在网络中与异性交往时，他们出于对异性的期待和社会期望，男生可能表现得更加有绅士风度，女生可能表现得更加温柔，以获得交往对象的青睐。网友的年龄则可能对青少年的交友态度产生影响。青少年长期处于家长和老师的约束中，久之就会逐渐形成对成年人或长辈的刻板印象，在网络这个无拘无束的空间中，也有意无意地会对这一群体产生一定抵触情绪，而更愿意与同辈群体进行交流，这是因为年龄相仿的人拥有相似的经历、价值观、感受等，青少年在交往中能获得更多认同，在网络中同样如此。二是以交往主体为中心，自身的内在性格、外在特征也会在一定程度上发挥作用。调查显示（生龙曲珍、刘畅，2020），性格是影响青少年网络人际交往的重要因素。性格内向的青少年在社交软件中会感觉比较自在，能感受到更多的安全感，他们有更多的人际交往行为；而性格外向的青少年在现实生活中往往有较丰富的人际关系，相比之下则不是太热衷于网络交友，但一旦参与其中则比性格内向的青少年更为活跃。再者，青少年的网络人际交往范围脱离不了现实层面，比如学习成绩优秀或是外貌特征受欢迎的青少年的网络人际交往资源可能也更多。

从青少年网络人际交往的互动过程来看，最主要的影响因素也有两个。一是网络语言的使用。青少年因好奇心强、对新事物较敏感、接受能力高，对网络流行语和表情包使用较多，这两种符号在网络交往中起到了表达情绪、渲染气氛的作用（代涛涛、佐斌、郭敏仪，2018），更容易被交往对象感受到，进而促进交往双方关系的进一步发展。二是网络身体呈现。前文提到，外貌是影响青少年人际关系的重要因素，这在网络交往中也有所体现。网络交往离不开对昵称、头像等资料的设置，这些就是个体的网络身体（周宗奎，2017）。青少年的社会认知不足，容易将交往对象代入到这些网络身体中，对交往对象产生美好的幻想。比如一位男生使用了一张女生的头像，青少年可能误以为他是与自己年龄相仿的女生，那么交往行为则会随之发生变化。

五、网络信息传播背景下青少年人际交往调适策略

众所周知，人际交往应本着平等待人、诚实守信、宽容谦逊、尊重理解、互助互利的原则，切忌有社交自卑感、猜疑甚至报复心理，唯有如此，才能构建和谐的人际关系。然而，网络环境较现实生活环境更复杂、更不可控，网络信息传播背景下青少年人际交往也因此而呈现出诸多问题。这种情况下，除了要遵循一般人际交往基本原则之外，网络信息传播背景下青少年人际交往的调适还应紧扣其鲜明的"网络"特色。具体可通过以下几点实现。

其一，社会要净化网络环境，为青少年人际活动健康发展保驾护航。首先，加快推进网络实名制。网络实名制，不仅可以避免因网络的匿名性和虚拟性而产生的各种各样的负面影响，规范青少年网络行为和网络人际交往，增强网络社交中主体的可信度，还可加强对青少年长时间上网行为的有效监管，防止青少年出现过分沉迷于网络的情况。其次，完善网络法律法规建设，构建网络道德规范体系。青少年具有单纯、易受外界干扰等特点。当前，一些网络媒体在商业利润的驱使下，存在着大量的新闻炒作、剽窃侵权、有害信息泛滥现象，对青少年的人生观、价值观产生了诸多不良影响，建立健全网络法律法规建设，以及构建网络道德规范，可在一定程度上对青少年的网络交际行为进行保护，避免青少年受到不良网络现象和不良网络信息的影响。最后，营造良好的网络文化氛围。通过加强传播网络的正能量，营造良好的网络文化，引导青少年正确对待网络交往以及网络交往对象，树立积极、正确的网络人际交往观念，减少青少年对于不良网络交往行为的模仿，从而引导青少年构建健康的网络人际交往行为。

其二，学校要加强青少年网络人际交往指导，丰富校园文化娱乐活动。青少年喜欢在社交网站上进行交友活动，学校可通过加强社交网站的建设，为青少年提供线上交流、交际的平台。除此之外，学校还可通过网络安全教育讨论等形式引导青少年正确、健康地使用社交网络，进行和谐的社交。除了网络交际平台的建设和引导外，学校还应丰富校园娱乐活动，通过多样化的校园娱乐实践活动，增加青少年在现实中的交往，将网络交往控制在一定的时长之内，避免青少年因过度上网引发的沉迷网络以及网络上瘾等问题。

其三，家庭要充分尊重青少年网络人际交往需要，适时指导青少年网络人际交往行为。对于家庭而言，一是父母要对青少年的网络交友活动保持尊重，不能一味简单地禁止与限制青少年使用网络及网络交友行为；二是父母要对青少年网络交友行为进行积极引导和监督，做好网络交友中的隐私保护工作，避

免出现被骚扰与伤害的现象；三是父母要现身说法地教给青少年一些网络交往的技巧，告诫他们应在合理合法范围内参与网络人际互动。

其四，青少年要端正网络交往态度，加强网络交往自律。青少年作为网络交往中最重要的主体，应树立"加强社会联系，拓展人际视野，丰富人生阅历，提升自身精神境界"的网络人际交往动机，自觉遵守网络法律法规及网络道德规范，培养良好的自制能力，抵制为满足自身低级趣味的社交网络；要认识到网络只是一种人际交往工具，是现实中人际交往的延伸与拓展，要在网络人际交往中充分利用这一工具为自身服务，而不能被网络所左右，成为网络的俘虏；要学会基本人际关系处理技巧和积极科学的情绪调节方式，能及时、妥善地处理网络人际交往中出现的各种问题，合理宣泄、有效调控网络人际交往中可能出现的情绪困扰；等等。

经由网络人际交往形成的网络人际关系可以表现为网络同伴关系、亲子关系、师生关系、亲密关系等。接下来几节，我们将对网络信息传播与青少年网络人际关系进行详细论述。

第二节　网络信息传播与青少年同伴关系

同伴关系是青少年人际关系中最重要的关系之一，同时也是青少年自我概念和人格发展的重要助推器（胡义青，2008）。网络同伴关系是青少年同伴关系中的重要表现形式之一，对于青少年身心健康发展有着重要作用。

一、同伴关系概述

同伴关系，即指年龄相同或相近的青少年之间共同活动并相互协作的关系，或者说由于年龄相同或相近，因此其个体的心理发展水平也较为相当，在此基础上，个体在交往过程中建立和发展起来的人际关系即称为同伴关系（张文新，1999）。同伴关系是个体一生发展中普遍存在的一种人际关系，个体的同伴包括其同学、闺蜜、知己、室友等。青少年时期，良好的同伴关系能够培养和提升个体的社会认知能力，而不良的同伴关系则会导致个体学习、工作的适应困难以及社会适应不良。

根据不同的标准，同伴关系有不同的划分。如康春花、应晓菲（2009）以同伴提名、友谊质量和社交自我知觉为指标进行聚类分析，发现儿童同伴关系可分为自我知觉型（同伴提名得分低、缺乏亲密友谊、社交自我知觉良好）、良好型（正向提名较多、拥有一对一亲密友谊、社交自我知觉合理）、同伴拒绝型（负向提名较多、较高孤独感、友谊质量得分低）、友谊质量型（同伴提名及自我社交知觉得分较低，但友谊质量得分高）、同伴忽视型（各指标得分均很低）等五类。此外，根据个体的社会接纳水平，还可以将同伴关系分为受欢迎型、一般型、被拒绝型、被忽视型和矛盾型；根据同伴的支持性则可以将同伴关系分为支持性同伴关系和非支持性同伴关系。

青少年同伴关系对于青少年的发展有着重要的影响作用，如同伴关系中的同伴可为青少年成长提供学习模仿的榜样，青少年从中获取他人对自己的评价信息，促进其自我同一性发展；来自同伴的社会支持也有助于青少年在学习和社会实践中做出自我探索，带动其自主性发展；青少年良好的同伴关系则有益于青少年平等观念、健康情感、团结协作精神、鲜明个性的形成，可为青少年未来良好社会关系的建立奠定坚实基础。

实际上，还有不少理论学家对同伴关系的重要作用进行了理论论述。美国社会学家库利（Cooley，1909）提出的首属群体理论认为，父母、邻居、儿童朋友伙伴等幼儿最早加入且接触最为密切的群体，就可以称为幼儿的首属群体。首属群体之间的情感对于青少年的社会化起着重要作用。美国心理学家哈杜普（Hartup，1989）提出的人际关系理论将青少年的人际关系分为垂直和水平两个方向，垂直方向（青少年与长辈间的关系）人际关系可为青少年提供安全保护以及社会支持，引导青少年学习必要的社会知识与技能；水平方向（青少年与同辈或同龄人之间关系）人际关系则可为青少年提供学习经验与技能的交流机会。美国的社会学家米尔斯提出的重要他人理论也认为，随着青少年慢慢成长，在与众多重要他人的关系中，家长、教师对青少年的影响程度会逐渐减弱，而同伴的影响力则会越来越大，呈现出家长—教师—同伴—社会群体的顺序，从中也可看出同伴关系在青少年成长中的重要作用。

二、网络环境对青少年同伴关系的影响

网络环境对青少年同伴关系质量的影响到底是积极的还是消极的，学界目前尚存在分歧。比如，一种观点认为（Kiesler, Siegel, & Mc Guire，1984），与现实中的青少年同伴关系相比，网络环境之中的同伴关系由于多通过文本交流，缺乏声音和个人特征的线索，因此，网络环境中的同伴之间的线上交流质

量远低于线下同伴间的交流质量；而另一种观点（黄一雯，2019）则认为，由于网络的匿名性、虚拟性等特点，反而使得青少年在网络中更容易表达真实的想法，这种高自我表露可以促进同伴之间的亲密感，有利于双方建立较稳定的同伴关系。再如有研究探讨了青少年网络同伴关系对其线下同伴关系的影响，也得出了两种不同的结论。一种结论认为，网络同伴关系对于青少年的线下同伴关系产生的消极作用大于积极影响（李菲菲，2010）。这种观点指出，青少年网络同伴关系的建立多出于志同道合的爱好或志趣，这就容易导致青少年对现实生活中同伴以及家人等其他重要他人的疏远，进而对现实中的线下同伴交往产生不利影响。早期的心理学家多持有这种结论。另一种结论（Peter，Valkenburg, & Schouten，2006）认为，网络同伴关系对于青少年的线下同伴关系有着良好的补益作用。这种结论指出，青少年在网络上的交际行为有利于扩展其社交圈，既增加了与现实中各种关系的交流与互动，也有利于青少年社会交流的加强，对青少年线下同伴关系有重要的补益和促进作用。

类似的研究还有很多，比如，有研究（Peter, Valkenburg, & Schouten，2005；张永欣、杜红芹、丁倩、牛更枫、杨帅，2016）显示，无论是内向还是外向青少年同伴关系的质量都有可能受益于网络环境：网络中性格外向的青少年的自我表露和交流更加频繁，这种行为有利于青少年在网络环境下网络同伴关系的建立和发展；而性格内向的青少年由于在现实社会中社交机会较少，社交技能匮乏，因此有着较强烈的网络交流动机，网络的存在可以给予其更多的建立同伴关系的机会，他们可以在虚拟网络的环境下增加与同伴交流的频率，发生更多的自我表露行为，有利于其同伴关系的建立。与此同时，还有不少研究（赵虹元，2019）认为，网络同伴交往很可能会成为部分在现实人际交往中遇挫的青少年逃避现实同伴交往的避风港，还有些青少年可能沉溺于网络同伴交往中带来的心理满足感而不愿离开网络，这样长期逃避现实而沉溺于虚幻的同伴交往，不仅无益于青少年同伴关系整体质量的提升，而且还可能对其人格整合产生不利影响。

总之，网络环境对青少年同伴关系既有积极正面的影响，也有消极负面的影响。只要我们能在对青少年同伴交往的引导和教育中做到扬长避短、兴利除弊，就一定能利用好网络这一新兴事物为青少年高质量同伴关系的构建添砖加瓦。

三、网络环境下青少年同伴交往的调适

同伴交往是个体人际交往的重要组成部分，在上一节中已有详细论述的网

络信息传播背景下青少年人际交往调适策略，也适用于网络环境下的青少年同伴交往，在此我们不做过多重复，而只是重点提出以下两个建议。

第一是要开展基于网络的人际交往教育。一些青少年在人际交往方面存在缺陷和不足，不仅在现实生活中不善于交往，在网络环境中亦然。一方面，我们不妨借助网络平台，针对青少年同伴交往中存在的突出问题，以小视频、系列文章、通识课程等灵活多样的形式，向青少年传授正确的人际交往道德标准，引导他们掌握人际交往的基本原则，学会处理同伴关系的熟练技巧；另一方面，我们还要注意引导青少年对网络自媒体中质量参差不齐的人际交往类小推文保持批判吸收的谨慎态度，以免青少年受到其中某些错误观念的误导，进而对青少年同伴关系发展产生不利影响。

第二是要防止青少年沉迷网络同伴交往。网络大大拉近了人与人之间的空间距离，这使得同伴之间的异地交往成为可能，比如，同学之间不必见面就可以借助网络视频或语音聊天共同讨论学习问题、分享生活乐趣，生活中的好友也可以联网组队在网络游戏中展示各自的高超技艺，甚至相隔千里的恋人也可以通过网络互诉衷肠。这种情况确实给青少年同伴交往带来了诸多实实在在的便利，但也有可能让部分青少年沉溺其中而不能自拔，忽视了现实生活中的情感和生活，拒绝现实世界中同伴的沟通互动，严重影响青少年的同伴关系。有调查显示（朱迪，2019），手机滥用程度越高，越不利于青少年的人际社交，同伴关系越差，这就在一定程度上说明了沉迷网络对青少年同伴关系的不良影响。因此，不应放纵青少年的娱乐时间和娱乐方式，要对青少年的网络使用情况投入更多的关注，必要时可以采取一些强制性的约束措施，甚至可以设立青少年防沉迷系统，防止青少年沉迷网络无法自拔。然而，这些都只是外部力量的强力介入，效果难以得到有效保障。因此，我们还要通过各种途径让青少年意识到沉迷网络的危害，让他们能自觉凭借强大的自控能力适度控制网络交往的时间和频度。

第三节　网络信息传播与青少年亲子关系

亲子关系是现代心理学中的一个基本概念，指家庭中父母与其子女之间所形成的一种关系（章苏静、金科，2014）。亲子关系是家庭中最基本中的一种关系，也是家庭中最重要的关系之一，其对于青少年的身心发展有着重要的影响。

一、青少年亲子关系的特点

亲子关系是建立在血缘关系基础上的人际关系，其具有不可替代性、持久性、强迫性、不平等性、变化性等特点（司继伟，2010）。青少年亲子关系是亲子关系发展的重要阶段，具有一定的特殊性。对于青少年来说，这一时期由于心理和生理的发展以及逐渐走向成熟，开始表现出渴望独立，一方面必须依赖于父母的物质供给与情感支持；另一方面，渴望父母给予自己一定的自由。而青少年父母正处于中年阶段——是生活压力、工作压力以及社会压力最大的时期，此时父母容易出现在子女态度上的偏差主要表现为三种形式，即过分关注与溺爱、过分严厉或专制、放任或拒绝的态度。无论是哪一种态度，都会对青少年的亲子关系产生一定程度的影响。因此，这一时期，青少年与父母之间的亲子关系易表现为冲突、对立的关系。这里我们将从亲子沟通和亲子冲突两个方面对青少年的亲子关系特点进行讨论。

（一）青少年亲子沟通

亲子沟通是一种特殊类型的人际沟通，特指在家庭环境之中亲代与子代之间通过言语或非言语的形式就某一事件或观点进行信息、观点交流的过程（代金航，2013）。它可以促进亲子间的相互了解、相互信任，促进双方互相合作。亲子沟通是建立起良好、和谐亲子关系的前提，如果亲子沟通不畅，则极可能引发亲子冲突。

一般来说亲子沟通的质量主要体现在亲子沟通的内容、频率、满意度、亲子沟通的方式方法等几个方面（张倩、郑丹莹、郑海林，2015）。青少年时期，亲子沟通的内容多涉及学习、学校生活、家庭、未来的打算以及朋友之间的相处等话题，调查显示，在青少年时期的亲子沟通中，父母以及子女在对沟通频率以及沟通的满意度上存在着一定差异。大部分家长认为亲子沟通的频率以及满意度均较高，然而子女的观点却恰好相反，认为其与父母在许多话题上缺乏沟通，这种认识上的差异性是导致父母与子女之间产生冲突的重要原因。此外，青少年时期，父母与子女在沟通方式上存在着消极沟通的现象，常表现为分歧、误解、批评、盘问以及行为约束等方式，而错误的沟通方式也是引发亲子冲突的重要原因。

（二）青少年亲子冲突

引发人际冲突的诱因多种多样，当存在关联的人们在态度、价值观、动机或实际行动等方面存在一定程度的分歧时，人际冲突就会随之产生。亲子冲突是人际冲突的一种，可理解为在亲子交往过程中发生的，亲代与子代之间的紧张、敌对，甚至斗争关系（莫秀锋，2008）。

青少年时期亲子冲突的原因与青少年的生理、心理变化，家庭的教养方式，家庭环境，以及社会文化因素有着直接的关系。青少年亲子冲突的特点主要表现在以下方面（方晓义、张锦涛、刘钊，2003）：首先，青少年亲子冲突的内容常涉及学业、日常生活安排以及做家务等方面。其次，青少年亲子冲突的爆发频率和强度随时间推移呈现倒 U 形曲线的发展趋势，初中时期的青少年亲子冲突的频率与强度明显大于高中时期，其中，初二时期青少年亲子冲突的爆发频率与强度最高。再次，在青少年亲子冲突中，母亲与子女之间的冲突远远高于父亲，这与母亲对于子女的日常管理与照顾、教养方式以及母亲与子女之间的情感联结更强等原因有关。最后，青少年亲子冲突多表现为言语和情绪冲突，较少发生肢体冲突。还有研究表明（赵楠、王耘，2009），青少年时期的男生与父母之间发生亲子冲突的水平显著高于女生。

从青少年的身心发展来看，青少年时期的亲子冲突对于青少年的身心发展利弊共存。积极的一面表现在，低水平的亲子冲突，若处理得当则有益于青少年同一性和社会性的发展，有益于情绪调节能力和人际关系处理能力的提高。消极的一面表现在，长期、频繁、恶劣的亲子冲突，容易使父母与子女之间的情感受到伤害，降低青少年的自尊，导致青少年离家出走、辍学、犯罪等严重后果。

二、网络信息时代的青少年亲子关系

网络信息时代，人与人之间的交流以及联结方式发生了变化，与传统的亲子关系相比，网络信息时代的亲子关系也正在发生着巨大变化。

传统的青少年亲子互动方式具有不对等性的特点，父母处于绝对的权威地位，常要求子女对其意见或建议、命令等表示绝对的服从与遵守，而在网络信息时代，信息传播的同步性、人际交往的非权威性以及知识传递的网络化等特点，对青少年的亲子关系产生了重要影响。由于网络时代实现了信息共享，网络学习较为自主，极大地拓宽了青少年的学习途径，在一定程度上降低了子女对父母的文化依赖，父母的权威也随之弱化。甚至青少年面对网络这种新鲜事物，展现出了更大的优势，他们积极接受网络，乐于使用网络，利用网络了解了更多知识，学习了更多技能，在网络信息技术方面，青少年反而成了父母的老师，让传统的子女向父母学习模式发生了逆转，所谓的"文化反哺"现象随之出现，并迅速成为亲子关系中的一种新模式。从这个意义上说，网络环境正在使青少年与父母间的亲子互动逐渐从不对等性向对等性转变。

在网络信息时代，父母与子女之间除现实生活中的交流之外，还可通过网络进行交流，在一定程度上为亲子关系的发展带来了潜在机遇。如上述所谓的"文化反哺"现象在一定程度上迫使部分父母开始学习网络使用、时尚娱乐等方面的知识，并通过关注子女所关注的信息，以及子女发表在微博、博客以及朋友圈、QQ 空间中的文字了解青少年的所思所想，从而加强对青少年理解；而青少年子女也会通过微信、微博等网络自媒体来了解父母的所思所想，并从中体会父母对子女无私的感情，学会换位思考，从而增强亲子之间的吸引力。除了这种"无意识"的关注之外，网络还为亲子间随时进行顺畅的亲子沟通提供了便利条件。比如，亲子沟通中常常会面对青少年进入初中、高中长期住校，留守青少年与父母长期分离之类的特殊情况，还有在一些特殊时期，亲子间必须要讨论一些不方便面对面交流的敏感话题。在这些特殊情况下，传统的面对面的亲子沟通就变得无能为力，而不受地域限制、相对间接的网络交流方式却正好可以弥补这一缺陷，使得亲子沟通在一些特殊情况下也变得顺畅、有效。可见，在网络信息时代高度发达的网络通信技术确实可以在推动亲子关系和谐发展方面发挥其独特作用。

但网络环境也有可能给亲子关系带来负面影响。如网络为青少年提供了丰富的信息资源，对青少年来说充满了吸引力，部分青少年会因此沉迷其中而与父母疏远；同时，网络还给人们提供了强大的搜索引擎，这使得青少年在遇到困难时可以不必事事求助于父母，反过来有时父母还会向孩子寻求网络技术方面的帮助，这就大大降低了青少年对父母的依赖性，以及父母在青少年心目中的权威性，使得父母的言传身教不再那么奏效。这些都可能给顺畅的亲子沟通带来一定负面影响，进而成为阻碍良好亲子关系形成的潜在因素。

三、网络环境下青少年亲子关系的维护与促进策略

如上所述，网络环境对青少年亲子关系的影响利弊并存。为更好地打造青少年良好亲子关系，教育者，尤其是家长，应该注意采取各种措施，扬长避短，在充分发挥网络对青少年亲子关系的积极效用的同时，避免其对青少年亲子关系的不利影响。

首先，家长应充分利用网络的便利性，加强亲子沟通，构建和谐的亲子关系。比如，一些留守在家的青少年与外出务工的父母之间相隔甚远，少有与父

母见面交流的机会，可能会出现与父母关系僵硬、想亲近父母却羞涩畏怯、不适应与父母交流等现象，亲子关系得不到很好的发展，而网络拉近了人与人之间的空间距离，可以借助社交软件实现远距离的视频互动。与之相反，对于一些较为敏感的话题，恰恰不方便进行面对面的直接交流，而网络也可为我们提供解决方案，如可以利用文字通信的方式解决，虽然传统亲子沟通中也可采用纸质信件方式开展，却没有网络文字通信工具（如微信、QQ等）方便、快捷、高效。实际上，我们在亲子沟通中还会遇到各种各样的其他问题，而网络信息传播似乎为这些问题的解决提供了更多的可能方案。总之，只要我们愿意积极开动脑筋，就一定能充分利用各种网络资源和技术为良好亲子关系的建立提供有益帮助。

其次，家长应避免过分限制孩子网络行为，以免适得其反，使孩子陷入叛逆式网络沉迷，破坏良好的亲子关系。许多家长都对孩子上网打游戏、看小说、交友聊天等行为不满，并时常因此而与子女发生矛盾，如果这种矛盾持续存在就会愈发突出，部分处于叛逆期的青少年甚至可能因此而故意沉迷网络，以宣示自己的主权，这显然不利于良好亲子关系的建立。实际上，并非所有网络行为都是应该禁止的，有些青少年偶尔接触网络，或许只是为了在紧张的学习之余适当放松一下自己，对此我们只需要对孩子的网络行为给予适当引导，避免其网络成瘾即可。当然，如果孩子确实将过多的时间用在网络上，且沉溺其中不能自拔，严重影响正常学习和生活，则应引起我们应有的重视。

最后，要切实防止青少年网络沉迷，引导青少年形成良好的网络使用习惯。智能手机滥用和网络沉迷不仅不利于青少年的成长和发展，还会对青少年亲子关系构成间接威胁。网络沉迷的青少年会将绝大部分的课余时间浪费在毫无意义的网络行为上，如"低头族"青少年在家吃饭时低头玩手机，在与父母沟通交流时低头玩手机，在与家人外出游玩时窝在宾馆玩手机。这一方面会大大挤压青少年与父母沟通交流的时间，另一方面也会引发部分父母的强制性断网，极易引起家庭矛盾，严重影响亲子间关系。因此，家长应通过各种途径对孩子使用网络和手机的频率和时间加以控制，给予其适当的约束，引导青少年做网络的主人，而不至于成为网络的俘虏而不能自拔。需要特别强调的是，这种工作应是预防性的，即在孩子还没出现网络沉迷之前就要养成良好的网络行为习惯。然而，我们经常发现一些年轻的父母在孩子哭闹或无人看管时，为图省心省事而主动让孩子去玩手机或电脑，且不对其做必要的引导和限制，久而久之孩子就会对网络产生依赖，甚至成为他的一种生活方式，大大增强了其今后网络成瘾的可能性。无疑，这种错误的做法必须尽快得到纠正。

第四节　网络信息传播与青少年师生关系

　　青少年的大部分时间在学校中度过，师生关系是青少年最重要的人际关系之一。了解青少年师生关系的特点，关注网络信息时代对于青少年师生关系的影响，对网络时代青少年心理发展有着重要作用。

一、青少年师生关系的特点

　　师生关系是在教师和学生之间建立起来的一种垂直交往的人际关系，是师生之间以认知、情感和行为交往为主要表现形式的心理关系（王耘，2002）。教师不仅承担着传道、授业、解惑的责任，还在人生观、价值观、社会道德规范等方面对学生起着重要的榜样作用，良好的师生关系对青少年学业成绩、社会化进程等有着不可忽视的重要作用。不仅如此，还有研究显示，高水平师生关系可让学生体验到教师对自己的关爱和支持，有利于学生自尊和积极自我概念的形成，减少学生未来情绪与行为问题发生的可能性（Yeung & Leadbeater，2010；Wang，Brinkworth，& Eccles，2013；Reddy，Rhodes，& Mulhall，2003；唐淼、闫煜蕾、王建平，2016），可见师生关系对青少年成长的重要性。

　　进入青少年时期，由于自我意识的增强，以及思维水平、独立意识的不断提高，青少年学生与教师之间的关系也会呈现出一些新的特点，主要表现在四个方面：①青少年逐渐建立起对教师客观、公正的评价体系，这与幼儿和儿童期具有盲目的向师性，认为教师所说所做的都正确完全不同，这一时期老师要继续维持在学生心中的权威地位，就必须力争在各个方面都为学生做出榜样，不仅仅是知识上，更要在为人师表上做出表率；②在师生交往中，青少年表现出更强的独立性、自主性，而且选择性也相对较为突出，青少年会根据自己的判断，对老师形成或好或坏的评价，并由此决定选择怎样与老师相处，是仅仅当作老师，还是在为人处世方面也将其作为模仿的对象，对此青少年期的学生都有相对独立、自主的判断和选择；③随着青少年年龄、知识储备、思维能力等方面的发展变化，青少年对教师的期望值也更高、更全面，这对教师是一个不得不予以足够重视的挑战；④随着青少年与教师接触的不断增加，他们会根据自己的经验来理解师生关系的本质，并据此在心目中构建起独立的"教师观"，如教师应该是知识渊博的，教师应该是为人师表的，教师应该是充满爱心的……而这些独特的"教师观"也会影响青少年学生与教师的相处。

二、青少年师生关系的类型

青少年在与教师相处的过程中，由于各自具体情形不一样，最后所形成的师生关系也不一样，有的师生关系很亲密，有的对教师敬而远之，而有的师生关系甚至可能处于一种敌对状态……实际上这里就涉及师生关系的类型了。不同类型的师生关系有其不同的形成原因和特点；而反过来，对师生关系类型的精确划分对我们构建和谐师生关系的实践有着重要的启发意义。为此，不少学者纷纷从不同的视角对师生关系的类型进行了不同划分。

姚计海和唐丹（2005）以师生关系的冲突性、依恋性、亲密性和回避性等四个指标，对中学阶段师生关系类型进行聚类分析，发现青少年时期的师生关系可分为矛盾冲突型、亲密和谐型、疏远平淡型三种。矛盾冲突型的学生与教师交往具有较多的冲突和回避，与教师之间的依恋和亲密感也比较低。在这种类型中，由于青少年缺乏对教师的信任，导致青少年与教师之间难以建立起信任关系，影响师生关系的和谐发展；教师与青少年之间表现出明显的代沟，双方由于行为习惯、思想观念等方面的冲突而产生矛盾，阻碍师生关系的和谐发展；教师在教学中本着"严师出高徒"的心态，对待学生过于严厉，也会导致青少年产生较强的逆反心理，引发师生关系的矛盾与紧张；除此，学生学习压力过大、教师对学生的消极评价、错误的教育教学观念等均会引发师生关系紧张。亲密和谐型的师生关系，学生与教师之间具有多亲密、多依恋、少冲突、少回避的特点。在这种师生关系中，教师在教学中采用教育与管理相结合的方式，教学热情高，认真负责，作风民主，乐于倾听学生的心声，处事公平公正，师生沟通交流频繁，相互了解，彼此尊重，相处融洽，亲密度高，教师能够体验到工作的乐趣和自身的价值，身心愉悦，学生积极思考和参与，对不懂的问题和有异议的地方敢于大胆提出，教师耐心解答，师生配合默契，互动较多，课堂气氛活跃，师生教学相长，且学生对老师的认可度较高，师生之间平等和谐相处（陈燕山，2011；益婷婷，2018）。疏远平淡型的师生关系表现出少依恋、少亲密、多回避的特点。在这种师生关系中，教师存在职业倦怠，教学热情不高，按点进班上课，按部就班地讲课，与学生互动较少，课堂气氛沉闷，下课便夹着书本离开了，对学生的关心很少，学生学习的积极性和主动性不高，师生沟通交流渠道不畅通，师生间缺乏相互了解和相互关心，关系平淡（陈燕山，2011；益婷婷，2018）。

还有学者（万作坊、任海滨，2011）认为，师生关系可能会随时代和社会背景的变化而变化，且大致可概括为神圣型、权威型、平等型和服务型四种。神圣型师生关系：教师在师生关系中被看作神的化身或上天的代表，是神和学生之间的纽带，如古代时巫师、祭司或僧人，传授的知识被看作传承神的意志，学生则被认为只有完全依赖教师才能获取真理。权威型师生关系：这种权威来自传统、个人魅力和法律制度，具体体现如"尊师重道"的美德。在这种关系中，虽然教师和知识走下神坛，但仍和学生的地位不在同一水平，教师在年龄或资历方面存在优势，具有一定的权威，在教育中处于绝对的支配地位，在学生心中有着崇高的地位。平等型师生关系：在这种关系中，教师和学生的基本权利平等而不存在等级压制，学生和教师之间实现了平等沟通，学生在教师的指导下，充分发挥自己的主观能动性进行学习，彼此相互理解，和平共处，关系融洽。服务型师生关系：知识成为一种商业化的产品，教师作为知识的提供者的同时，也成为学生的服务者。这种师生关系就像是服务人员与顾客之间的关系，学生自视为教育服务的购买者，师生关系被认为是合同式关系，是师生关系中的一种极端形式，是市场经济环境下发展起来的一种师生关系。从现代教育学的角度看，上述四种师生关系，神圣型和权威型师生关系都过于强调教师的绝对支配地位，对学生主体性重视不够；服务型师生关系将教师与学生之间的关系异化为雇主与雇员的关系，不合时宜地强化了师生关系的功利性，淡化了教师与学生之间的情感连接，应该引起我们的警惕；而平等型师生关系则强调师生间的平等沟通及情感连接，主张在教师的指导下，充分发挥学生主体性，共同完成学习任务，是一种较为理想的师生关系。

三、网络信息传播对青少年师生关系的影响

网络信息传播使教师和学生在教学活动中的地位发生了巨大变化，也给传统的师生关系带来了不小影响，主要体现在以下三个方面。

网络信息传播对教师权威地位来说，既是一种挑战，又是一种机遇。在传统教育中，教师在师生关系中处于权威地位，占据核心地位，由于师生所掌握知识的不对等性，教师在知识的掌握量、年龄、阅历以及品德素养等方面均占据着较核心的地位，学生在师生关系中属于从属地位。在网络信息时代，由于

信息的公开性、丰富性以及快速更新等特点，学生可以通过互联网拓宽学习途径，并接触多样化的价值观，教师所传授的知识与价值观不再具有唯一性，教师的权威地位受到一定影响，传统教育中机械的知识灌输已不能适应形势发展，相反启发式或引导式教学方法变得尤为重要。另外，网络信息传播也为教师提供了丰富的教学资源，从某种意义上说，这对教师是一个不错的机遇。教师若能从网络中得到更多的学术前沿动态、掌握更多的教学方法，并充分利用声音、图片、视频等多种教学方式开展教学，则更容易为青少年学生所接受，进而有可能进一步拉近与学生的距离，成为构建良好师生关系、树立自身权威的潜在有利条件。当然，现实情况中，还存在一种不可取的倾向，即部分教师受自由主义、相对主义、虚无主义影响，主张网络授课可完全代替教师授课，主动降低对自身教学活动的要求（如过分依赖网络课件和网络课程资源，不再认真备课），影响课堂教学效果，以致越来越在学生心目中丧失权威。

网络信息时代，学生在教学活动中的地位也发生了微妙变化。网络信息传播为人们提供了一个海量的、公开的知识库，学生在网络信息平台上可以利用多种学习形式进行自主学习。因此，网络信息时代为学生提供了更加自由的学习环境，学习方式也由以往在课堂上的老师监督下的学习，转变为在网络上的自主学习，极大地激发了学生对于知识的兴趣，调动了学生学习的自主性和积极性。可见网络信息传播为教学活动中学生主体性的发挥提供了更多可能。值得注意的是，网络信息传播也在一定程度上削弱了教师在教学中的主导与引领地位，部分青少年由于心智不成熟，自认为教师所讲的一切均可通过网络所获得，对教师的教学与价值观引导产生怀疑与不信任，从而在现实生活中做出顶撞老师等行为，导致师生关系紧张，引发师生冲突加剧。

网络信息传播导致师生关系嬗变。网络信息时代，学生将大量的空余时间用来上网，并受到网络上不当言论与价值观的影响，形成对教师的偏见，如有的学生认为师生关系不过是学生花钱购买教师的服务而已；有的学生将教师神化，认为教师无所不能；有的学生认为教师既然是人类灵魂的工程师，就应该只讲奉献不讲索取；等等。这些偏见无疑会使得学生对教师这个职业给予过高的期待，一旦自己的老师无法达到这样的标准，就会对教师产生误解，甚至会以较为激进的方式对待老师，严重情况下还可能导致师生关系恶化。当然，如果师生双方能充分利用网络优势，除在课堂上的交流外，还通过网络即时通信工具进行线下互动，则有利于拉近师生距离，增进相互理解。从这个意义上说，网络完全可逆转为良好师生关系建立的有利外部条件。

四、网络信息传播时代和谐师生关系的构建途径

网络信息传播时代构建和谐师生关系，需要遵循师生共同发展原则、尊重互联网教学规律原则，以及整合互联网教学与传统教学优势的原则，在平等与尊重的前提下进行公平交往、建立平等对话，实现师生之间的亲密合作。具体来说，网络信息时代构建和谐师生关系需从以下几个方面入手。

首先，加强学校网络文化建设。学校应从硬件上建立健全校园网络，通过多媒体网络教室等为学生提供便利的网络学习条件。与此同时，建设和谐的网络文化氛围，通过网络虚拟社区等方式，在激发青少年的学习兴趣的同时，引导学生建立积极的人生观与价值观，引导和提升青少年道德心理发展，培养青少年尊师重道、孝敬父母、热爱祖国的观念，助力师生关系健康和谐发展。

其次，提升教师角色转变与适应能力。在网络信息时代，教师要从互联网的特点出发，主动适应网络信息时代新的教学环境，尊重学生的个体差异性，提升教学创新与教学服务意识。此外，教师还应正视网络信息时代对教师地位的影响，以及教师角色的变化，积极适应角色转变，本着尊重学生、教学相长的理念，构建和谐的师生关系。

再次，提高学生对于教师在教学中主导作用的认识。尽管网络信息时代颠覆了传统的教学模式，教学方式发生了变化，然而学生必须明确无论是传统教学还是网络教学，教师始终处于教学主导地位。教师除了传道授业外，还对学生的人生观、价值观、道德的培养起着重要的引导作用，互联网并不能完全替代教师的作用。因此，学生需在尊重教师在教学中的主导地位的基础上，与教师共同成长与进步。

最后，面对现实中客观存在的不良师生关系，我们还需要掌握一些最基本的处理原则和技巧。比如，在处理师生关系冲突时，就必须遵循冷静、得当、诚恳、坦诚、尊重等基本原则。具体而言，师生双方除要掌握一定交往技巧外，还应保持冷静的心态，注意换位思考，开诚布公，保持豁达与宽容的胸怀，不扭曲事实，不推卸责任，唯有如此才能利于问题的解决，达成相互谅解，促进双方人际关系的和谐发展。再如在疏远平淡型师生关系中，教师应积极改变自己的教学风格，主动探索活泼多样的教学方式方法，与学生充分互动，加强对学生的关心爱护，以便切实提高自己在学生群体中的权威性和亲和力，因此不断拉近与学生的心理距离，为发展平等和谐的师生关系奠定良好基础。除此之外，在网络信息时代，师生还应充分利用多样化的网络平台与工具进行交流与沟通，产生互信，建立和谐的师生关系。

第五节　网络信息传播与青少年亲密关系

亲密感并不是某一个时期所特有的状态，而是贯穿在个体整个生命过程中的。如果个体在某一个成长阶段没有亲密的朋友，则可能对个体的心理健康产生一定的影响。青少年时期亲密关系的变化为今后青少年的人际交往奠定了坚实的基础。

一、亲密关系概述

所谓亲密关系，是一种建立在情感依恋基础上的人际关系。亲密关系具有三个特征：双方均关注对方的身体状况；双方均有着共同的兴趣爱好，并从事共同的活动；双方均自愿向对方敞开心扉，谈论关于自己的一些带有私密性以及敏感性的话题（张文新，2002）。

青少年时期，随着个体社会交往的增多以及社会经验的丰富，个体情感以及活动等逐渐从对家庭与父母的依恋中解脱出来，青少年与同伴之间的话题增多，在同伴与朋友中建立并追求新的情感寄托。青春期时同伴间亲密关系的建立，与儿童时期以游戏和玩耍为主题的友谊不同，具有较强的情感基础。青春期是一个特殊的时期，由于生理与心理上的成长与变化，同伴关系对于青少年来说，首次超越了亲子关系以及师生关系。同时，随着青少年认知能力的增强、社会角色的转变及其所面临的社会关系的变化，青少年之间单独交往的机会越来越多，这也为青少年之间亲密关系的形成提供了机会。

青少年时期的亲密关系，有利于青少年自我同一性的建构，以及性别的社会化。青少年通过与同伴的频繁交往，获得了从家庭或父母身上无法获得的重要信息，同时在这一过程中学习到了大量的生活经验，因此有助于促进青少年社会化的成长。需要注意的是，青少年时期建立的亲密关系并非全部有益于青少年的身心发展，只有健康的亲密同伴关系才能促进青少年的身心发展，而不健康的亲密关系会给青少年带来一系列的消极影响，比如焦虑、孤独、自卑等消极情绪的产生，以及攻击、破坏、犯罪等不良行为的出现。

二、亲密关系形成与发展的相关理论

亲密关系的形成对个体成长具有重要的意义，不少学者对青少年亲密关系的形成与发展做出过系统研究，并提出了不同的理论观点，其中最具代表性的理论有以下几个。

沙利文的人际发展理论。人际发展理论是由美国精神分析学家沙利文提出的，该理论认为社会文化和人际关系对人与人之间的亲密感有着巨大的影响，亲密感的形成与发展是人与人之间相互作用的结果。沙利文的人际发展理论包含两个重要观点：一是人生有对满足的追求和安全的需求，其中对满足的追求主要体现在人的生物学特性上，而安全的需求则主要体现在人的心理方面。人类是社会性动物，从幼儿时期开始就与其周围的环境进行频繁互动，并从中寻求满足与安全。到了青春期，青少年的人际需求发生了一定的变化，并对其心理行为产生一定影响。二是个体的心理发展具有连续性、累积性特点，儿童和青少年早期的交往经验对其后来的人际关系会产生相应的影响。也即儿童期人际关系的失调，可能会影响青少年期亲密关系的发展，导致焦虑等负面情绪的产生，严重时甚至会诱发精神分裂。

埃里克森的亲密观。埃里克森以个体的自我发展为核心，将人的一生分为八个阶段，其中青少年期对应青春期阶段和成年早期。青春期阶段的核心任务是自我同一性和角色混乱的冲突，成年早期阶段的核心任务是亲密对孤独的冲突。这两个阶段中，青少年面临着两项任务，即发展自我同一性，建立亲密感。埃里克森认为，青少年只有在自我同一感建立的基础上，才能获得真正地亲密感。在青少年时期存在着虚假亲密感与真实的亲密感。虚假亲密感是在青少年还未确立自我同一性时所形成的亲密关系。此时的青少年因个体同一性并未形成，害怕在亲密关系中失去自我，在与其他青少年交往时并不会真正地敞开心扉，暴露自己的真实感受，与这种亲密关系对应的即为虚假亲密感。只有当个体真正确立了同一性时，双方的同一性达到融合，然而个体却并未失去自我，双方才可以真正地袒露心胸，进行真诚交流，建立真正的亲密关系。

青少年的依恋理论。依恋是个体对某一特定个体的长久持续的情感联系。在早期，依恋特指婴儿对成人的情感联结。20 世纪 70 年代，有发展心理学家对于依恋提出了新的观点，认为依恋作为个体的一种情感，可以发生在人生的各个阶段。青少年时期的情感联结即为婴儿期依恋关系的延续和发展。个体早期能够建立起安全型依恋关系对于个体青春期乃至成人时期亲密关系的发展至关重要。婴儿期的不安全依恋关系会影响青少年时期亲密关系的建立，而青少年时期与同伴建立的积极的亲密交往为个体今后人际关系的健康发展提供了有力保障。这一理论与沙利文的人际发展理论一样，均认为个体的心理发展具有连续性和累积性特点，青少年时期亲密关系质量对其今后良好人际关系的建立和发展有着举足轻重的作用。

三、青少年期亲密关系发展的特点

青少年期亲密关系的发展与变化，主要体现在以下四个方面（张文新，2002）。

首先，对友谊理解的变化。心理学家托马斯指出个体对于友谊概念的认知是随着年龄的增长而变化的。青少年时期，个体开始将"亲密"作为友谊的重要因素，青少年之间的关系越亲密，越重视同伴之间的忠诚与信任。青少年时期，同伴之间更容易发生冲突，且会有更为激烈的外部表现，但与此同时，青少年间关系的协调也相对更加容易，冲突之后，他们对恢复原有良好关系也表现出了强烈愿望，并愿意为之付出努力。

其次，青少年对于亲密表现的变化。儿童对于亲密性的理解随着年龄的增长呈现出差异性。从总体上来看，青少年时期的亲密关系更加单纯，不掺杂任何功利性目的。青春期，青少年对于同伴的行为表现以及心理变化十分敏感，这表明青少年的亲密能力日益增长；青少年时期，随着个体认知能力的提升，个体对于同伴的移情能力和社会理解力日益增长。

再次，青少年时期亲密对象的变化。青少年时期，个体的亲密关系从家庭或父母转向同伴，同伴超过了父母以及兄弟姐妹，成为个体最重要的亲密对象。然而，这并不意味着父母从青少年的亲密关系中排除。相反，95%的青少年仍然将父母看作自己最亲密的人。从这一角度来看，青少年时期社会关系的发展既包括青少年与父母之间健康关系的建立，也包括青少年与同伴之间的亲密交往。

最后，青少年时期从同性交往到异性交往的过渡。青少年时期的亲密关系呈现出逐步由同性交往向异性交往发展的趋势。在青少年前期，青少年之间的亲密关系多发生于同性之间，之后经过男女混合的群体交往逐渐向异性交往过渡。青少年晚期，异性间的亲密交往成为青少年人际交往的主流。然而尽管这一时期异性同伴成为青少年个体的重要他人，但是异性间的亲密关系并不能完全取代同性间的亲密关系。从这一角度来看，青少年时期个体建立友谊关系的对象范围越来越广泛，个体与同伴间的亲密交往也越来越频繁，呈现出异性亲密关系与同性亲密关系同时存在的特点。

青少年的同伴关系发展阶段模式也认为，青少年的亲密关系会由同性朋友发展到异性朋友，再到男女恋爱，即实现从同性亲密关系到异性亲密关系的转变。有研究者（Maccoby，1998）指出，小学儿童与前青春期的儿童会坚决与异性划清界限，回避与异性的接触，而同一时期乐于与异性交往的儿童可能会被同伴拒绝。随着年龄的增长，性别界限和对异性的排斥渐渐被淡化，青春期时的青少年开始对异性产生兴趣，这种变化会逆转青少年曾经的交友模式，使得青少年开始花更多的时间与异性相处，对异性表现出向往和倾慕。

四、网络信息时代青少年恋爱心理探析

（一）恋爱及恋爱心理的发展阶段

恋爱关系作为个体一生中最为特殊、最为重要的亲密关系之一，是特定个体间在性吸引基础上建立起来的一种具有排他性、相互认可的、至少持续一段时间的强烈的情感联系和互动关系，并常以表达喜爱、已发生或期望发生性行为为特征（Collins，Welsh，& Furman，2009）。恋爱关系是青少年社会关系发展的重要里程碑，对个体自尊、自信和未来社会竞争力有显著的影响（Furman & Shaffer，Pearce，Boergers，& Prinstein，2002）。一般认为恋爱心理的发展要经历以下四个阶段（潘福全，2002）。

一是感受阶段，此时是爱情萌发的阶段，在与有魅力的异性交往过程中体验到感官快乐，进而会对该异性产生兴趣。

二是注意阶段，即个体开始被异性吸引，会下意识地将自己的注意力投到这位异性身上，此时这位异性的一言一行都对个体有着吸引力。

三是求爱阶段，这是恋爱过程中最重要的阶段之一，直接关系着恋情能否开始。此时个体心理负担极重，一方面受着异性的吸引，想要与之发展亲密关系；另一方面担忧告白失败遭到拒绝，担忧告白过程出现意外，反被嘲笑。

四是恋爱阶段，此时双方已确定恋爱关系，两个异性开始进行共同情感交流，经营一段属于彼此的感情。

（二）网络环境对青少年恋爱关系的影响

在当前社会，网络已经成为青少年生活、学习以及工作中不可或缺的重要组成部分，给青少年方方面面的发展都带来了不小的影响，其中就包括对其恋爱关系发展的影响。

第一，青少年的恋爱关系会受到网络上流行的多样化思潮及多元婚恋观的

冲击。随着网络文化的盛行，网络日益成为影响青少年亲密关系建立的重要因素。一方面，网络社交软件的盛行打破了人际交往的地域限制，使得男女青少年间的交往变得十分容易、便捷；但另一方面，网络交流的匿名化、虚拟化，以及网络内容的低俗化特点，又使得青少年男女的网络交友变得盲目化、庸俗化。甚至随着我国的改革开放程度越来越高，西方各种思潮和主义借由网络的开放性大量涌进我国，给青少年的思想带来强烈冲击与影响，对青少年树立正确的恋爱观造成了一定的干扰。比如，由于青少年的人生观和价值观还未正式形成，心智还未完全成熟，容易受到社会上闪婚、网恋、试婚等只注重恋爱过程，而不注于恋爱结果的婚恋观念的影响，容易使青少年在处理未来关系时变得很随意，责任意识淡薄，给青少年亲密关系的健康发展带来干扰。

第二，与其他交流方式相比，网络的匿名性有利于青少年更大胆、更深层次地开放自己，从而快速建立人与人之间的情感链接，为亲密关系发展创造良好条件。研究表明，适度的自我表露可以有效建立交往双方高强度的情感连接，减少彼此间的不确定性（Pauley & Emmers-Sommer，2007），从而大大增加双方进一步发展更浪漫关系的可能性（Arvidsson，2006）。Whitty（2008）的研究也证明，适当表露一些隐私信息可以增进人与人之间的信任。而网络的匿名情境较现实生活情境更容易激发起个体进行更深层次、更真实、更开放的自我表露的意愿，因为人们在匿名状态下的自我表露比面对面表露时的压力要小得多，也更让人感到自然、舒适（Ben-Ze'ev，2003）。从这个意义上说，网络环境确实可以在无意识间为青少年之间恋爱关系的建立提供良好的外部条件，使其变得更容易、更高效。

第三，网络交流中信息反馈的可延迟性使得网络人际交往变得更加可控，从而给青少年恋爱关系带来微妙影响。与现实生活中面对面的交流和手机通话相比，以网络为媒介的交流（尤其是以文字、图片等抽象符号进行的交流）可以做到信息的不同步性，这就使得交往双方在进行信息反馈时有更多时间去思考"如何回复""回复什么样的内容更合适"等问题，进而较好地控制交流的节奏和进程，同时也有利于将自己最为积极的一面展现给对方（Gibbs，Ellison, & Heino，2006），比如，把自己包装成幽默可爱的、值得信赖的形象，从而有效增加自己对交往对象的吸引力，大大提高被对方接纳的可能性，为双方亲密关系的建立争取有利条件。这点在青少年男女恋爱关系的建立中同样适用。当然，对于这种网络交流信息反馈的不同步性，如果被一些动机不纯的青少年利用，则有可能成为部分不良青少年违法犯罪的诱因，对此我们应予以高度警惕。

五、网络信息时代青少年恋爱心理的调适

恋爱关系是青少年亲密关系中最为重要的一类关系。网络对青少年恋爱关系的发展来说，是一把双刃剑，运用得当可以助力青少年健康良好恋爱关系的建立；但若处理不当，则可能给青少年恋爱关系乃至身心发展带来诸多不利影响。为此，我们很有必要做好网络信息时代青少年恋爱心理的调适工作，为其身心健康发展保驾护航。

其一，要引导青少年正确对待网络情境下的恋爱。网络恋爱虽然给青少年恋爱关系的建立带来了更多可能，但与现实恋爱相比，也存在着种种局限，例如，不能真实地考察对方的道德人品等，甚至个别情况下还会充斥着谎言。为此，学校教师以及家长应引导青少年建立正确、健康的网恋观，将网络作为恋爱交流的一种手段，认识到网络并不是爱情存在的唯一空间，而只是酝酿现实爱情的一种途径。同时还要告诫他们，网络上充斥着各种虚假的人格和人物，青少年在进行网络恋爱时应保持足够的理性与清醒，加强自我保护和防范意识，对于重要的隐私信息进行保密，同时增强网络信息的辨别能力，不要轻易将网络恋爱转移到线下恋爱。特别重要的是，还要引导青少年在网络恋爱中保持良好的交往心态，本着对自己和别人负责的态度，不能一味玩弄情感，同时也要认识到网络的虚拟性，不能模糊网络与现实的界限，一味沉迷于网络恋爱。

其二，要引导青少年从生理、心理、道德、法律等四个方面储备必要恋爱相关知识。生理方面主要侧重于让青少年充分了解性器官的构造、功能，掌握科学的性疾病知识以及避孕知识，消除对性的神秘感，正确认识和对待恋爱冲动，以及恋爱过程中出现的相关问题。心理方面主要侧重了解人类的性心理发展阶段及其规律性，引导青少年关注正常的网络恋爱心理，同时以科学、平静的态度对待网络上或现实生活中的性身份异常、性对象异常、性目的异常、性爱手段及方法异常、性欲异常等性心理障碍，采取科学、合理的方式避免自己受到伤害。道德方面主要是要帮助青少年树立起正确的恋爱观念，引导青少年正确认识贞操观，掌握与异性交往的正确方法，加强性责任教育等，以增强道德规范对自身网络恋爱行为的约束能力。法律方面则应加强对青少年的性法律教育、婚姻法教育以及网络法规制度的教育，强化青少年网络恋爱中的法制意识，端正青少年的性态度。

其三，要引导青少年正确认识恋爱对自身心理的影响，并自觉主动进行必要调适。从心理学的角度来看，恋爱是一把双刃剑，无论是现实中的恋爱亲密

关系还是网络中的恋爱亲密关系，均存在波折甚至是失恋的可能，在给青少年带来积极影响的同时，也会在一定程度上给青少年带来各种困惑。如可能因失恋而引发严重的个人情感危机，影响其学业发展，对其身心健康造成沉重打击等。对此，我们应让恋爱中的青少年形成正确的认识，并做好充分的心理准备，引导他们采用合理的方式避免这些问题的发生，正确对待失恋，找到合理的排解方法，使痛苦与压抑的情感得以释放。

其四，要引导青少年主动寻求包括网络在内的外在支持与帮助，排解因网恋产生的心理痛苦。由于人们认识上的误区，当前国内许多民众还将主动寻求心理咨询与治疗帮助视为不光彩的事。对于存在网络恋爱心理及行为障碍的青少年，我们应破除错误认知，打消思想顾虑，引导其主动寻求心理咨询和专业人员帮助，及时排解不良情绪，恢复并保持积极心态，保持身心健康。必要时，我们还可充分发挥网络的便利性，通过专门的网络咨询门户网站来倾诉自己的恋爱困惑，在相对私密的状态下来获取专业的心理援助。此外，对于深受网络恋爱困扰的青少年学生，学校和社会还应为其提供各种资源，使学生参与到自己感兴趣的各种学习和社会活动中去，以暂时转移自己的注意力，加强与现实生活的接触，进而逐步从网络恋爱中解脱出来。

参考文献

[1] 岑国桢.青少年学生网络交友及其心理健康状况调查[J].中国学校卫生，2005（6）：488-489.

[2] 陈燕山.师生关系对高中教学效果的影响案例研究[D].成都：四川师范大学，2011.

[3] 陈志霞.网络人际交往探析[J].自然辩证法研究，2000（11）：69-72.

[4] 代金航.青少年亲子沟通影响因素研究综述[J].吉林省教育学院学报，2013，29（10）：93-94.

[5] 代涛涛，佐斌，郭敏仪.网络表情符号使用对热情和能力感知的影响：社会临场感的中介作用[J].中国临床心理学杂志，2018，26（3）：445-448.

[6] 方晓义，张锦涛，刘钊.青少年期亲子冲突的特点[J].心理发展与教育，2003（3）：46-52.

[7] 胡江，徐金诚，薛信宇.网络平台对大学生人际交往影响的实证分析[J].西部素质教育，2019，5（1）：4-6.

[8] 胡凯，等.大学生网络心理健康素质提升研究 [M].北京：中国书籍出版社，2013.

[9] 胡义青.青少年同伴关系、自我和谐与网络成瘾的关系研究 [D].南昌：江西师范大学，2008.

[10] 黄一雯.虚拟网络交往的自我暴露对青少年心理发展的影响 [J].教育现代化，2019，6（69）：202-205.

[11] 康春花，应晓菲.儿童同伴关系的聚类分析 [J].浙江师范大学学报（社会科学版），2009，34（3）：40-45.

[12] 孔芳.大学生社会支持、孤独感与网络成瘾倾向的关系研究 [D].曲阜：曲阜师范大学，2010.

[13] 雷雳，张雷.青少年心理发展 [M].北京：北京大学出版社，2003.

[14] 李菲菲.大学生网络交往与现实人际交往的关系研究 [D].武汉：华中师范大学，2010.

[15] 林崇德，杨治良，黄希庭.心理学大辞典 [M].上海：上海教育出版社，2003.

[16] 马倩，裴旭.青少年网上交往特点及所存在问题的分析 [J].当代青年研究，2000（3）：30-33.

[17] 莫秀锋.亲子冲突的认知和理性应对 [J].教育导刊，2008（3）：55-57.

[18] 潘福全.大学生恋爱心理的研究 [J].社会心理科学，2002（2）：34-36.

[19] 覃江霞，姜永志.线上积极自我呈现与大学生人际困扰的关系：多重中介效应分析 [J].中国卫生事业管理，2020，37（1）：66-69.

[20] 生龙曲珍，刘畅.大学生网络交往影响因素探讨 [J].智库时代，2020（15）：89-90.

[21] 司继伟.青少年心理学 [M].北京：中国轻工业出版社，2010.

[22] 孙彩平.消解神秘，祛除幻想：青少年网络交往引导的关键 [J].班主任，2015（11）：55-57.

[23] 孙洪静.大学生网络人际交往的特点及影响 [J].辽宁经济职业技术学院学报，2015（6）：96-98.

[24] 唐淼，闫煜蕾，王建平.师生关系和青少年内化问题：自尊的中介作用 [J].中国临床心理学杂志，2016（6）：1101-1104.

[25] 万作芳，任海宾.师生关系的四种类型：基于教育历史和实践的概括 [J].教育理论与实践，2011，31（22）：32-35.

[26] 王耘. 小学生师生关系特点及其影响因素研究 [D]. 北京：北京师范大学，2002.

[27] 夏俊. 大学生网络交往问题及教育导向策略研究 [D]. 重庆：西南师范大学，2003.

[28] 解登峰，谢章明. 网络情境中大学生人际交往的现状及其分析 [J]. 皖西学院学报，2015，31（3）：137-141.

[29] 姚计海，唐丹. 中学生师生关系的结构、类型及其发展特点 [J]. 心理与行为研究，2005，3（4）：275-280.

[30] 益婷婷. 高三思想政治课和谐师生关系的构建研究 [D]. 开封：河南师范大学，2018.

[31] 余玉婷，王萍. 现实与虚拟：微信人际交往对大学生现实人际关系的影响 [J]. 教育现代化，2019，6（66）：270-271.

[32] 张倩，郑丹莹，郑海林. 青少年亲子沟通研究综述 [J]. 科教导刊，2015（5）：15.

[33] 章苏静，金科. 亲子关系与儿童网瘾防治策略 [M]. 济南：山东教育出版社，2014.

[34] 张文新. 儿童社会性发展 [M]. 北京：北京师范大学出版社，1999.

[35] 张文新. 青少年发展心理学 [M]. 济南：山东人民出版社，2002.

[36] 张亚杰. 改革开放以来我国人际交往规则演变研究 [D]. 呼和浩特：内蒙古师范大学，2019.

[37] 张永欣，杜红芹，丁倩，牛更枫，杨帅. 青少年的同伴交往：线上与线下的交互 [J]. 心理研究，2016，9（1）：53-59.

[38] 赵虹元. 正确看待青少年虚拟同伴关系 [J]. 中国德育，2019（5）：1.

[39] 赵楠，王耘. 青少年亲子冲突的特点研究 [C]. 中国心理学会. 第十二届全国心理学学术大会论文摘要集，2009.

[40] 周宗奎. 网络心理学 [M]. 上海：华东师范大学出版社，2017.

[41] 朱迪. 中职生手机滥用、社交焦虑和同伴关系的纵向研究 [D]. 贵阳：贵州师范大学，2019.

[42] Arvidsson, A. 'Quality singles': internet dating and the work of fantasy[J]. New Media Society, 2006(8): 671–690.

[43] Ben-Ze'ev, A. Privacy, emotional closeness, and openness in cyberspace[J]. Computers in Human Behavior, 2003(19): 451–467.

[44] Collins, W. A., Welsh, D. P., & Furman, W. Adolescent romantic relationships[J]. Annual Review of Psychology, 2009, 60(1): 631-652.

[45] Cooley, C.H. Social organization: A study of the larger mind[M]. New York: Charles Scribner's Sons, 1909.

[46] Furman W, Shaffer L. The role of romantic relationships in adolescent development[N]. In P. Florsheim(Ed.), Adolescent Romantic Relations and Sexual Behavior: Theory, Research, and Practical Implications. Mahwah, NJ: Erlbaum, 2003-03-02.

[47] Gibbs, J. L., Ellison, N. B., & Heino, R. D. Selfpresentation in online personals: the role of anticipated future interaction, self-disclosure, and perceived success in internet dating[J]. Communication Research, 2006(33): 152–177.

[48] Hartup, W.W. Social relationships and their development significance[J]. American Psychologist, 1989, 44(2),120-126.

[49] Kiesler, S., Siegel, J., & Mcguire, T. W. Social psychological aspects of computer-mediated communication[J]. American Psychologist, 1984, 39(10): 1123—1134.

[50] Pauley, P.M., & Emmers-Sommer, T.M. The impact of internet technologies on primary and secondary romantic relationship[J]. Development Communication Studies, 2007(58): 411–427.

[51] Pearce, M.J., Boergers, J., & Prinstein, M.J. Adolescent obesity, overt and relational peer victimization, and romantic relationships. Obesity Res, 2002(10): 386-393.

[52] Peter, J., Valkenburg, P. M., & Schouten, A. P. Developing a model of adolescent friendship formation on the internet[J]. CyberPsychology & Behavior, 2005, 8(5): 423-430.

[53] Peter, J., Valkenburg, P. M., & Schouten, A. P. Characteristics and motives of adolescents talking with strangers on the internet[J]. CyberPsychology & Behavior, 2006, 9(5): 526-530.

[54] Reddy, R., Rhodes, J. E., & Mulhall, P. The influence of teacher support on student adjustment in the middle school years: a latent growth curve study[J]. Development & Psychopathology, 2003, 15(1): 119-38.

[55] Schtuz W. FIRO: A Three-dimensional Theory of Interpersonal Behavior[M]. New York: Holt Rinehart Winston, 1958.

[56] Wang, M. T., Brinkworth, M., & Eccles, J. Moderating effects of teacher-student relationship in adolescent trajectories of emotional and behavioral adjustment[J]. Developmental Psychology, 2013, 49(4): 690-705.

[57] Whitty, M. T. Revealing the 'real' me, searching for the 'actual' you: presentations of self on an internet dating site[J]. Computers in Human Behavior, 2008, 24(4): 1707-1723.

[58] Yeung, R., & Leadbeater, B. Adults make a difference: the protective effects of parent and teacher emotional support on emotional and behavioral problems of peer‐victimized adolescents[J]. Journal of Community Psychology, 2010, 38(1): 80-98.

第八章　网络信息传播与青少年职业生涯发展

第一节　青少年职业生涯发展概述

青少年生涯发展是关系青少年未来工作、生活的重要议题，正确认识生涯发展、了解生涯发展理论、厘清青少年职业生涯发展，对更好地引导青少年做好其生涯发展规划十分必要。

一、生涯与生涯发展

"生涯"一词，最初是由拉丁文发展而来，在辞海中的释义包括三重含义，即一生的极限、生活，以及生计，又可引申为从事某种活动或职业活动。《牛津辞典》中"生涯"一词则被解释为道路，也可引申为个体一生的道路与进展途径。"生涯"有广义和狭义之分。广义的生涯指个体与整体生活形态的发展与过程；狭义的生涯指与个体所从事工作或职业有关的过程（唐琳，2018）。舒伯认为生涯是生活中各种事态的演进方向和历程，统摄了人一生中的各种职业与生活角色（王刚、李一默，2017）。总之，生涯并不是一个静止的规划，而是一个随着个体的经历而不断发展变化的过程。个体的生涯由于受到社会、家庭等多种因素的影响而呈现出多样化、个性化的特点。

"生涯发展"，是个体在其人生发展过程中，整合生活经验、学习经验以及工作经验，通过工作认同去实现一个有理想、有目标的人生的过程（赫钦斯，

2001）。个体通过生活、学习和工作，以承担社会角色，寻求实现其人生的意义与价值。每一个体的生涯发展都是独一无二的，即便可能与其他个体的生涯发展在形式上有些类似，但其本质也是不同的；个体的生涯发展是一个动态的过程，随着个体的阶段性发展而发展变化；个体的生涯发展贯穿个体的一生，是一个终身发展变化的过程（崔智涛，2009）。生涯发展中有三个核心概念，即"工作""职业认同"和"学习"。工作，一方面是指有偿工作，事业活动中的工作；另一方面是指无偿工作，包括但不局限于子女养育和家庭支持工作。工作对个体而言是实现人生价值，追求人生理想和改变、维持生活方式的载体，而非单纯的谋生手段。职业认同，包括职业价值观、职业理想和信念等内容，是个体在社会文化背景中，与环境相互作用，与他人共同构建的自我概念。职业认同使得个体明白"我是谁""我要成为谁"。学习可以带来行为、认知、态度和价值观的转变，贯穿于个体的生命全过程，是生涯发展各阶段的黏合剂（王乃弋、王晓、严梓洛、蒋建华，2020）。正是这三个核心概念，构成了生涯发展的内涵与外延，筑起了生涯发展理论和实践之间的桥梁。

二、生涯发展理论

不同的心理学家、社会学家从不同角度对职业生涯发展的理论进行了探索。

（一）帕森斯的特质—因素理论

职业生涯规划这一概念由"职业指导之父"帕森斯于其《选择职业》一书中提出。帕森斯认为职业指导应遵循三个原则：从智力、兴趣、资源、限制等特质综合了解自己，即对个体的特质进行详细分析；从酬劳、机会以及优缺点等方面详细了解各种职业的发展前途以及实现职业成功所必备的条件，即对职业要求进行详细分析；对上述两个原则中的所需资料之间的关系进行合理推论，即对个体与职业进行匹配。帕森斯在这三个原则的基础上提出了特质—因素理论。其中，所谓特质是指个体的生理与心理特质的综合特质，而因素则是某一具体职业对个体有哪些具体要求。特质—因素理论的核心就是个体特质要与职业要求相匹配。该理论尊重并承认个体心理与生理结构的差异性，认为个体特质与职业要求的配合度越高，取得职业成功的机会越大。该理论虽具有一定的局限性，但其中的三个原则在当前的青少年职业生涯指导中仍然广为适用。

（二）金斯伯格的职业生涯发展三阶段理论

该理论由金斯伯格在 1951 年出版的《职业出版》一书中提出。金斯伯格认为个体的职业选择处于不断发展过程中，并不是由一次职业选择所决定的，而是由一系列的职业决策所决定的。个体的价值观、情绪因素、受教育程度、受教育类型还有环境压力等均会对个体职业态度产生一定影响，进而影响个体职业选择。个体一生的职业发展可分为三个阶段。11 岁之前为第一阶段，个体出于兴趣爱好而对未来职业充满幻想； 11 岁至 17 岁为第二阶段，这一时期，随着心理逐渐走向成熟，青少年开始产生独立的意识，同时随着个体价值观的形成以及知识的增长，青少年开始表现出职业兴趣，而且开始审视自身主客观条件，关注特定职业的社会地位、意义及其社会需求情况。17 岁以后为第三阶段。这一时期，随着青少年步入社会，其开始将个体的职业愿望与个体的能力、条件，以及社会对职业的需求等结合起来，从客观、现实的角度选择适合自己的职业角色，职业目标变得具体、现实起来。在该理论中，金斯伯格指出，个体的职业发展过程存在差异性，且个体的职业选择贯穿了个体的一生。

（三）霍兰德的职业兴趣理论

霍兰德的职业兴趣理论又称为类型论。该理论认为个体职业选择应与其人格特质匹配，而人格特质在个体职业生涯发展中就表现为职业兴趣。霍兰德还专门开发了职业兴趣量表，以准确测量青少年人格与其职业兴趣之间的关系。霍兰德将人格特质分为六种类型：实用型（R 型）、研究型（I 型）、艺术型（A 型）、社会型（S 型）、企业型（E 型），以及事务型（C 型）。相对应的，职业环境也可分为以上六种类型。具体而言，R 型适合从事工程师、机械工、电工、司机、机械制图员、机器修理师等；I 型适合做科学研究工作，如气象学者、天文学家、物理学者、数学家、科学编辑实验员、科研人员、科技工作者等；A 型适合从事装饰设计、图书管理、摄影、音乐创作、文艺创作、记者等工作；S 型适合从事社会保障、导游、社会咨询、公共卫生服务等工作；E 型适合从事推销、商业经理、广告策划、调度员、律师等工作；C 型适合做会计、出纳、秘书、成本估算师、计算机操作员等。霍兰德认为人格类型与职业环境越匹配，则越有利于个体潜能发挥，也会有更好的职业满意度、稳定性和职业成就。这与帕森斯所提出的特质—因素理论有着相似之处，但霍兰德的职业兴趣理论不主张将人格类型与其职业类型一一对应起来，而是鼓励个体将自身人格特质与一个职业群进行匹配，并在此基础上进行充分的职业生涯探索，以寻求更为合适的职业。

（四）萨柏的职业生涯发展阶段理论

职业生涯发展阶段理论由职业生涯大师萨柏提出，该理论从发展、测评、职业适应性以及自我概念等角度对个体的职业生涯发展进行了系统研究。萨柏提出了多个有关职业生涯发展的观点，如不同的职业对个体的兴趣、人格以及能力的要求十分宽泛，个体可从事多种不同的职业，而不同的人格特征相异或兴趣不一的个体也可以从事同一种职业；个体的职业兴趣、职业能力、生活环境、工作，以及自我等概念会随着时间和经验而改变；个体的职业生涯发展过程即是个体与社会环境、自我概念与现实之间不断融合的过程；个体的工作满意度与自我概念实现程度成正比。

萨柏还发展了著名的生涯彩虹图（图 8-1）以说明其生涯发展理论。生涯彩虹图包括横向的生活广度和纵向的生活空间两个维度。横向的生活广度代表生涯发展的五个阶段及相应年龄，处于彩虹的外层。成长期由 0 岁到 14 岁，儿童开始对现实世界进行探索尝试，并逐渐发展出自我概念，主要发展对工作的态度并了解工作意义；探索期由 15 岁到 24 岁，青少年通过学校学习、社团以及社会经验积累等对自我能力、角色、职业进行探索，职业偏好开始具体化、特定化；建立期由 25 岁到 44 岁，青少年在进一步探索的基础上，逐渐找到合适自己的工作岗位，稳固下来；维持期由 45 岁到 65 岁，个体开始寻求职业生涯发展的日益精进，力求有所建树，并实现职业升迁；退出期即 65 岁以上，个体由于逐步衰老，开始从一线隐退下来，并寻求以新的工作生活方式来替代职业生涯发展，努力适应全新角色。个体只有顺利完成每一阶段任务后才能开启下一阶段的职业生涯发展。纵向维度则代表纵贯上下的生活空间，由子女、学生、休闲者、公民、工作者、持家者等六个不同角色组成。在人生发展历程中，这些角色随年龄增长而不断发生变化。同一年龄阶段的人很可能同时扮演数种角色，因此彼此会有所重叠，但其所占比例会有所不同。

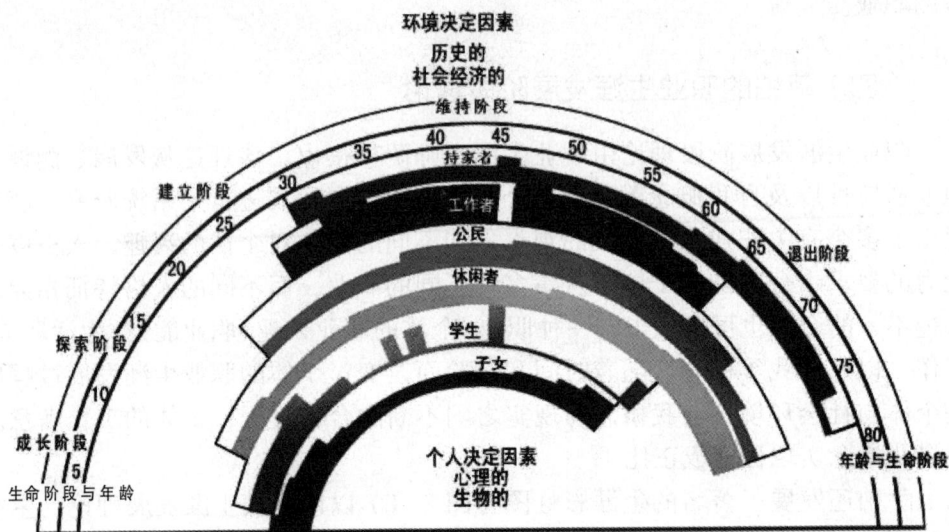

图 8-1　生涯彩虹图

（五）生涯决策理论

生涯决策理论中比较著名的是职业决策社会学习理论，该理论最早由克朗伯兹提出，兴起于 20 世纪 60 年代。该理论认为影响个体生涯发展的决定性因素有遗传因素和特殊的能力、环境状况与事件、学习经验和工作取向技能四种。学习在职业生涯发展中最有重要作用，对职业选择有着十分关键的影响。此外，还有许多心理学家从不同角度构建了职业决策过程模式，其中比较典型的有希尔顿的职业决策过程模式、伽列特的连续性决策模式和奥西普的生涯决策理论。

（六）职业锚理论

该理论由美国心理学家施恩提出。他认为，职业生涯发展实际上是一个持续不断的探索过程。职业锚是个体在职业生涯发展过程中经过自身经历、能力、兴趣、价值观等因素的评估后，对自身做出的一种职业定位，它不是固定的，而是个人同环境相互作用的结果，随环境的变化而变化。其中，施恩将职业锚分为技术 / 职能型、管理型、创造 / 创业型、安全 / 稳定型、自主 / 独立型、服务型、生活型、挑战型等八种不同类型。每种类型都有其长处和短处，无好坏之分，个体可根据自身的职业锚选择适合自己的工作。

三、职业生涯发展的测量

职业生涯发展的测量对青少年了解自身技能、自身职业定位、进行职业规划等过程有重要指导意义。下面简单介绍一些职业生涯发展测量工具。

第一，克里蒂斯（Crites，1973）的职业成熟度问卷，包括"态度量表""能力测试"两部分。态度量表主要测量个体职业卷入度、独立性、确定性（有无确定职业）、取向性（任务取向还是快乐取向）以及妥协性（在理想职业与现实需求间妥协）；能力测试主要评估个体的自我评价能力、职业信息获取能力、目标筛选能力、职业规划能力和问题解决能力。该问卷有较高的内部一致性系数，可用于测量青少年职业决策的态度和能力水平。

第二，威斯布鲁克（Westbrook）和帕里·希尔（Parry-Hill）的职业成熟度认知测验（Westbrook & Parry-HillJr，1973），包括个体对工作条件、工作领域、工作职责、工作教育、时间需求、工作心理需求的认识以及工作筛选能力等六个维度。该测验内部一致性系数较高，可有效评估青少年了解和使用职业信息的熟练程度。

第三，郑海燕（2006）的大学生职业生涯成熟度问卷，包括职业决策知识（包括关于职业自我、职业世界、人际交往策略的知识以及相关专业知识等四个因子）和职业决策态度（包括主动性、灵活性、独立性、自信心和功利性等五个因子）两维度。该问卷信效度良好，对测量大学生职业生涯发展具有重要价值。刘利敏（2009）对该问卷进行了修订，增添了现实性因子，去掉了职业决策态度中包含的灵活性因子，较原模型更为合理，信度与结构效度也更高。

第四，职业锚问卷。该问卷由沙因（Schein，1987)编制，共有管理型、技术/职能型、生活型、安全/稳定型、自主/独立型、服务型、创造/创业型和挑战型等八个维度。计分时，对得分最高的 3 个项目各追加 4 分，再分别计算八个维度的得分，并由此判断个体的职业类型倾向。该问卷常用于职业生涯规划咨询中。

第五，分辨能力倾向测验（简称 DAT）。该问卷由美国心理公司于 1947 年年初出版，并于 1963 年和 1972 年两次修订。该测验包括言语推理、语言运用拼写、语言运用文法、文书速度与准确性、数的能力、抽象推理、机械推理、空间关系等八个分测验，各分测验单独施测、计分。该测验对青少年了解自身潜能，分辨自身优缺点，合理确定未来职业发展方向具有重要参考价值。

第六，一般能力倾向成套测验（简称 GATB）。该测验由美国劳工部就业保险局于 1934 年制定，包括 12 个分测验，分为纸笔测验和操作测验两部分，可测量手指灵巧性、手腕灵巧度、一般智力、空间关系理解力、形状知觉、文书知觉、动作协调、言语和数的能力等九种能力倾向，可计算九个原始分数，并与常模式比较后形成能力倾向剖面图，对个体就业指导有重要参考作用。

第七，霍兰德的职业兴趣自测问卷（SDS）于1970年编制，后于1985修订（Holland, Fritzsche, & Powell, 1994）。该问卷由职业类型测验和职业搜寻表两部分组成，其基本思想是根据个体人格特点确定合适的职业。问卷按实用型（R）、研究型（I）、艺术型（A）、社会型（S）、企业型（E）和事务型（C）等六维度分别计总分，然后取得分最高的三个维度的字母按得分高低顺序排列，得到相应的职业代码（如ASE），根据该代码即可在职业搜寻表中找到与自己特点匹配的职业。霍兰德的职业兴趣自测问卷不仅能在职业咨询中起到一定的参考作用，而且对人员招聘中人职匹配的实现也有帮助，同时还有利于个体了解自己职业兴趣倾向，助力其职业生涯规划。

第八，贝茨（Betz）和泰勒（Taylor）借鉴克里蒂斯（Crites）职业选择能力框架开发的职业决策自我效能感量表(CDMSE)。该量表分五个维度50个项目考察个体在自我评价、收集职业信息、职业目标确定、职业规划和问题解决方面的自我效能感，并于1993年出版了相应的测验手册（Betz & Taylor, 1993）。后来，贝茨、克莱恩和泰勒（Betz, Klein, & Taylor, 1996)将CDMSE进一步缩减为25题的简化版，与原版本有着相同的信效度。该量表主要用于测量个体职业决策自我效能感水平的高低，以及对自己做出合理职业决策的自信水平，得分越高，表示个体的职业决策效能感水平越高。青少年也可通过该量表得知自己职业决策的能力，然后针对性地寻求职业辅导，促进自身职业生涯发展。

四、我国青少年职业生涯发展特点

当前，我国青少年职业生涯发展主要体现出以下几个特点。

第一，我国青少年职业生涯发展存在明显的性别差异。其中，女性青少年在职业生涯的感受、生涯计划、生涯行动、生涯信念等方面与男性青少年相比，表现出相对不成熟的特点（唐琳，2018）。女性青少年在职业生涯规划中面对的阻碍较多，包括体制障碍、情景障碍和性格障碍等。因此她们对职业生涯发展表现出迟疑的状态，常选择较为稳定以及相对轻松的工作；而男性青少年与女性青少年相比，则更多考虑将工作当成事业来对待，更多考虑自身所负担的家庭与社会责任，对职业生涯规划的态度更加正面积极、理性乐观，在职业生涯发展中表现得更加成熟（于跃，2017）。此外，与女性相比，社会给予男性实践与磨炼的机会多于女性，男性青少年在职业选择上几乎不存在限制，这也使得男性在职业发展中更有信心，更渴望地位高、有声誉的职业。

第二，我国青少年职业生涯发展存在明显的年级差异（张淑华、叶露露，2010；唐琳，2018）。青少年的生涯发展呈现出先升后降的波浪式发展，但总的生涯发展成熟度呈现出随年级增长而增长的趋势。这是因为随着年级的升高和知识技能与社会认知的逐步提升，青少年对自己的职业发展目标会有更加清晰的认识；且低年级的学生主要把精力放在学习上，着重提高自身素养，对职业发展的紧迫性关注度不高；而高年级的学生学习压力较小，面临的工作压力较大，因此高年级的学生会着重考虑未来生涯发展问题。此外，在我国大环境下，学生面临的学习压力与升学压力较大，对于处于初三、高三这两个升学阶段的青少年来说，他们几乎没有时间去考虑职业发展问题，导致生涯发展在这两个阶段出现下降趋势。

第三，我国青少年职业生涯发展存在明显的家庭背景差异。青少年所在的家庭环境，以及家长对青少年职业生涯发展的期望会给青少年的职业生涯规划带来重要影响。研究表明（刘利敏，2009），来自农村的青少年主动性、独立性较强，而来自城市的青少年职业知识了解方面更强。近年来，随着我国经济的发展，城乡之间的差距逐渐缩小，青少年在职业生涯规划中开始打破城乡差异，并在新的起点上开拓自己的人生。然而家庭成长环境差异性所导致的青少年职业生涯规划成熟度的差异仍然存在。一般来说，家长对于青少年职业生涯发展与青少年本人的期望一致时，青少年的职业生涯规划表现得更加成熟（唐琳，2018）。

第四，我国青少年职业生涯发展规划多以就业前景为导向，受学科专业布局影响较大。随着社会经济的发展，我国高校中设立的热门学科与重点领域表现出稳中有变的特点。我国青少年在从高中升入大学填报志愿时表现出了明显的扎堆热门专业的现象。这种现象导致青少年在进行职业生涯规划时，常出现高热度下的高要求、高人数下的高竞争、高需求下的高期待的"三高"问题。这种"三高"问题易导致青少年在进行职业生涯规划中做出误判，对自我期待产生盲目自信，不利于其职业生涯发展（于跃，2017）。不同专业的青少年在职业生涯规划的感受、信念、态度以及成熟度上的表现也不同。一般来说，理工科青少年较文科青少年，非师范类青少年较师范类青少年在职业生涯规划中的态度更加乐观、积极（唐琳，2018）。之所以出现上述情况，与我国长期以来过分关注就业前景的生涯发展观密切相关。而实际上，所谓的冷门专业虽存在着就业面窄、就业岗位少等局限，但也可能恰恰因此而不受人关注，从业人员相对较少甚至不足。与热门专业人满为患相比，这似乎正好为青少年职业生涯发展提供了广阔天地。

第二节　网络信息传播对青少年职业生涯发展的影响

一、网络信息传播对青少年职业生涯发展的影响

从一般意义上来说，青少年的职业生涯规划发展会受到诸多因素影响，比如青少年的个人条件、职业理想、职业兴趣、职业能力以及各种相关外部环境等。首先，青少年职业生涯规划中的基础条件为青少年个人条件，其中的个人心理因素、健康因素、性别、个体的能力以及性格因素等对于青少年的发展方向和前景起着重要的决定性作用。其次，青少年的职业生涯规划还受到青少年职业理想、职业兴趣以及职业能力的影响。职业理想是青少年职业生涯发展的基础，受到青少年道德理想、社会理想的制约，对青少年未来的职业选择有着重要的制约作用。而职业兴趣关系到青少年能否在这一职业中走得更远，能否取得成功，是青少年职业发展的关键因素。职业能力，即青少年从事某项职业所必备的基础能力，则关系到青少年职业生涯中能否取得长足发展。最后，经济社会发展、组织特征、家庭环境等外部因素对青少年职业生涯发展也会产生一定影响。社会因素是青少年职业生涯发展的基础因素，社会的政策、法规、民族文化、经济结构决定着职业岗位的结构、数量，以及青少年职业生涯发展的大方向；用人单位等组织的用人要求、社会影响、未来价值、社会福利以及薪资等也会对青少年职业生涯发展产生微妙影响；家庭环境中潜移默化的价值观、行为模式以及职业知识和技能等对青少年的职业理想、职业方向以及职业态度的影响则是长期的、存在于青少年潜意识中的，也不可能被忽视。除以上一般影响因素外，网络信息传播也会给青少年职业生涯发展带来不小冲击，具体表现为以下几点。

第一，网络信息传播会通过影响青少年职业价值观的形成（訾红、宋玮、张云霞，2010），进而影响其职业生涯发展。青少年时期是人生发展的重要时期，此时青少年的职业价值观正处在萌芽期、发育期。青少年自身作为职业生涯规划的主体，他们的职业价值观是其职业生涯的规划基石和灯塔。互联网环境下，网络作为青少年获取信息、拓宽视野的重要渠道，对其职业价值观的影响悄无

声息，不可小觑。比如，通过网络，他们认识了水稻之父袁隆平、疫情战士钟南山、最美女教师张丽莉、大国工匠崔蕴，这些职业榜样和敬业事迹显然会对青少年的职业价值观产生潜移默化的积极影响，为青少年职业生涯健康发展提供养料。当然，互联网中也会存在一些不利于青少年职业生涯发展的负面信息，应引起我们的高度警惕。

第二，网络信息传播丰富了青少年的职业目标对象，提供了更多的职业发展路径，让职业生涯发展更加多样化（武峥、王倩倩，2017）。传统的职业如律师、医生、教师，固然有其吸引人的特别之处，但随着网络的发展，网络本身的丰富性和包容性，孕育了许多属于这个时代的新兴行业。比如，随着新媒体行业繁荣发展，自媒体圈百花争艳，网络直播、游戏博主等应运而生。这大大丰富了青少年对职业的认知，让青少年看到了更多样化的职业选择，对青少年职业生涯发展造成了不小的冲击。

第三，网络信息传播会通过提供海量、多元信息的方式，帮助青少年摆脱教育资源限制，助力其职业生涯发展（吴倩倩，2016）。不同于传统环境下的职业生涯发展，当今内容丰富的网络可以为青少年提供更多、更新、更权威的信息，让青少年了解另一个城市，另一个国家，让那些职业生涯规划中涉及陌生领域信息的青少年不再退却，让青少年的目光不再局限于眼前的世界。网络课程、网络学校的发展让在贫困地区，缺少优质师资的青少年也能接受名校名师的教育，摆脱了教育资源的限制。网络继续教育，进修研讨班等让面对学历头痛不已、受到知识层面局限的青少年可以方便快捷地获得更多的知识，提升自己的学历，进而为其职业生涯发展增添色彩。

第四，网络信息传播会通过向青少年提供丰富、全面的职业、就业资源，让青少年的职业生涯发展有更多的支持力量（郭海娜，2016）。传统的支持力量往往来自青少年的家庭、学校，以及青少年自身。网络信息则可以给青少年更多、更全面、更新的行业与政府政策资讯，以及就业和行业发展相关数据的分析和建议等，从而对其职业生涯发展起到更具有实际意义的帮助作用。

第五，网络信息传播会通过网络课程与职业测评的方式，帮助青少年更好地了解自己，进行职业生涯的规划和发展（王国朕，2014）。网络让青少年认识职业生涯，了解职业生涯，规划职业生涯。一些学校以职业生涯教育为中心，利用网络教学平台开设青少年职业生涯规划教育课程，通过多种问卷帮助学生了解自己的天赋能力、人格特质，分析出适合青少年的职业选择，增强在校青少年职业生涯规划意识，提升青少年职业生涯规划成熟度。当学校的相关建设不充分，无法满足学生的需求时，网络信息就可以填补这片空白，学生可以利用网络信息来了解自己的职业倾向、人格特质，以便于青少年进行科学的职业生涯规划。通过网络还可以进行职业生涯咨询，帮助青少年在"想要做什么"和"能做什么"之间找到平衡点，对学生进行职业意识的启发、职业倾向测评、就业观念修正、就业创业服务、创新创业教育等一系列服务，使得青少年可以通过网络进行更全面的职业生涯规划。

二、网络信息时代青少年职业生涯教育的新特点

互联网改变了世界的连接方式，由此也诞生了诸多新兴职业。这不仅拓宽了青少年职业生涯目标实现途径，还为青少年的职业生涯教育带来了新的机遇与挑战。所谓职业生涯教育，又称职业生涯辅导，是指运用一定理论、方法与技术，帮助青少年充分认识个体的优缺点，并做出合理的职业生涯规划、准备、抉择的教育活动。在职业生涯教育领域，网络技术使得职业生涯教育在课程设置、技术手段、教学方式等方面产生了重大变化（于跃，2017）。比如，在网络信息时代，一方面，网络上的教育资源日益丰富，青少年从网络上享有的信息更加丰富，网络学习途径也呈现出多样化发展的特点；另一方面，网络学习形式多样化，不同年级、学校、地域、国家的青少年均可实现同时在线学习与交流，进一步拓展了教育活动的时空维度，初步实现了社会教育资源共享，网络的不限时性也使得青少年在网络学习中更为灵活、自主，可以随时随地通过网络学习青少年职业生涯规划课程。这适应了现代社会的发展以及青少年的需求，激发了青少年的学习兴趣，为青少年接受职业生涯教育提供了便利条件。对其做好将来职业生涯规划准备工作大有裨益。再比如，在网络信息技术没有兴起与普及前，学校教育多采用板书、播放录音、录像等传统教育方式，随着网络信息技术的普及，教师的教学方式与网络接轨，使得教学形式更加灵活、高效、便捷。作为青少年职业发展中最重要的课程，青少年职业生涯规划课程的教学也呈现出更加灵活的特点。教师可通过网络平台搜集到更多青少年职业生涯规划案例、教学理论，使用多样化的教学平台与工具对青少年职业规划进行全面、合理的设置，以充分发挥网络在青少年职业生涯教育中的积极作用。网络信息时代的到来使得职业生涯规划教育的教学方式更加高效便捷。

三、网络信息时代我国青少年职业生涯发展教育存在的问题

虽然当前网络信息传播给青少年职业生涯发展带来了诸多助益，但当前我国青少年职业生涯发展教育仍存在诸多问题。

首先，虽然我国在高中教育以及大学教育中均设置了青少年的职业生涯规划教育课程，但仍不够重视，教育力度、教育经验、教育氛围等方面远远不能满足青少年的需要。比如，高中阶段青少年由于面临着较大的升学压力，职业生涯规划教育重视力度不够，职业生涯发展网络课程建设更是少之又少，以致许多高中生在高考填报志愿时职业生涯发展知识严重缺乏，显得无所适从；在高等教育阶段，即便大多数高校设置有专门的职业生涯规划线上线下课程，但限于师资力量和课时，也未能将青少年职业生涯规划教育列为必修课程，而仅以选修课形式出现，以致学生重视程度不高，尤其是对线上网络课程疏于管理，缺乏明确要求，实际效果不佳。

其次，网络信息技术对青少年职业生涯发展的促进作用虽初显成效，但仍存在发展不平衡的问题。无论是高中还是大学，青少年职业生涯规划教育均存在着发展不平衡的情况。这种不平衡首先体现在校际间。有的学校重视青少年职业生涯规划教育，其投入的师资力量相对较多，且注重利用网络技术创新教育形式，网络化建设与推广程度较高，取得的效果较好；而有的学校则人力物力投入均不足，对网络信息技术的利用不积极，取得的效果较差。除此之外，这种不平衡还体现在不同地区的差异上。由于经济发展、网络技术普及程度以及职业生涯规划意识不一样，不同地区对充分利用网络开展青少年职业生涯发展规划教育的重视程度存在明显差异，一般来说，经济发达地区的重视程度普遍高于偏远和闭塞地区。

最后，我国青少年职业生涯规范教育远未形成完善的运行体系。我国的青少年职业生涯规划教育的师资力量，与通识教育以及专业教育的师资力量差距较大，对青少年职业生涯规划教育工作产生了较大限制（马亚静、谷世海、王庆波，2008）。同时，我国在青少年职业生涯规划教育法律、法规以及政策、资金投入等方面的不足，也在一定程度上阻碍了青少年职业生涯规划教育的网络化建设与发展，更谈不上系统的课程运行机制。因此，青少年职业生涯规划教育的网络化建设还需国家、政府层面的更多关注、扶持与投入。

显然，这些问题都在一定程度上使网络信息技术在我国青少年职业生涯发展教育中所能发挥的作用大打折扣。总之，网络信息技术的发展，对青少年职业生涯规划教育提出了新的要求，我国青少年职业生涯规划教育均面临着迫切的变革形势。

第三节　网络信息传播背景下青少年职业生涯发展
教育策略

青少年职业生涯发展是一个长期而复杂的过程，需要来自各方力量的全面配合，而网络信息传播背景下的青少年职业生涯发展教育则离不开网络信息技术的支持和助力。

一、利用学校教育主阵地加强青少年生涯发展课程建设

首先，学校应从整体上加强青少年的职业生涯教育。当前，我国在高中教育以及大学教育中均加入了生涯教育，然而重视力度仍不够。学校应从整体上拓展青少年的生涯教育途径，除了开设生涯教育选修课程外，还应在课堂以及班会上渗透生涯教育的潜在内容。在内容上，可将职业生涯教育课程细分为青少年职业生涯规划思想教育、青少年职业素质与技能培养、青少年就业能力培训、青少年职业实践等部分。在形式上，可通过生涯教育小组等课外社团组织激发学生的兴趣，以及相关的职业探索；还可通过校园电台、网络等对青少年传授相关的生涯教育观念；与此同时，还应加强青少年生涯教育的课程反馈力度，构建相关的教学反馈监督机制，更好地提高学校职业生涯教育课程的实效性。

其次，教育工作者要有针对性地对青少年开展生涯教育辅导。当前，我国青少年的生涯发展教育除了整体上不受重视外，还缺乏针对性。为此，在学校生涯教育中，应从五个方面加强青少年生涯教育的针对性（张淑华、叶露露，2010；唐琳，2018；刘利敏，2009）。其一，从性别上说，女性青少年在生涯发展上更多地考虑家庭以及恋爱等因素，有更多的迟疑与担忧，因此在生涯探索、生涯规划以及生涯行动上，应对女性青少年多加鼓励，并帮助其找到生涯发展的平衡点。其二，从年级上讲，青少年的生涯心理与生涯发展总体上呈现出随年级升高逐渐成熟的趋势。因此，相关教育工作者在对青少年进行辅导时，应以年级为单位，结合不同年级学生的特点，选择不同的生涯教育内容与形式，难度上也应遵循先易后难的顺序。其三，从学科角度来说，理科青少年的生涯

心理和生涯成熟度相对高于文科青少年；非师范类青少年的生涯心理和生涯成熟度高于师范类青少年。这就需要我们尤其要强化文科生和师范生的职业发展规划教育，必要时还应进行适当心理支持和辅导，以提高其职业生涯成熟度。其四，从家庭背景上说，来自农村的青少年主动性、独立性较强，而来自城市的青少年具有更丰富的职业知识。因此，相关教育工作者需要重视对来自农村青少年的生涯知识辅导并注重培养来自城市青少年的主动性与独立性，以便其生涯更好地发展。其五，从家庭影响上说，若家长对于青少年职业生涯发展与其本人期望保持一致时，青少年的职业生涯进行规划则表现得更加成熟。这就需要学校配备一定的心理教育工作者，为这些青少年学生提供心理支持，增强其与家长沟通的能力与技巧，以便其与家长生涯期望不一致时能进行合理解决而不阻碍其生涯发展。

再次，建立青少年职业生涯规划的实践教学基地（陈嵘，2012），有意识地拓展青少年的兼职机会，对青少年开展职业生涯教育辅导。当前，许多针对青少年的职业生涯规划教育都只停留在理论阶段，缺少对学生本身的职业经验和职业实践活动的关注。许多青少年有实践的意向和行动，但往往缺乏相应的经验，以致在职业生涯实践中接连受挫，失去信心，对其职业生涯发展非常不利。为此，学校应当设立实践教学基地，以见习、实习的方式让学生建立专业理论与实践之间的联系，为其获取一线的专业实践经验提供保障。特别值得一提的是，在网络信息技术高度发达的今天，电子商务等与网络信息技术密切相关的行业不断涌现，我们也要充分运用这一点，不仅与传统行业单位联合建立实践教学基地，更要尝试与互联网技术相关企业发展合作关系，使学生与时俱进地积累相关专业实践经验。

第四，结合网络信息传播背景，充分发挥青少年自身职业生涯规划的主观能动性。美国作家马尔科姆·格拉德威尔通过多年研究提出一万小时定律，他认为一个人想在任何领域取得成功，就需要练习一万个小时，由此可见青少年职业成熟度与个体对职业发展的具体投入直接相关。有研究指出（李萍、马伟娜，2011），主动性越高，自我认识水平也越好，就越有利于学生自我生涯规划。青少年处于求知欲与好奇心旺盛的阶段，独立感与自主感日益增强，教育工作者可充分利用其心理特征并结合当今网络信息传播背景来发挥其主观能动性。比如，通过线上与线下宣传促进学生加入学生会、社团等组织，增强其实践操作技能与人际合作能力，提高其职业竞争力；增设现场与网络生涯发展课程，提高学生对未来职业生涯的期待，促进其职业生涯的发展规划；开展职业生涯模拟、职业演讲、"互联网＋"、创新创业征文等生涯发展与创新创业活动，充分发挥学生的主观能动性；增设生涯发展线上答疑网站并积极宣传，使学生在职业发展与决策中遇到困惑时可方便快捷地与教师沟通、交流，及时解决问题。

最后，扩大青少年生涯教育师资队伍，注重其网络信息技术能力的培养。青少年生涯教育离不开专业的师资力量支持，职业生涯规划作为一项系统性的工程，需要心理学、教育学、管理学、经济学、法学、社会学等方面专业教师的参与，而现在高校负责职业生涯规划的教师往往由辅导员、思想政治教育队伍等人员组成，缺乏专业性，也难以传授有针对性的内容。因此，学校方面要加强对青少年职业生涯教育的重视程度，从专业的师资力量入手，对生涯规划相关课程体系进行改革，让青少年的职业生涯规划课程不再是"面子工程""水课"；成立专业的、有针对性的生涯规划教师团队，加强青少年职业生涯规划教育课程教师、青少年职业生涯规划教育网络建设程序员、青少年就业信息咨询中心调研员、青少年职业心理咨询师等专业教师队伍建设，从青少年心理素质、职业生涯规划以及职业生涯心理成熟度等方面加强对青少年的支持与帮助。网络信息时代，青少年职业生涯教育师资队伍建设，还应充分考虑其运用信息化技术开展职业生涯发展教育能力的建设。唯有如此才能更好地利用网络信息技术发展给我们带来的大好机遇，为青少年职业生涯发展教育添砖加瓦。

二、利用社会和家庭的力量促进青少年生涯发展规划

根据萨柏的职业生涯的彩虹图，个体成长过程中，个体的心理特质、生理因素以及社会性因素相互作用，对于个体的整个生涯发展有重要影响。家庭是个体发展的港湾，社会是个体发展的天地。除学校教育外，家庭和社会在个体生涯发展中也起着举足轻重的作用。

家庭氛围与父母教育方式对个体心理特征有重要影响。美国心理学家戴安娜·鲍姆林德将教养方式划分为四种：权威型、专断型、放纵型和忽视型。有研究显示（牛玉柏、张凌燕、郝泽生、季雨竹，2019；韩阿珠等，2018；刘晓玲，2017），权威型父母教养方式能缓解青少年的特质焦虑，提高其心理韧性，即自我调节能力更高、自信心更强、主动性更强、与他人的依恋关系更好、更加积极乐观、更有利于孩子获得好的学业成绩。在这样的教育环境中成长的孩子，其生涯发展规划也会比其他几种教养方式的孩子发展得更好，其在面临生涯发展瓶颈时也能更好地渡过。此外，母亲给予孩子鼓励也有助于缓解青少年的职业决策焦虑、提升其自信心（刘利敏，2009）。因此，家长应采用良好的

教养方式，多对孩子进行鼓励而不是棍棒教育，营造温暖健康的家庭氛围，以促进孩子职业生涯健康发展。父母除提供情感支持外，还可对青少年提供职业生涯规划的帮助。如在幼时就培养孩子的自我概念，帮助其发现兴趣爱好、发展职业能力。此外，父母的职业经验丰富，可多与孩子探讨自己职业发展的经验，针对性地给孩子提供职业锻炼机会，以帮助孩子更好地适应未来职业生涯。

个体的职业生涯发展离不开社会的支持，社会应多为青少年提供职业锻炼的机会。首先，企事业单位可向青少年开放免费职业观摩机会，如让青少年学生参观各种职业的工作环境、体验其工作流程等，当然，也可与学校合作，针对性地给学生提供兼职机会，让青少年对自身职业定位有更清晰的认识。其次，国家可放开青少年创业政策，给予青少年创业支持，提供创业基金与低额贷款等，以促进其职业生涯广阔发展。再次，国家应为家庭贫困的青少年提供奖助学金，以减轻其家庭负担与自身心理压力，从而帮助其更好地求学与进行职业规划。最后，社会应降低就业成本。北上广等城市生活成本高，部分青少年可能因为高昂的房租费就放弃了发展，以致限制了青少年的生涯规划，因此社会可降低就业成本，如工作单位免费为员工提供住宿等，可减轻青少年生活压力，让其更好地将精力投入职业生涯发展中而无后顾之忧。总之，青少年是生活在社会中的个体，具有社会性，其职业生涯发展离不开社会各界的力量。

最后，还应构建家庭—学校—社会联合教育模式，家庭与学校、社会合作；学校与家庭、社会合作；社会也应积极联系家庭、学校，构建三方双向合作模式，以期收到三方联动，共同促进青少年职业生涯发展的效果。同样，家庭、学校和社会的联动，无论是在内容上还是在形式上，均应充分利用互联网技术的发展所带来的便利条件，以进一步提高网络信息传播大背景下青少年职业生涯发展教育的针对性、实效性。

三、利用互联网技术加强青少年职业生涯发展教育

首先，借助互联网技术，提早开设青少年生涯教育。我国的青少年生涯发展教育与国外发达国家相比，开设的较晚，且大部分的高中并未开展职业生涯教育。对于青少年来说，高考之后所选择的专业，与其未来的职业生涯规划密切相关。然而，大部分的高中生在选择专业时并未接受过系统的职业生涯教育，存在着较大的盲目性，导致不少青少年没有选择到自己感兴趣的专业，不仅学习过程痛苦，也给其后期职业生涯规划与发展带来不少困扰。如在高中文理分科时，父母会因为"学会数理化，走遍天下都不怕""女孩子不擅长理科"等

理由，要求青少年选择"更有前途""更容易"的学科，而学生在高考报考专业时却往往会因文理科受到限制，与心仪专业擦肩而过。在网络信息技术高度发达的今天，若能在高中阶段就能借助网络平台开发相关职业生涯规划课程，并以适当方式推送给高中生（尤其是高三学生），则可在一定程度上避免高中毕业生选填高考专业志愿时的盲目心理，增强青少年生涯规划的成熟度，助力其职业生涯发展。当然，要做到这一点，除了通过学校外，也可引入社会第三方教育机构开展相关工作，以系统增强青少年职业生涯规划教育的专业力量，减少学校教育系统的工作压力。

其次，借助互联网技术，丰富职业生涯教育的内容。当前，随着我国网络信息技术的提升，以及中国的"大众创业，万众创新"思潮的发展，越来越多的青少年加入创新创业的大潮中去。为支持和鼓励青少年创业，许多学校打造了专门的创业平台，在社会上，一些第三方社会服务组织也开展了类似的创业平台，支持青年创业。然而，对于许多青少年来说，在学习创业理论的同时，还应通过多个渠道加强创业实践模拟，以避免和减少青少年盲目创业以及创业失败后承受过大压力。因此，学校以及社会第三方组织力量可在网络平台宣传创业知识、创业步骤，并组织青少年学生通过相关创业程序进行模拟演练，以获得丰富的创业实践经验。

再次，借助互联网技术，丰富青少年职业发展路径。在传统的就业体系中，职业发展途径十分有限。而互联网信息技术的发展则为传统的就业体系中注入了新的力量，一大批"互联网+"相关新兴行业如雨后春笋般涌现出来，极大地拓展了青少年就业途径。我们可以抓住这样的机会，有意识地引导青少年去了解这些与"互联网+"密切相关的朝阳产业，并使其掌握相关职业技能，培养其在相关领域发展的职业兴趣和坚定信念，为青少年职业生涯发展拓宽道路。学校也可以与相关平台进行合作，为青少年提供相关行业的实习岗位，发现潜在的资源，丰富青少年的职业发展路径。

最后，开展以网络为基点的生涯咨询工作（姚远，2010）。一些学生对职业生涯只知其一而不知其二，认识较为浅薄，规划不够合理，他们往往因为兴趣爱好、利益可观、社会观念等因素就草率地决定自己的职业目标，改变自己的努力方向。不妨利用互联网，以各大高校为中心，以诸多工作单位为基础，建立生涯咨询服务机构，吸纳专业的教师与服务者，为学生提供专业的职业测评、生涯咨询与辅导工作，帮助学生探索自身的性格、价值观、能力，提供全面、权威的信息，开展职业意向启发、职业目标选择、职业倾向测试等服务，以帮助青少年科学合理地选择就业方向。授人以鱼不如授人以渔，机构也可以与来访者签订咨询合同，定期进行回访，前期辅助青少年进行职业生涯规划，中期帮助其建立自主生涯规划的能力，后期对青少年的职业生涯进行干预修缮。

四、借鉴国外经验，完善青少年职业生涯教育模式

相对于国内的青少年生涯教育，国外发达国家的生涯教育开展较早，且较为系统完善，对我国青少年职业生涯发展教育不无启发。现仅简要介绍几例，以资参考。

一是美国青少年生涯教育中的服务学习模式。美国的生涯教育自20世纪70年代开始着手建立，现已建设成为较全面和系统的生涯教育体系。美国的生涯教育包括从幼儿园、小学、中学一直到大学等各个阶段。在初级阶段，侧重于向学生介绍各个职业的特点以及职能，让学生对各个职业形成初步印象。随着年龄的增长，生涯教育开始鼓励学生参与不同职业的实践活动，通过这种实践活动，加深青少年对各个职业的印象。到了大学时期，美国开始实施服务学习模式，学生根据自己所学的专业参与社区服务，这种社区服务与学生的学分挂钩，要求学生必须参与。学生通过将自己所学的专业知识应用于社会服务，不仅可从中体会到所学专业的功能，还可受到相关的思想、态度以及价值观的熏陶，树立公民应具有的社会责任感，并以此引导青少年形成适合自己专业的职业生涯规划。此外，美国大学中还设立了多门专业的职业生涯教育课程，每个大学生每年都必须选修相关的教育课程。

二是英国和澳大利亚的开放大学模式。开放教育是在教育方式、教育场所、教育过程及教学者、学习者等方面呈现多元化、灵活化和开放化特点的教育模式。英国的开放大学就是一种典型的开放教育，其在学习时间、授课地点上均具有较高的灵活性，互联网信息技术的发展更为开放大学带来了更加便利的教学方式。目前，开放大学的课程设置、师资队伍以及监督反馈机制均较为完善，可以为不同职业、性别、年龄、区域的人开设多门不同课程，在具体的课程管理、资格认证、学习内容等方面也高度灵活，广受欢迎。除了英国外，澳大利亚自1993年起也开设了开放大学，由多所大学共同建立。学习者借助网络即可在支持开放大学的学校中进行注册并办理入学手续。之后，主要针对学生选择的专业、年龄、薪资需求等因素对学生进行专业的、个性化强的、有针对性的职业生涯教育，学生还可从中获得专业建议、投诉管理以及残疾人支持等多方面的支持服务，帮助学生在接受职业生涯教育的同时，做好职业生涯发展规划。

三是欧洲生涯指导和咨询创新网络。欧洲生涯指导和咨询创新网络（简称NICE）对职业生涯规划的探讨共分三大部分，即能力部分、专业部分、知识部分（李凯、温亚，2019）。能力模块中包括引导个体发现个人优势，收集职业信息，分析市场趋势，评估职业风险，针对性的培训及反思、学习的能力，以及对来访者与环境之间冲突的调整等部分。专业模块主要强调对该领域专业价值观和道德标准的持续学习，以及批判思维能力的培养。如专业心理咨询师给来访者提供咨询服务过程中，应该秉持职业道德，遵循社会道德标准，在职业发展过程中不断学习新知识、新内容，在咨询工作过程中要培养自身的批判性思维，对自身的实践行为进行批判性反思。知识模块是由职业生涯咨询专业人员通过灵活多样的形式向个体传授职业生涯，团队组织、沟通、社会市场政策等方面的相关知识。这三大部分相互补充、相辅相成，共同形成一个较为完整、系统的生涯指导和咨询体系。

四是日本的职业生涯教育模式。虽然日本的职业生涯咨询开始晚于英、美、澳大利亚等国，但也有了较为可观的发展。日本强调职业生涯的教育应该是连贯的终身教育，所以从青少年的中学时代起，学校就开始对其进行职业生涯教育。学校会收集学生的个人信息，建立档案资料，为学生提供职业信息，让青少年与其家庭一起接受职业生涯教育，一同商谈青少年的职业生涯规划等。到后期，随着职业生涯咨询的发展，日本也有许多专业化公司雇用咨询师，为公司内的职员提供一些职业生涯规划类服务，以便实现公司青年员工在专业能力等方面的快速成长。

国外发达国家这些职业生涯教育模式与经验虽不能机械套用，却可为网络信息时代我国青少年职业生涯教育的完善与发展提供有益借鉴。

参考文献

[1] Betz, N.E., Klein, K.L., & Taylor, K.M. Evaluation of a short form of the Career Decision-Making Self-Efficacy Scale[J]. Journal of Career Assessment, 1996, 4(1): 47-57.

[2] Betz, N.E., & Taylor, K.M. Manual for the Career Decision Making Self Efficacy Scale[M]. Columbus, OH: Author, 1993.

[3] Crites, J.O. The Career Maturity Inventory[M]. Monterey, CA: CTB/McGrow-Hill, 1973.

[4] Holland, J.L., Fritzsche, B.,& Powell, A. SDS Professional User Guide[M]. Odessa, FL: Psychological Assessment Resources, 1994.

[5] Schein, E.H Individuals and Careers. In J.W. Lorsch. Handbook of Organizational Behavior[M]. New York: Prentice Hall, 1987.

[6] Westbrook, B.W., & Parry-Hill, J.W. The measurement of cognitive vocational maturity[J]. Journal of Vocational Behavior, 1973, 3(3): 239-252.

[7] 崔智涛. 大学生生涯发展课程设计研究 [D]. 武汉：华东师范大学，2009.

[8] 陈恒嵘. 高校设计类专业大学生创业服务体系的建设 [J]. 教育与职业，2012（14）：92-93.

[9] 郭海娜. 网络对于大学生职业生涯规划产生的影响 [J]. 湖北函授大学学报，2016，29（5）：21-22.

[10] 韩阿珠，张国宝，苏普玉，范新瑶，毛海龙，王晓艳，杨会. 家庭教养方式对学龄前儿童行为和情绪问题的影响 [J]. 中国学校卫生，2018，39（12），1773-1778.

[11] 赫钦斯. 美国高等教育 [M]. 汪利兵，译. 杭州：浙江教育出版社，2001.

[12] 李凯，温亚. 欧洲生涯指导和咨询创新网络对我国生涯教育的启示 [J]. 传播力研究，2019，3（20）：258.

[13] 李萍，马伟娜. 大学生职业生涯规划现状分析及对策 [J]. 社会心理科学，2011，26（4）：122-128.

[14] 刘利敏. 大学生职业成熟度问卷修编及发展特点研究 [D]. 重庆：西南大学，2009.

[15] 刘晓玲. 小学生父母教养方式、家庭环境与学业成绩的关系研究 [J]. 上海教育科研，2017（9）：32-36.

[16] 马亚静，谷世海，王庆波. 我国高校职业生涯教育存在的问题与对策 [J]. 教育探索，2008（2）：136-137.

[17] 牛玉柏，张凌燕，郝泽生，季雨竹. 气质、父母教养方式与幼儿心理韧性的关系 [J]. 浙江大学学报（医学版），2019，48（1）：75-82.

[18] 唐琳. 网络环境下大学生心理健康教育研究 [M]. 成都：西南交通大学出版社，2018.

[19] 王乃弋，王晓，严梓洛，蒋建华. 生涯发展的系统理论框架及其应用评析 [J]. 比较教育研究，2020，42（3）：89-96.

[20] 王刚，李一默. 大学生职业生涯发展与规划 [M]. 成都：电子科技大学出版社，2017.

[21] 王国朕. 社会网络对大学生职业生涯规划的影响研究 [D]. 长春：吉林大学，2014.

[22] 吴倩倩. 网络文化对大学生职业生涯规划的积极影响 [T]. 边疆经济与文化，2016（9）：94-95.

[23] 武峥，王倩倩. 网络环境下大学生职业生涯规划体系建设创新探讨 [J]. 赤峰学院学报（自然科学版），2017，33（6）：208-210.

[24] 姚远. 高校职业生涯规划服务方式探析 [J]. 中国人才，2010（22）：35-37.

[25] 于跃. "互联网+"时代大学生职业生涯规划教育及网络化建设借鉴 [J]. 学术探索，2017（11）：150-155.

[26] 张淑华，叶露露. 青少年职业探索发展特点研究 [T]. 沈阳师范大学学报（社会科学版），2010，34（5）：83-86.

[27] 郑海燕. 大学生职业成熟度的结构及其发展特点 [D]. 重庆：西南大学，2006.

[28] 誉红，宋玮，张云霞. 网络舆情对大学生职业选择的影响 [J]. 河北大学学报（哲学社会科学版），2010，35（2）：113-116.

第九章 青少年心理发展视角下网络信息传播监控与引导

网络信息传播对青少年心理发展来说，是机遇，更是挑战。我们一方面要充分利用其对青少年心理发展的促进作用，另一方面更要防范其可能给青少年心理发展带来的负面影响。为此，我们必须做好网络信息传播监控与规范引导工作。

第一节 网络舆论的形成与引导

网络空间汇聚了多元化的议题和声音，形成了一个个有着强大舆论影响力的网络平台。网络舆论形成机制与传统大众舆论相比呈现出新的特点，这就为其规范引导工作带来新的挑战。

一、网络舆论的概念

网络舆论是随网络信息传播而产生的一个新概念。20 世纪 90 年代以来，我国学者从不同角度提出了多个关于网络舆论的定义。周丽娟等人（2017）认为网络舆论是公众在互联网中反映出来的对某些社会现象和问题的主观意见、态度及情绪；谭轶涵（2019）认为网络舆论是公众以网络为平台，通过语言或其他方式对公共事务或焦点问题所发表的意见的总和；谭伟（2003）认为网络舆论是在互联网上传播的、公众对某一焦点问题所表现出的、有一定影响力、带一定倾向性的意见或言论;薛宝琴(2018)则在综合国内学者网络舆论定义的基础上,指出网络舆论的内涵包括五个方面的内容。第一,网络舆论主体为网民,且由于网民身份的虚拟性,使网络舆论常表现出非理性、群体极化的特征。第二,网络舆论客体一般是特定的社会事件和现象,往往类型多样,涉及面广。第三,网络舆论载体包括所有基于互联网传播技术而形成的媒介形态或应用,如网页、微信、微博等。第四,网络舆论的形成通常是自下而上的,主要表现为两种方式:一是网络中的海量信息和报道引发网民意见聚积;二是网民就社会热点现象进行自发讨论而形成有影响力的言论或情绪。这与传统媒体自上而下的舆论形成机制恰好相反。第五,网络舆论是网民意见或心声的反映,具有引导公众参与社会事务,行使监督权利的功能,但同时也因谣言与虚假信息的存在而可能对社会构成一定负面影响。

二、网络舆论的形成与发展机制

网络舆论作为网络舆情的重要体现因素与爆发因素,其形成与发展有其自身的规律性。彭兰(2017)认为网络舆论的形成包括三个阶段,即导火索事件引发网民关注为起点阶段;网民对事件的讨论扩散为中间环节;网民意见的整合则标志着网络舆论的最终达成。彭榕(2016)则认为,除了这三个阶段外,网络舆论还可能进一步发酵,对网民现实行为产生诱导作用,乃至发展成为社会公共事件,这实际上是网络舆论向现实社会的进一步延伸。需要说明的是,网络舆论的形成与发展过程并不是一个闭环,而是保持着与外界传统媒体、现实空间的多样化互动,这种互动在一定程度上引发了网络舆论的扩大化,对网络舆论的走向和趋势产生重要影响。

网络舆论的形成与发展是一个从信息传播到意见交流,再到意见集中的过程,也是个体与群体、群体与社会之间心理互动的过程。在此过程中,人的因素自然不可忽视。比如,网络编辑作为网络信息的把关人,对网络舆论的导航发挥着不可替代的重要作用(王秋菊,2010)。网络编辑首先凭借自己对社会事件新闻价值的判断,将其从芜杂的网络信息中挑选出来,设计成专题,并对其标题、位置进行有意设置,悄悄推动网络议题形成(孟德华,2009);随后又可采用特定的角度来陈述事实,选用特定方法将事件串联起来,"框架"网民对社会事件的态度和认知,进而影响网络舆论的走向。同时,网络编辑的操控能力对网络舆论的发展也至关重要,一个略失公正的标题就可能导致群情激愤而不可收拾，一个稍过度的渲染就可能导致民意沸扬而引发严重后果。当然，网络编辑也可以通过还原事实真相、展示不同观点、平衡多方意见等手段，平复此类不利局面，引导网络舆论朝着正确的方向发展。再如，网民的非理性特点对网络舆论的启动可起到推波助澜的作用。非理性是个体本能欲望的反映，加之网络环境自由、开放、匿名的特点，经过网络发酵后的社会焦点事件，往往容易成为网民情绪的喷发口，催生网民各种非理性行为产生，成为网络舆论爆发的导火索。而正处于世界观、人生观、价值观形成期的青少年往往思维敏捷、个性鲜明，他们常带着特有的叛逆和猎奇心理，以"狂欢""戏谑""宣泄"的方式表达自己的思想和情感，更是难免产生一些过激的行为和言论，在不知不觉中成为网络舆论的诱发因素（邓纯余，2018）。社会心态作为一种群体心态，是民意和舆论的催化剂，在网络舆论议题形成中的作用举足轻重。如我国改革开放以来，部分网民的仇富、仇官心理正是"富二代""官二代"等网络舆论议题形成的基础；而功利、浮躁、暴戾的社会心态则是引发网络舆论暴力的重要推手。可见社会心态与网络舆论的形成和发展也有着千丝万缕的联系。

　　除了一般的网络舆论形成和发展过程外，罗昕（2008）还特别提出了网络舆论暴力形成、发展和平息的"龙卷风"模型（图1）：第一阶段是社会事件因其反常、不确定以及暗含的"引爆点"而引发网民关注、讨论，形成不同的网络舆论；第二阶段是各种网络舆论积聚在一起，经相互碰撞、融合、博弈后形成边界并引发群体极化；第三阶段是随着极端舆论不断壮大，极端情绪不断蔓延，言论暴力也由此滋生；第四阶段是极端舆论在各种因素的推动下，慢慢延伸到现实生活中，乃至引发个体暴力行为；第五阶段则是传统媒体介入，通过议程设置等手段进行有效引导，网络舆论暴力逐渐平息。该理论模型实际上从网络舆论偏差的视角进一步阐述了网络舆论形成和发展的机制。

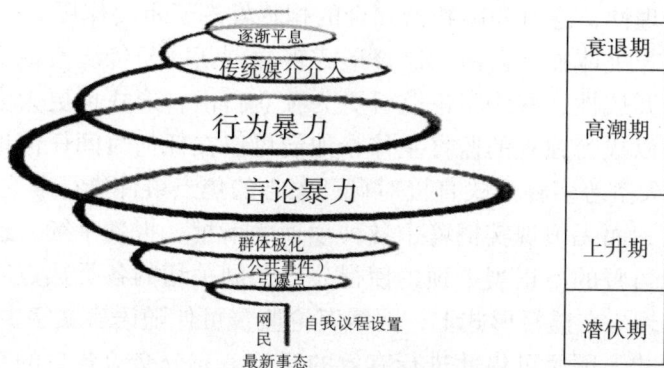

图1　"龙卷风"模型

三、我国网络舆论发展的特点

中国网络舆论的形成与中国进入社会转型期以及互联网信息时代新媒介环境形成的背景有关。而中国的网络舆论作为一股不可忽视的舆论力量登上社会舞台则开始于2003年。随后，网络舆论在多个事件中发力，从标志着网络舆论影响政治决策开端的"孙志刚事件"（2003），到后来的"欺实马"（2009）、"我爸是李刚"（2010）等都表现出了不可阻挡的强大力量。但总体上中国网络舆论发展至今尚远未成熟，并呈现出如下特点（曹茹、王秋菊，2013；蒋雪梅，2012；李红，2014；王荟、伏竹君，2015）。

其一，在关注公共利益的同时，呈现出一定的民意表达偏向。近年来，中国网络舆论事件虽鱼龙混杂，泥沙俱下，但也多能反映出网民对公共利益的关注，即便有一些恶搞、人身攻击、嬉笑怒骂、无聊八卦之类的现象，却也能在一定程度上反映出网民维护社会公平正义、关注国计民生的强烈愿望。同时，现阶段我国网络舆论也呈现出了明显的城市偏向、情绪偏向以及负面偏向等特点。城市偏向是指网络舆论多热衷于反映城市居民利益诉求，而对农村地区以及农民的利益关注较少；情绪偏向，则是指在网络事件中网民的情绪表达产生偏向，这些偏向对于真正的民意表达产生了一定的不利影响；负面偏向，即网络舆论大多着重于表现社会负面，对于社会正能量的宣传相对较少，这一点在近两年来有所改变。

其二，非理性过程与理性结果并存。由于网络具有虚拟、开放、匿名等特点，我国的网络舆论在发起、形成、发展的过程中也不可避免地表现出了非理性特点，人肉搜索、网络暴力、造谣中伤等非理性现象在网络舆论形成初期层出不穷。但是，随着网络舆论的不断演进、发展，往往大多都能引起社会、政府及正统传媒的高度重视，并经过积极、广泛的讨论后进行多元化的意见整合，使网络舆论最终走向理性，这对我国和谐社会的构建发挥了重要作用。

其三，监督主体独立自由，监督形式多样创新。与传统监督不同，由于网络的便捷性、开放性，网络舆论监督更为独立自由，形式也更为多种多样。每一个网民都可以成为独立的监督主体，他们可以在任何时间任何地点，通过论坛、微博、聊天室等多种形式直接对自己关心的焦点事件进行曝光、发表看法，并行使监督权，而无须现实情境中各种烦琐的审批、报备手续，这就避开了政治权利对舆论监督的不正当干预，使得公众共同关切的各类热点问题能得到迅速、有效的处理。在监督形式上，网络舆论监督可伴随语言文字、图片、声音、视频等多种形式，网民可借此进行有效的互动，充分交流各自的看法，表达各自的诉求，传达民意心声。近年来，我国更是不断创新、发展网络舆论监督形式，各种网络媒体协会、网络监督志愿者体系、网络评议制度逐渐建立起来，一个完整、系统的网络舆论监督体系正在日臻完善之中。需要指出的是，网络舆论监督虽有长足发展，但仍存在相关制度、法规不健全的问题，更无成熟的法律体系作为保障，以致借网络监督之名挟私报复的现象时有发生，给社会和谐带来了一定困扰，后续尚需进一步规范。

四、网络舆论引导的策略和方法

（一）网络舆论引导的必要性

网络舆论具有开放性、匿名性、即时性等特点，这在一定程度上有利于其成为表达民意诉求，维护社会公平正义的有力工具。但是，网络舆论中也不乏一些诸如激进偏激、恶意炒作、意识形态渗透等消极负面的东西，如不加以及时疏导，则可能给社会和谐发展带来不利影响。因此，对网络舆论进行规范引导是非常有必要的，而国内外实践经验也表明，合理的舆论引导对推动社会发展从来都是有利而无害的。

（二）我国现行网络舆论的引导机制

网络舆论的崛起对我国传统主流媒体的舆论权威地位带来了不小挑战，但同时也使我国网络舆论引导面临着历史性的机遇。近年来，经过不懈探索，我国传统媒体舆论引导与新媒体舆论引导之间形成了优势互补，同时制定一系列网络舆论引导相关的政策、法规出台，赋予了网络媒体新的历史使命，使网络舆论成为全面服务社会发展的重要力量。实际上，自20世纪90年代以来，我国制定了一系列有关互联网信息安全，网络新闻和信息内容的规定与综合管理机制，出台了网络新闻和文化产品细化管理、政府主体舆论引导的法律规范，以及微博实名制、网站实名制、个人网络信息保护法等一系列法律法规，为网络舆论引导提供了必要条件。目前，我国的网络舆论引导主体主要由党和政府相关部门、媒体及从业人员、社会组织等三方面共同构成（薛宝琴，2018）。

第一，党和政府相关主管部门主要对网络舆论进行宏观引导。党和政府在网络舆论引导中处于无可置疑的主导地位，应从宏观层面对网络舆论传播中各类主体的自由与责任、权利与义务进行明确规定。近年来，我国党和政府坚持党性原则和国家利益原则，充分尊重网络舆论传播规律，不断完善网络立法，强化党和政府在网络舆论引导中的主导地位，设置了网络视听节目管理司和监管中心，明晰了各类网络舆论引导主管部门的责任、义务、权利，开展了一系列的网络内容传播与舆论引导乱象的规制活动，有效地促进了互联网信息服务健康有序发展。

第二，各级各类媒体及其从业人员对网络舆论进行直接引导。网络媒体及其从业人员是政府进行网络舆论引导的主要力量，主要通过议程设置以及揭露、批评网络偏差行为等倾向性传播来将网络舆论引向预设方向。同时，不同媒体的舆论引导方式不同。网络舆论引导表现形式和渠道多样化，可直接干预热点事件及相关舆论发生、发展过程，却具有相对不可控的特点；而传统媒体更多是从新闻评论的角度引导社会舆论，渠道和表现形式单一，但却相对可控。经多年发展，我国舆论引导已形成了网络舆论引导与传统舆论引导互为补充、共同实现社会舆论良性发展的大好局面。

第三，相关社会组织是对网络舆论引导产生具体作用的组织，包括相关的行业协会和社会组织，它们在网络舆论引导中发挥着极为重要的价值导向功能。例如，2011 年成立的中国互联网协会就先后出台了《中国互联网行业自律公约》《博客服务自律公约》等行业规范；2006 年成立的北京网络新闻信息评议会，每年都会对网络媒体进行监督和引导；其他重要的网络门户网站也发起了多个公约形式的自律规定。这些行业协会和社会评议会在当前我国网络舆论引导中发挥越来越重要的规范、监督和评议作用。

（三）网络舆论引导的策略与方法

第一，要充分发挥政府、媒体、网络意见领袖等三个主体的积极作用。首先，政府在网络舆论引导中居于主导地位，具体可从提高政府公信力、构建社会诚信体系，充分发挥网络舆论引导和舆论监督的合力作用，加强舆论引导失当的行政问责、开展网络舆情监测和民意调查等方面着手，构建完善的政府网络舆论引导机制。其次，主流网络媒体是网络舆论引导的主体，具体可以从规范网络媒体采访权、完善主流新闻网站舆论引导、加强新闻网站公信力建设、重视公民的媒介素养教育等方面积极发挥其在舆论中的引导作用。最后，网络意见领袖是推动网络表达成为公众议题的核心群体，对网络舆论具有重要的引领作用，具体可从规范网络意见领袖人群的培育、提高其网络素养，引导其熟练把握舆论引导技巧等方面入手，充分发挥其对网络舆论的积极导向作用。

第二，要加强微博、微信等重要网络平台的舆论引导工作（王延隆、李俊奎，2018；王延隆，2013；董瑜，2019）。微博、微信是深受网民欢迎的两种网络舆论平台，各种热点话题在此聚集、发酵，对广大网民，尤其是青少年的价值判断与行为方式产生了重要影响。因此，对微博和微信舆论的引导十分重要。为此，我们要从宏观角度完善相关体制机制建设，建立、完善微博和微信舆情检测、预警体系与紧急应对措施，加强网络法律监管制度建设，用制度为微博舆论和舆情保驾护航；要加强"政务微信"建设，抢占舆论高地，建立"网上新闻发言人"机制，加强与相关利益群体的对话沟通，及时疏导、回应网情民意；要加强思想引领，积极培育微博和微信平台意见领袖、提高网民媒介素养，引导网民理性平和地使用微博、微信；还要规范微博、微信平台运营管理机制、提高平台管理能力，鼓励平台运营商通过建立举报与赏罚机制、升级信息过滤技术规范网民网络行为，净化微博、微信运营环境。也只有如此，才能达到规范网络信息发布，做好网络舆情监测，引导网络舆论积极、健康发展的目的。

第三，要合理使用心理策略，以网民心理为中介，引导网络舆论朝着正确方向发展（曹茹、王秋菊，2013）。具体而言，政府舆论监管部门应以开放、坦诚、包容的心理主动面对网络舆论所折射出的各类问题，与网民平等沟通，实事求是地解决实际问题，回应网民关切的问题，化解网络戾气，及时疏导网民非理性的认知与情绪；各类网络舆论引导主体要注意从网络的自由有限性、欺骗性及网络舆论理性回归等方面引导网民构建平和、宽容、信任、责任等积极心态，使其逐渐形成网络自律，自觉主动地约束自身非理性网络行为，不发表不恰当的网络言论，不做负面网络舆论的盲从者；同时还可从各种社会心理效应入手开展网络舆论引导，如借助首因效应可收获先声夺人之效，借助近因效应可进行舆论重建，借助名人效应可快速培育舆论领袖，借助破窗效应进行信息链切割可及时消除或屏蔽负面信息的消极影响等，这些对网络舆论的有效引导乃至网络舆论危机的消解都能起到明显的助攻作用。

此外，黄澄辉（2013）还基于其网络舆论发展的喷泉模型提出，对应于网络舆论的潜伏、发展、爆发和消退等四个阶段，应分别采取"缓解社会矛盾—正本""过滤网络推手—清浊""培养舆论领袖—分流""创新制度安排—防护"的策略来减少网络舆论危害，对我们也不无启发。

第二节　网络意见领袖及其网络舆论引导作用

意见领袖并不是网络舆论独有的特点，然而网络意见领袖由于身份的特殊性，在网络舆论中发挥着至关重要的作用，只有深入了解网络意见领袖的概念和特点，明确网络意见领袖对于网络舆论的影响原理，才能从根本上发挥网络领袖在网络舆论中的引导作用。

一、网络意见领袖

所谓意见领袖，是指那些活跃在人际传播网络中，经常为他人提供信息、观点或建议并对他们施加个人影响的人物（郭庆光，1999）。自古以来，意见领袖广泛存在于各种类型的信息传播过程中，在互联网信息传播时代，由于网络的开放性与自由性，越来越多的网民在各自擅长的领域中积极发声，参与公共热点事件的讨论，造就了集身份多样、数量众多、活跃程度高等特点于一身的网络意见领袖。网络意见领袖作为信息的传播者和普及者，在网络舆论中起着重要的导向作用。

一般认为，网络意见领袖均具备以下几个主要特点（方建移，2016；曹茹、王秋菊，2013）：第一，网络意见领袖是在一定领域内被公认为见多识广，具有一定能力，且具有较高的社会地位和感召力的人，因此在其所在领域中处于领袖地位；第二，网络意见领袖较一般网民而言，能够更多地接触到各种各样的信息来源，接触到群体之外的社会环境中的有关部分；第三，网络意见领袖在特定领域和群体中扮演着信息来源与领导者的角色；第四，网络意见领袖较其他网民而言，消息灵通，能够掌握第一手资料；第五，网络意见领袖的表达具有生动化的特点，能够较为容易地与受众产生共鸣；第六，网络意见领袖通常借助名人效应以及粉丝效应提高自己的影响力；第七，网络意见领袖通常思想敏锐，独具慧眼，能从独特的角度分析问题；第八，网络意见领袖对网络技术较为熟悉，往往拥有深度参与网络活动的经验。

二、网络意见领袖的形成与发展

网络意见领袖的崛起和发展与当前信息技术的进步、政府主管部门的积极参与以及网民的特定心理需求密切相关。

（一）网络意见领袖的崛起离不开互联网信息技术的进步

互联网信息技术的发展改变了网络社会生态环境和媒体内容的生产方式，也改变了网络传播语境和传播话语权的分布，为网民提供了多元化、立体化的话语表达平台。尤其是微博、博客等社会化媒体的崛起，使我国进入"全民发声""人人都是自媒体"的时代。正是由于传播技术的进步，才为众多的网络意见领袖提供了广阔的平台，成为网络意见领袖兴起的技术因素。

（二）网络意见领袖崛起离不开政府主管部门的参与

我国当下正处于社会转型期，各地政府职能部门在执政过程中本着问计、问政于民的目标，希望通过微博等平台开展公众需求调查、建议意见征集等活动。此外，政府部门作为信息的掌握者与引导者，拥有信息知晓权，在一些涉及有关政府部门的舆论事件中，政府官员常充当意见领袖的角色，对信息进行公布，对公众舆论进行引导。这在一定程度上推动了政府部门中网络意见领袖的崛起。实际上，政府在推进执政信息化、现代化进程中也离不开网民的参与，网络意见领袖可通过微博对公共事务发表意见和看法，并借助自身的影响力引发较为积极的社会影响，部分代表着人民心声的意见还可进入政府决策层，对政府决策的进程产生有效影响。

（三）网络意见领袖崛起与网民特定的心理需求密切相关

近年来，随着我国网络技术的普及、人民生活水平的提高，越来越多的民众渴望通过参与社会公共事务来推动整个社会进步。网络平台作为一个开放性的、不限门槛的平台，人人均可参与，然而由于网络信息海量化的特点，并非每一个网民的意见或诉求都能产生广泛的传播效果，许多网民希望通过意见领袖来表达自己的心声，而网络意见领袖在信息传播与舆论引导中处于关键节点，正好能够满足网民的需求，这也是网络意见领袖崛起的重要原因。还有研究者（段兴利，2010)认为，网络意见领袖想通过网络满足自我实现需要，以及普通网民对权威（此处即为网络意见领袖）的依赖，是网络意见领袖形成的心理基础。

三、网络意见领袖对网络舆论的影响

网络意见领袖涉及各行各业、各种身份，且在网络领域以及网络群体中处于领导地位。在心理学中，网络群体也可称为非正式群体。通常来说，群体中的社会关系会对人们的行为产生巨大的影响。正式群体所反映的组织成员之间的关系是职能或职务的关系，它不能影响群体之间的社会关系；而非正式群体中的领袖人物恰恰可以影响这种社会关系。从这一角度来看，非正式群体中的领袖人物的影响力甚至比正式群体中的领导人还要大。在非正式群体中，意见领袖不同于正式群体的领导人，其身份与民众相同，被民众认为是自己人，其在某一领域里具有专长，或对某些问题见解深刻。因此，意见领袖的观点常常能够被民众信服，并由此改变自己的行为或观点。例如，一些政府官员、名人明星等既是意见领袖，其本身也是备受关注的公众人物，常常因事件或言辞不当而酿成公共事件成为舆论客体；在网络舆论传播中，网络意见领袖的意见往往起到风向标的作用，成为舆论转化、升级的重要节点。

网络意见领袖对于网络舆论而言还具有信息扩散与传播、信息加工与解释、支配与引导网民思想行为、协调或干扰传播内容等功能（王延隆、廖阳晨、孙孟瑶，2018），在网络舆论发展过程中始终发挥着重要作用。在一开始，网络意见领袖能迅速、有效地获取、整理相关信息，并在网络上发布，为网络舆论的形成提供信息源，而这些信息凭借网络意见领袖的影响力必然会引发大量网民的关注、评论、转发，在一定程度上起到了信息扩散的作用。随着网络舆论不断向前发展，网络意见领袖对搜集到的信息进行进一步的加工、处理，有选择性地为普通网民提供更为深刻的事件剖析，与普通网民进行充分互动，回应其对于事件的疑问与困惑，对他们的认知、情感、态度产生相应影响，引发网民对舆论相关事件更为深入的思考。在网络舆论发展的后期，网络意见领袖继续发挥深化认识、组织动员的作用，尤其是那些具有强烈的社会责任感和参与意识的网络意见领袖会与不同的网络意见领袖进行充分互动，利用各自不同的优势从不同角度对网络事件进行充分的交流和讨论，形成更有影响力的观点和见解，最终达到引领网络舆论风向的目的。

此外，不同身份的网络意见领袖在网络舆论中所能发挥的作用也有所侧重。比如，媒体人作为网络意见领袖可通过强化议程设置来实现对舆论的影响，而公共知识分子作为网络意见领袖则可凭借其自身的知识优势推进相关公共事务的顺利解决，政府官员作为网络意见领袖则可利用其特殊身份成为网民与政府之间沟通的桥梁（曹茹、王秋菊，2013）。再如，相比隐性网络意见领袖（匿名身份），显性网络意见领袖（实名身份）更容易被网民关注和信任；具有专家学者身份的网络意见领袖，较其他身份的网络意见领袖（如党政领导、娱乐明星等）具有更大的影响力；同时来自草根网络意见领袖的意见和观点对青少年网民正发挥着越来越重要的导向作用（余树英，2018）。

四、青少年网络意见领袖的培养

青少年是祖国建设的后备力量，他们在意识形态方面的建设作用不容小觑，要想营造出风清气朗、积极向上的网络环境，加强青少年网络意见领袖的培养是一条必不可少的途径。

首先，应提高青少年网络媒介素养。较高的媒介素养是网络意见领袖必须具备的基本条件之一，具体可从以下几个方面展开。第一，要树立青少年网络意见领袖责任意识，自觉引导正确舆论导向，维护舆论秩序；第二，要培育青少年理性思维方式（尹秀娟，2013），加强自律教育，自觉抵制庸俗化、媚俗化倾向，培育他们严肃对待每一条信息，在转发或评论时理性判断该言论是否符合社会主义核心价值观，以客观事实为依据开展论证等理念，不能单凭一时想法和冲动做事，逐渐树立自己的公信力；第三，要有意识地转变思想，学会用辩证发展和批判的眼光看待问题，并且要注重内容形式上的创新；第四，要不断提高自身专业素养，如应详细了解各个网络平台的规则，全面提高网络技术，注重新闻思想敏锐性训练，培养高超的新闻写作表达能力，以确保能够实现对网络活动的深度参与。

其次，要营造规范有序的网络环境，使青少年网络意见领袖敢于在网络上发声（蒋成贵、李春华，2016）。规范有序的网络环境是培养网络青年领袖的重要外部条件。由于当前网络法律体系的不完善，网民在网络行为中的主体责任不明确，造成许多网民在观点交锋中添加了私人情绪，甚至网络暴力也时常发生，这些都导致许多青少年意见领袖在网络舆论面前害怕受到攻击，采取消极躲避的态度。所以必须要尽快完善网络立法，强化网络的管理责任，删除或屏蔽那些恶意中伤、明显违法的言论，全面净化网络环境，为青少年网络意见领袖提供一个安全的言论空间。

最后，要建立网络激励制度。在自由的网络空间里青少年可以任意选择话题发表个人意见，并且他们渴望自己的言论能被认同及实现自我价值，各级媒体机构应利用青少年这一心理特点，建立网络激励制度。例如，对青少年符合社会主流和时代发展的网络行为给予正面回应和支持鼓励，对有示范作用的网络青年领袖公开表彰和宣传，以此激励更多青少年效仿正向的网络行为（温静、龙军峰、卢鹏，2015）。

第三节　网络集群心理机制及其疏解

网络集群行为在网络舆论的形成与传播中起着不可忽视的作用。青少年是网络集群行为中的主体，了解网络集群行为以及其产生的心理机制，对于引导舆论传播以及青少年心理建设有着重要的积极意义。

一、集群行为

集群行为这一概念最早由罗斯（Ross，1908）提出，他认为面对冲突，涉事群体必然会表现出一定的倾向性态度和集群性行为。可见集群行为这一概念从一开始就与"冲突"紧密地联系在一起了，帕克也将其定义为一种带有情绪冲动的行为。我国学者胡凯等（2013）在其《大学生网络心理健康素质提升研究》中将集群行为定义为：在社会规范制约下的特殊情境中自发形成的、不受社会规范约束和指导，自发组织、无结构且难以预测的群体行为方式。集群行为一般具有如下几个显著特点（胡凯，等，2013；周晓虹，1994）。

第一，自发性。大多数集群行为的参与者并没有得到明确的指令，而是个体受到他人的观点或行为的影响而自发、自愿加入的某一个群体的。第二，偶然性。集群行为常没有预定的计划，多源于一些突发性事件，因此群体事件往往难以预测，更不知具体在何时、何地，以何种方式发生。第三，无组织性。集群行为是受某种信念引导而形成的，难以形成有组织的计划和目标，集群中成员结构相对松散，属于典型的无组织群体行为。第四，匿名性。集群行为是自发组织的，参与集群行为的人们具有独立性，相互之间可能互不认识，还有的人可能故意隐瞒真实身份。第五，不稳定性。集群行为不仅群体结构相对松散，而且多受情绪冲动影响，常表现出一哄而上、一哄而散的特点，帕克曾将集群行为参与者比喻成一群没有"过去"和"未来"的人，这是对集群行为不稳定特点最形象的描述。第六，情绪性。集群行为受强烈的情绪所影响，参与其中的人们往往缺乏足够的理性思考，进而使其行为丧失基本的社会准则。第七，狂热性。在集群活动中，参与其中的个体不仅带有强烈的情绪冲动，且这种情绪冲动带有极强的感染性，在群体成员间迅速传播、发酵，愈演愈烈，直至狂热状态，以致个体的行为完全为激情所支配。第八，失范性。参与集群行为的人员常受冲动情绪或情感等引导，并在群体意识的指导下完成自己的行为选择。因此，集群行为中的个体极容易冲破社会准则的条条框框而做出一些出格的非常规性行为，轻者如趁乱起哄、扰乱社会正常秩序，重者则可能经由严重暴力事件置换为集群犯罪。第九，较强的破坏性或反社会性。集群行为是一种具有一定规模、在某种特定环境下或受某种情绪的影响而导致人们做出的，突破理智与行为规范的行为。这种行为通常是无组织、不稳定的，存在周期较为短暂，但是造成的破坏力却往往十分惊人。

二、网络集群行为

网络集群行为是指一定数量的网民个体，基于某个现实热点或敏感事件，以网络聚集的方式（大量跟帖、转发、评论）制造社会舆论、发泄不满情绪、表达利益诉求的行为（倪建均，2018）。

（一）网络集群行为的特点

网络集群行为与现实中的集群行为相比，具有以下特点（邓希泉，2010；周宗奎，2017）。

其一，虚拟与责任扩散。网络集群行为受网络超时空性特点的影响，一般较现实中的集群行为的发生与传播往往更迅速、波及面也更为广泛。同时，网络虚拟性使得网络集群行为可在匿名状态下进行，不仅存在群体行为中的责任扩散，更缺少有效的责任追究机制，因此参与其中的个体常常较少对自身行为进行责任考量，以致一些肆无忌惮的言行举止时有发生。

其二，无组织性与独立性。现实中的集群行为虽然也存在一定无组织性，但成员间的互动性较强，常常能够共进退，而网络集群行为中的网民由于崇尚自由与个性，集群行为参与者之间关系往往更加松散，通常是聚也匆匆，散也匆匆，参与者行为表现出了更强的独立性。

其三，非功利性。现实中集群行为的发生往往受同一利益驱使，而网络集群行为则更多是受到网络情绪的主导，而与共同利益关系不大，较现实集群行为呈现出明显的非功利性的特点。

其四，行动符号化。现实中人们在参与集群行为时，往往需要动作或语言去表达思想，承受的压力相对较大。而在网络集群行为中，人们通过文字、图片、符号、表情包以及视频动画等方式参与集群行为，个体感受到的压力相对较小，难以预估网络集群行为后果的严重性，因此也更容易导致行为的失控。

其五，与现实的互动性。网络集群行为虽然发生在网络虚拟空间，然而却与现实生活有着千丝万缕的联系，常常表现出与现实行为互动的特点。例如，网络集群行为的参与者是现实生活中的人，而网络集群行为所提倡的观点也会对现实生活中的人或事产生影响，有时网络集群行为还会从线上延续到线下，演变为现实中的集群行为。

其六，行动信息多点化与多向化。在现实生活中，集群行为发生后，参与者之间的信息交流大多为内部交流，且信息总量不会增加。而网络集群行为发生于开放的网络空间中，集群成员在进行内部交流的同时，也可与外界保持密切沟通，并随时发布新的信息，从而有利于实现网络空间内信息的多点与多向化流动。

其七，不在场和匿名状态下的有限理性。现实中集群行为的参与者必须亲自到场参与现场互动，但网络集群行为参与者可借助网络的虚拟、跨时空以及便捷等特点无须在场，由此产生的匿名、责任泛化和主体责任不确定的心理，使得网络集群参与者表现出了与现实中完全不同的、相对情绪化的行为和言语（如经常出现污言秽语），但实践证明，他们同时又会在一定范围内充分考虑自己参与行为的合理性、科学性。因此，网络集群行为参与者的行为往往是自发而非理性的，但同时又相对有序、目标清晰。网络集群行为参与者在网络集群行为中只能保持有限理性。

（二）网络集群行为的分类

网络集群行为按照不同的分类方法，可以分为多种类型。

首先，乐国安、薛婷、陈浩等（2010）从发展过程的视角，划分出了基于共同关注点的网络集群行为、基于共同信念的网络集群行为和基于共同行动目标的网络集群行为三类依次发生、逐步递进的网络集群行为。网络集群行为初期，往往是基于共同关注点的网络集群行为，一些有着共同关注话题和事件的网民聚合在一起表达自己的观点和态度，寻求问题的解决。在此过程中，由于网络信息良莠不齐、真假难辨，网络流言或网络谣言可能乘虚而入，导致网络集群偏差行为产生。随着网络集群行为的不断发展，参与其中的网民往往会逐渐形成统一的信念或观点，此时的集群行为就是基于共同信念的网络集群行为。这其中的共同信念并不是某个网民的意见或观点，而是无数网民所持有的信念和观点经过冲突、汇聚、融合后形成的意见共同体。基于共同信念的网络集群行为经不断演化，若控制不当可能会升级为基于共同行动目标的网络集群行为。这种集群行为往往发生在网络集群行为的最终阶段，参与集群行为的网民往往已经形成了针对某个突发事件的、非常明确的行动目标。它又可以进一步分为限于网上行动的网络集群行为和涉及现实行动的网络集群行为。前者如人肉搜索、网络追杀令等，仍属于网络集群行为范畴；后者主要指由网络集群及其进一步发展与恶化，以及经由网络传播动员或组织起来的现实集群行为，严格来讲已超出网络集群行为范畴。这种分类所提出的三种网络集群行为既相互独立，又可作为网络集群行为的不同发展阶段，并包含了由网络集群行为演化而来的现实集群行为。

其次，根据网络集群行为对象不同（周宗奎，2017），可将网络集群行为划分为基于事件和基于话题的网络集群行为两大类。基于事件的网络集群行为具有如下特点：参与集群行为的网民矛头指向一个共同的事件，会形成共同的信念,有着共同的利益诉求,而较少受到负面情绪的影响,在一定条件下可能升级为现实生活中的集群行为。基于话题的网络集群行为,其目标指向同一个话题,参与的网民多是出于对该话题的兴趣而非某种利益诉求而参与集群,参与其中的网民往往保留有个人的想法或观点,但不涉及态度,不一定会形成共同信念。基于话题的网络集群行为一般不会延续到现实生活中。

再次,还有学者(杜骏飞、魏娟,2009)根据网络群体抗争的主客体不同,将网络集群行为分为四类。第一种类型,以群体舆论抗争个人。这种行为通常源于网民认为违背社会道德伦理的个体没有受到应有的惩罚,进而自发地代替"社会"行使惩罚职责。例如"范源庆虐猫事件",网民自发对范源庆进行指责和批评,最后相关机构给予他退学处分。第二种类型,一个群体抗争另一个群体。这种网络集群行为往往源于不同群体间日趋多元化而又缺乏必要包容性的价值观之间的冲突,奉行不同价值观的群体极容易在成本相对低廉的网络平台上展开针锋相对的斗争,并最终演化为网络集群行为。第三种类型,网民对政策或制度的抗争。网络使人民参与社会事务的积极性提高,当网民对某项政策或事件产生不满,且意识到社会缺乏相应协商机制和公共言论空间时,就可能以集群行为形式对政府的话语体系及具体的做法进行抵制,以争取合法权益。第四种类型,网络文化阵营对现有文化权力体系的抗争。文化的权利一般掌握在少数的社会精英或权贵手里,网络的出现则使普罗大众文化的产生成为可能,如此一来,代表不同群体利益的大众文化、精英文化、边缘文化之间的斗争就不可避免了,其中又以其他文化阵营对现处于主导地位的文化阵营的抗争最为显著。这种抗争有一定的积极意义,往往能促成新文化的诞生,但也存在一些毫无目的或仅为权利争夺的抗争,则破坏性极强。

最后, 网络集群行为根据诱因不同,可以分为四种类型(胡凯等,2013)。第一种类型,涉外性网络集群行为,常涉及国家间主权与利益之争,多出于青少年强烈的爱国感、正义感和责任感。第二种类型,社会性网络集群行为。这类行为多发生于由法治事件或官员腐败事件所引发的网络集群活动中。例如,"躲猫猫"事件、"杭州飙车案"等。这类事件多出于网民维护社会公平正义的情感和强烈意愿。这类集群行为多能起到客观上的社会监督作用,能促进国家民主法治建设的进步,有利于和谐社会建构。第三种类型,管理失当性网络集群行为。这类行为多因涉群体利益事件处理不当,进而引发群体义愤情绪而起。例如,学校在招生过程中存在虚假宣传,在处理学生食宿、生活、学习等事宜时处置不公等,一经在网络上曝光均可能引发青少年的网络集群行为以及现实集群行为。第四种类型,恶搞性网络集群行为。这类行为带有明显的恶搞性质，如2009年魔兽世界吧里一句"贾君鹏，你妈妈喊你回家吃饭"引发无数网友关注，纷纷询问贾君鹏为何人，甚至有人以注册网名的形式自称是贾君鹏妈妈、姥爷、姑妈、二姨妈等。恶搞性网络群体事件多发生于青少年群体中，其本质是一种网络狂欢，反映了恶搞者寂寞、无聊、空虚等消极的内心世界。

（三）网络集群行为效应的两面性

网络集群行为相对复杂、不可控，因此常常被视为具有极大破坏力的事物。然而，实际情况是，网络集群行为在给网络舆论管理带来一定挑战的同时，也发挥了不可忽视的积极作用。不可否认，网络集群行为确实可引发一定的社会负面效应。如在从众心理作用下，网络集群行为可能引发普通民众的盲目跟风，形成偏激性认知偏见，在群体盲从影响下甚至会出现群体极化现象，由此而形成的极端观点则可能对社会产生一定的负面影响。但与此同时，网络集群行为形成的群体围观效应在特定条件下也可能给社会发展带来新的机遇。如网络集群行为虽有其非理性的一面，但这种非理性也在一定程度上折射出了群体关注社会公平正义、促进社会和谐发展的理性诉求，并可对相关部门的管理工作起到一定的敦促作用。2011年于建嵘教授发起"随手拍照解救乞讨儿童"及因此而兴起的"微博打拐"热，就最终促成了部分人大代表在两会提交"解决乞讨儿童问题"的提案。此外，网络集群行为参与者的非理性也会引发一定的舆论关注，经网络转发、评论，形成一股强大的舆论压力，对官方媒体及相关政府部门的监督与管理工作形成倒逼之势，迫使其有所作为，切实有效地解决民众所关注的热点问题。因此，网络集群行为在一定条件下也可成为舆论监督的利器。

三、网络集群行为的发生与发展机制

集群行为的形成与环境场所、社会失范、社会控制机制的解体、相对剥夺、权利斗争五个条件有关。有的集群行为与环境场所有关，在特定的环境场所中，人们会出于一种普遍刺激而做出自发反应，从而形成集群行为。例如，在某一特定环境中，人们突然遭遇某种外在因素，而使得人们产生行为失范，导致集群行为。除了以上因素外，当社会控制机制减弱或面临解体时、人们生活或工作中产生相对剥夺行为时，以及权利斗争过程中，均会形成集群行为。相应地，网络集群事件的发生与发展过程也是一个复杂的，受到多层面、多种因素综合作用的过程，而在此过程中，个体的心理也发挥了不可忽视的重要作用。

（一）网络集群行为的发生

网络集群事件的发生，需要具备复杂的前提条件（Smelser，1963）。其一，结构性紧张。使人们感到压抑、紧张的社会结构或背景是集群行为发生的必要非充分条件。如人们在现实生活中体验各种剥夺感和不平衡感，就有可能借助网络这一相对虚拟、自由而又便捷的途径寻求问题的解决，进而使网络集群行为的发生成为可能。其二，有利的环境。与现实中的集群行为一样，网络中的集群行为的发生离不开便于信息迅速传播的互联网环境，也离不开一个因志同道合、兴趣相投而"聚集"在一起的网民群体。其三，现实话语空间的缺失。由于我国当前正处于社会转型时期，各种思想和观念同时并存，当现实中的公共话语空间缺失、利益表达机制不健全、信息自由匮乏达到一定程度时，人们在现实中无法通过正当途径发表自己的意见，就会转向开放性、平等性较强的网络话语空间，发表自己的意见并发泄不满情绪。其四，共同的情绪或信念。网民只有在产生共同情绪或信念后，在情绪的支配下才易形成网络集群行为。其五，诱发事件。网络集群行为是无组织的松散行为，人们只有在关注同一个事件时，才会形成相同的信念或情绪，才能形成网络集群行为。其六，行动动员。网络集群行为中，人们在意见领袖的带领下，通过宣传、示范、渲染等方式，强化参与网民的认知，从而引导人们做出行动。其七，不健全的社会控制机制。网络集群事件产生的一个必要条件即是政府、媒体等组织对公众舆论的引导，以及对网络集群行为产生过程的有效干预和影响的缺位；网络控制机制不健全（如相关法律法规的不健全）在一定程度上也是推动网络集群事件形成的重要条件。

（二）网络集群行为的发展

网络集群行为的发展包括四个阶段，并体现出各自不同的特点（周宗奎，2017；许志红，2013)。第一个阶段，即网络集群行为的萌芽阶段。在这一阶段，网民由于体验到利益诉求中的相对剥夺感，开始接触、关注网络事件，表达各自意愿，并经由"反沉默螺旋"过程，迅速形成网络族群中的社会认同，建立网络共同体。这一阶段所持续的时间往往十分短暂，可能几个小时就完成了萌芽阶段，而进入下一个阶段。第二个阶段，即网络集群行为的发展阶段。在这一阶段中，早期关注同一事件的网民开始交换意见、发表评论，从个体的价值观和人生观出发，对事件形成统一的看法，并开始将这种统一观点向外传播。这些最先对事件进行讨论并输出观点、传播信息的人即为该事件中的意见领袖。在这些意见领袖的带领下，越来越多的网民开始对此事件进行关注。第三个阶段，即网络集群行为的高涨阶段。这一阶段，是网络集群事件最为疯狂的阶段，经由参与者间的情绪感染、群体认同的极化及个体的去个性化，事件和信息的传播速度呈几何级数增长，传播范围迅速扩大，参与的网民人数也迅速增加，整个事件会迅速演变为社会热点事件，同时由于网民情绪高涨，此阶段网络集群事件极易陷入失控局面。第四个阶段，即网络集群行为的消退阶段。在这一阶段，伴随着理性与非理性之辩、谣言的消解等过程，事实真相逐渐明晰，事件得到合理处置，网民的情绪渐渐回落至稳定，网络集群行为逐渐消退、平息。

（三）网络集群行为中的心理过程

集群行为常受到从众、暗示和感染等心理三要素的影响（郑欣，2000)，网络集群行为也是如此。所谓从众，即个体在特定的环境下对于周围人行为的一种消极认同和盲目服从。当人们面临突发事件或处于一个特定的群体环境中时，大多数人的是非分辨能力以及自我抉择能力会大大减弱，为了获得心理上的安全感和保护感，避免遭受周围人的指责，大多数人会产生从众心理。网络环境中的青少年，由于其人生观和价值观还未形成，面对网络纷繁复杂的各类信息更是缺乏分辨能力，容易产生从众心理，常随大流地参与到网络集群行为中去。易受暗示影响是催生集群行为的重要心理因素之一。由于集群行为中人们容易产生冲动与狂热的情感，导致理智下降甚至完全丧失，极易受到身边网络集群行为的暗示，产生相似的狂热情绪及强烈的模仿动机，并付诸实施。易受感染也是集群行为的重要心理原因。这里的感染包括情绪感染和行为感染两大部分。所谓情绪感染，即指个体在集群行为中由于受到周围人的情绪感染，会放弃平时的行为准则，而放任自己的内在情绪增长；行为感染则是集群行为的参与者在情绪感染中会做出过激举动，而这一举动会产生行为传染，将单个人的行为变成群体行为。青少年好奇心重、参与感强，而且生活环境较为单纯，社会经验不足，较易受到情绪的感染而参与网络集群活动。

个体在网络集群行为中还会经历认知趋同、情绪积聚、情绪宣泄以及理智思考等心理过程（胡凯等，2013）。其中，认知趋同既是集群行为发生的前提，也是集群行为发展的基础。情绪积聚发生在集群行为的初级阶段，而情绪宣泄则发生在集群行为的高潮阶段。最后，当情绪完全宣泄后，个体会从盲从以及情绪支配中解脱出来，逐步恢复理智思考，对原有的认知进行修正，同时也可能出现悲观、迷茫等心理情绪，从而对今后的行为产生影响。

四、青少年网络集群行为的疏导

正如前文中所说，网络集群行为既可以带来正面的积极影响，又能够导致负面的消极影响。青少年网络集群行为常带有偶发性、目的单纯性以及行为情绪化、暴力化倾向，若不及时加以引导，其消极负面影响则可能被无限放大而带来更多不良后果。为此，应对青少年网络集群行为进行有效引导，一方面可确保青少年在网络信息传播环境下积极、健康成长，另一方面可确保社会和谐发展。

首先，加强对青少年的心理干预，规避其不良网络集群行为产生。具体可从认知矫正、情绪转化、唤醒理智三个方面开展。认知偏误是引发网络集群行为的关键因素，认知矫正主要是通过普法教育、世界观和方法论引导、舆论引导三方面做工作，对青少年在网络集群行为或现实集群行为中产生的认知偏差进行系统矫正。情绪转化则主要是通过提供情绪宣泄的机会、加强信息沟通、做好集群行为中意见领袖的情绪引导等工作，对青少年在集群行为中积聚的大量消极情绪进行及时疏导。唤醒理智则是指在网络集群行为发生后，针对集群行为的影响，通过开展集体座谈会、谈心等形式，引导青少年理智思考，形成良好的积极情绪。做到这三个方面，可以在一定程度上避免青少年陷入不良的网络集群行为之中，已置身其中的也能自觉进行理性调控，将自身行为控制在合理范围内。

其次，要着眼网络集群行为的全过程，结合网络信息传播特点开展有针对性的引导。网络集群行为与网络信息传播有着密切关系，对网络信息传播过程的控制与引导有益于网络集群行为的预防与控制。具体来说，要建设高素质的网络舆论把关人队伍，从加强对网络舆论把关人的管理和培训入手，对网络传播中的青少年"把关人"进行规范引导，将不良信息和具有煽动性的消极社会情绪阻挡在网络空间之外，如此可最大限度避免恶性网络集群行为的发生；要充分发挥网络传播中议程设置的功能，在尊重客观事实的基础上，对一些不得不面对的敏感话题、热门话题进行谨慎设置，避免因矛盾进一步激化而引发不必要的网络集群行为；要积极培养青少年网络意见领袖，充分发挥其支配与引导作用，实现网络集群行为的良性发展，避免恶性网络舆论危机的出现。

再次，要做好青少年网络集群行为的预防和处置工作（谢建芬，2010；李华君，严峰，2012）。预防方面，要及时解决民众普遍关注的热点问题，完善对弱势群体的救助机制，提升政府在民众中的公信力，从根本上掐断网络集群行为发生的导火索；要构建系统的青少年网络集群事件预警机制、宣传机制和协调机制，做到对网络集群行为的早发现早处理；同时还要拓展青少年个人权利表达和合法权益维护的畅通渠道，及时疏导其不良情绪；当然，通过多种育人手段培养青少年良好道德品质、多方了解青少年思想动态并及时加以疏导、净化青少年上网环境、充实青少年的学习生活等对预防青少年网络集群行为也至关重要。控制与处理方面，要建立起一套系统的危机传播管理体系，做好应对突发网络集群行为的应急预案，提高政府在网络集群行为应对中的执行力，一旦出现网络集群行为要及时掌握青少年网络意见领袖的情绪并进行沟通与引导，同时在处置过程中还应遵循"尊重民意慎下结论、重视核心人物的作用、堵疏结合且以疏为主"的原则，及时通报事件处置进展，并在网络集群行为结束后针对性地加强青少年的教育与引导。

此外，青少年网络集群行为的引导还要充分区分不同情况，发生于不同时空环境、性质各异的网络群体行为需要采取不同的处理措施（杜骏飞，2009；关莹、祁凯，2018）。如涉及国家安全的网络集群行为需要采取强硬果断的处理方式，涉及社会公平正义的网络集群行为则应采取相对柔和的处理方式，找到问题的症结所在，及时回应利益群体关切的问题。再如，对网络集群行为的控制，只应针对部分极端行为，以收到惩恶扬善的效果；而对待一些因新生网络文化而出现的网络聚集行为则不可强行扼制，而应允许其在不断的试误中慢慢成长，并最终将其导入良性发展轨道。

第四节　网络媒介素养及其培育

网民是网络舆论中的主体，在网络舆论中起着至关重要的作用。网民的素养高低直接关系到网络舆论的质量与走向。而网民的素养中又以网络媒介素养对网络舆论的作用最大。了解和研究网民的媒介素养是确保网络舆论有序传播，引导网民健康上网的关键因素，理应引起我们的关注与研究。

一、网络媒介素养的概念

自由主义媒介规范理论是最早盛行的传播学理论之一。顾名思义，该理论观点带有鲜明的自由主义色彩。自由主义媒介规范理论认为谁都拥有传播的权利，人人都可以办到，而实际上这一时期传播的权利却仅仅把握在少数媒介手中，普通大众的权利没有得到应有的重视。1947年提出的社会责任理论虽强调了新闻媒介应承担的社会责任，但其垄断地位却未能被撼动。直至媒体的民主参与理论出现，民众的传播权、媒介使用权以及接受媒介服务的权利才得到关注，这为普通民众接近和使用媒介创造了条件，而受众要有效利用媒介为自己服务就离不开最起码的媒介素养。于是，何为媒介素养，普通受众又应该具备哪些媒介素养等一系列问题逐渐成为传播学界关注的话题。

（一）网络媒介素养的界定

媒介素养最早由利维斯及其学生提出，其界定尚存一定争议。美国媒介素养研究中心将媒介素养界定为人们对媒介传播信息的选择能力、理解能力、质疑能力、评估能力、创作和制作能力以及思辨能力。我国学者（陈晓慧、刘铁珊、赵鹏，2013）则将其界定为人们对媒介信息的获取、选择、评价、参与和创造的能力。其中，获取是指人们以媒介为手段来获取相应信息的能力；选择是指人们在纷繁复杂的信息海洋中选择自己想要的信息的能力；评价是指对各种媒介信息意义和价值做出准确评价和判断的能力；参与则是指人们利用媒介展示自己的能力；创造是指人们运用媒介创作和传播信息的能力。实际上，这五个能力正好反映了人们对媒介信息从低到高的、不同层次的操作水平。

顾名思义，网络媒介素养则是指网络环境下的媒介素养，目前学界对其定义也尚未形成一致观点。国内学者杨维东（2013）将其定义为"网民在了解网络相关知识的基础上，能够理性地运用网络媒介信息来满足需要，为其生存和发展服务的能力"。张雪黎和肖亿甫（2020）则认为网络媒介素养是"个体对各种网络媒介信息的解读能力和批判能力，以及使用网络媒介中的信息为个人生活、社会发展服务的能力"。总之，网络媒介素养是个体充分利用网络为个人和社会服务，而又不致被网络信息所迷惑、羁绊所必须具备的各种知识和能力的总和，它不仅是一种知识体系，更是一种技能、一种思维方法、一种批判意识。

（二）网络媒介素养的主要内容

网络媒介素养的主要内容其实与对网络媒介素养的界定密切相关，或者说它实际上就是网络媒介素养的外延。我国第一本媒介素养教材《大学生媒介素养概论》列出了以下几个重要的大学生网络媒介素养内容：合理选择和认知网络媒介及信息的能力、准确理解和理性批判网络媒介及信息的能力，利用网络媒介实现自身发展的能力（于翠玲、刘斌，2010）。此后，不同学者从各自的立场出发，纷纷给出了自己的看法，但始终没有形成一个相对公认的说法。我们在总结不同研究者观点（杨维东，2013；黄永宜，2007；夏天静、钱正武，2011)的基础上，认为网络媒介素养至少应包括以下几个方面的内容。

1. 网络媒体相关基础知识与技术

要使用网络首先就要具备最基本的知识和技能，比如了解互联网的基本知识，熟悉各种新兴网络媒体的功能和使用要领，掌握最基本的计算机知识与操作技能，能顺利使用互联网进行信息交流。比如，能够熟练地运用互联网上的搜索功能进行网络信息浏览，能够在网络平台上制作并发布内容，能利用网络参与社会公共事务，等等。

2. 有效甄别、处理网络信息的能力

网络中的信息真假混杂，良莠不齐，这就要求网民具备敏锐分析和客观评价的能力、较强的警惕性以及强烈的批判意识，能对网络不良信息进行有效甄别、处理，形成自己的准确判断，而不致被其所迷惑。

3. 网络道德法律素养

网络虽有别于现实世界，但又与现实世界有着千丝万缕的联系，同样要受到现实世界中道德和法律的制约。近几年网络立法不断完善，网络道德问题频现，也从侧面说明在网络世界中自觉遵守相关伦理道德和法律法规的必要性。同时，这也是网民维护网络空间健康和谐发展应尽的义务。

4. 网络行为的自我管控能力

网络媒体由于其独有的虚拟性和开放性，在信息审核方面存在较大难度，网络信息往往是鱼龙混杂，各种充满诱惑的垃圾信息随处可见，其中不乏教唆人违法犯罪的信息，甚至是极具煽动性的反动言论。这就需要网民有足够的能力管控自己的情绪与行为，运用理性自觉抵制这些不良信息。

5. 网络创新发展素养

网络媒体使用者，不仅作为受众接受网络信息，还可在各类网络媒体上发布信息。因此，在网络媒体时代，个体还要具备创造性地生产、传播和利用信息的能力，才能真正充分地挖掘网络媒介平台所带来的便利功能，更好地传播网络的先进思想和先进文化，打造风清气正的网络空间。

此外，我国著名传播学家彭兰（2013）还将媒介素养概括为媒介使用素养、信息消费素养、信息生产素养、媒介社交素养、媒介社会协作素养、媒介社会参与素养六个方面；学者卢锋（2015）则根据以往研究构建了一个由低到高分为四个层次的"媒介素养之塔"：媒介安全素养（与健康、财产、人身安全相关）、媒介交互素养（与利用媒体进行人机交互和人际交互相关）、媒介学习素养（与利用媒体进行学习促进自身发展相关）、媒介文化素养（与文明民主、文化自觉、国家主权相关）。其中，每个层次又包括知识、技能、能力和态度四个学习目标。网络媒介素养是媒介素养的特殊表现形式，这些研究虽未直接指出网络媒介素养的内容，却也可为网络媒介素养内容（外延）的确定提供有益参考。

二、我国青少年网络媒介素养存在的主要问题

随着网络的日益普及和网络信息技术的日臻成熟，当前我国青少年网络媒介素养较网络初引入之时有了很大改观，但在某些方面仍存在些许问题。具体表现在以下几个方面。

一是网络应用能力不高。虽然青少年已成为我国网络媒介使用的主力军，但仍有部分青少年对网络媒介的使用不够纯熟，不能充分利用网络媒介的便利功能为自身工作、学习、生活服务。一项调查（生奇志、展成，2009）显示仅有10%的大学生能通过网络参与政治生活，认为通过网络参与政治生活不能维护政治权利的高达60%，可以看出大部分大学生对网络媒体功能了解不够，更谈不上充分利用。

二是对网络媒介中不良信息的批判性差，辨识力不足（刘庆、郭瑾，2012）。面对纷繁芜杂的网络媒体信息，部分青少年尚缺少必要的批判和辨识能力，对网络信息的"真与假""善与恶"不能形成独立主动的思考与分析，缺乏足够清醒的认识，以致盲目从众现象比比皆是。

三是对网络媒介信息的政治渗透性认识不够，缺乏必要的警惕性。相当部分青少年在意识形态方面的思想防线上不够牢固。比如，一些青少年常不加分析甚至是固执地认为，遭到国内主流媒体强力阻击而只能在一些不入流的网络自媒体上流传、鼓吹西方民主、自由、人权的网络信息就是真实、客观、可信的，这种情况极易使青少年群体陷入错误的舆论场，从而给国家意识形态安全带来极大危害。

四是网络自律意识、责任意识和法律意识淡薄（季静，2018）。对于青少年而言，网络媒介中充满诱惑，稍有不慎就容易被误导。当前，确有少数青少年网络伦理、法律观念淡薄，在网络行为中自律不足，缺乏责任担当，不能合乎道德、遵纪守法地运用互联网，以致主观臆断、口无遮拦、以讹传讹、情绪化的网络行为频现。

三、青少年网络媒介素养的培育

青少年网络媒介素养事关青少年个人现代公民意识培养、健康网络生态构建，对良好网络公共秩序维护、社会主义和谐社会乃至网络强国建设具有至关重要的作用。然而，青少年群体由于受到知识结构、社会阅历和心理发展等方面的局限，容易被其中负面信息所误导，在网络媒介素养方面的表现往往不尽

如人意。在这种情况下，加强青少年网络媒介素养就显得尤为重要。我国青少年网络媒介素养教育的根本目的是使青少年能合理、充分地利用网络媒介资源来完善自我，服务社会发展需要。季静（2018）则将大学生网络媒介素养教育目标概括为求真（批判、理性地辨识网络信息真伪，做出合理决断，以及运用网络获取真知）、寻美（树立正确审美观，自觉抵制网络之丑、网络之俗，善于发现和创造网络之美、网络之雅）和择善（择善而行，崇尚公平正义、践行充满人性温暖与人性关怀的价值观）三个方面。具体而言，青少年网络媒介素养教育可从以下几个方面展开。

（一）建立健全网络媒介素养课程体系，打牢青少年网络媒介素养教育基础

构建系统健全的青少年网络媒介素养课程体系，开展系统的网络媒介素养教育是全面提高青少年网络媒介素养的核心举措，应予以高度重视。在课程目标上，应强调培养青少年独立的网络媒介批判意识；强化其强烈的网络参与社会责任意识、法律法规意识和伦理道德意识；养成其理性管控自身网络行为的良好习惯；训练其娴熟的网络信息操作技术以及创造性利用网络媒介信息的创新意识。在课程内容上，除了要理论与实践并重，技术与人文兼顾，能充分体现课程目标之外，还要注意将中华民族优秀传统文化，民族精神，正确人生观、世界观和价值观融入其中。在课程形式上，可以采取网上与网下互动、必修与选修结合、系统讲授与专题讲座互为补充、课堂教学与课外实践双管齐下等形式，必要时还可聘请经验丰富的一线媒体工作者或领域专家开展学术报告（邢瑶，2017；黄永宜，2007）。此外，媒介素养教育是一门综合性学科，要全面借鉴并融合新闻学、传播学、社会学、心理学等相关学科，构建系统的网络媒介素养理论与实践知识体系，开发适用于各年龄阶段青少年的网络媒介素养教材。当然，开展师资培训，建立一支网络媒介素养高，教育观念前卫，具有新闻传播学、心理学、社会学等多学科背景的网络媒介素养教育师资队伍，是确保青少年网络媒介素养教育得以顺利开展的重要条件。

（二）在思想政治工作中渗透网络媒介素养教育，实现两者间的有机融合

青少年网络媒介素养教育与思想政治工作实际上有许多相似、重叠之处，思想政治教育工作是网络媒介素养教育的思想引领，网络媒介素养教育是思想政治教育工作的重要途径，两者的有机融合完全可行。为实现两者的有效融合，

可以在学校思想政治教育课中加入网络媒介素养的内容；可以发挥青少年学生社团组织作用，开展主题丰富、形式多样、富有趣味性的网络媒介素养主题活动；可以在青少年思政工作网络平台上发布正面言论，在青少年间就网络媒体运用开展讨论交流；也可邀请青少年思政工作者、资深媒体从业者、社会成功人士等，在网上形势政策课上分享自己充分利用网络发展自己、服务社会的生动事例，以收感染、教育之效（杨维东，2013）。

（三）重视家庭教育作用，在潜移默化中提升青少年网络媒介素养

家庭在青少年网络媒介素养教育中的作用是潜移默化的，不仅需要家长有这方面的意识，而且家长自身也必须具备一定的网络媒介素养，这是前提。在此基础上，家长还必须做到言传身教，以身作则，成为孩子理性上网、健康上网的良好榜样；也可利用各种机会与孩子分享网络媒介信息及自己的使用心得，发表对当前网络媒介的看法；切忌视网络如洪水猛兽，强制隔断孩子与网络的联系，而应在孩子使用网络的过程中培养其较强的网络行为自制能力，鼓励孩子创造性地运用网络为自身学习、工作和生活服务。

（四）发挥政府和社会的组织、教育作用，为青少年网络媒介素养教育添砖加瓦

政府部门主要是要发挥其统筹协调作用，建立一套相应的监督协调机制来调配各种教育资源，扫除青少年网络媒介素养教育中的各种障碍，为青少年网络媒介素养教育创造良好的外部条件，提供必要的经费、政策保障，推动青少年网络媒介素养教育的快速有效落实。社会则应结合我国不同地区的具体情况，充分调动各种资源做好开展青少年网络媒介素养教育的宣传，倡导网络媒介切实履行社会责任，鼓励网络媒介素养相关公益性组织和团体参与到青少年媒介素养教育中来，筑牢青少年网络媒介素养教育的社会工程。

（五）以"网"施教，让青少年身临其境地受到感染和熏陶

网络媒介既是青少年向外界展现其网络媒介素养的主阵地，也是影响其网络媒介素养形成的重要因素，青少年网络媒介素养教育离不开网络媒介的参与。为此，网络媒介要大力创建和弘扬优秀的网络文化；还要为青少年网络媒介素养教育活动的开展提供必要的平台支持；也可组织青少年学生到主流官方网络媒体观摩网络媒介产品生产全过程，使其从中受到感染和教育（冯支越、彭雪松，2012；蒋宏大，2007）。实际上，这种教育形式还可进一步拓展到传统

媒体中，比如完全可通过专业性刊物、科普读物、电视节目对青少年进行网络媒介素养教育。

需要特别提到的是，网络媒体素养教育是一项系统工程，不能单独依靠某一方面的力量，而应该充分发挥学校、家庭、社会、媒体（尤其是网络媒体）等教育力量的作用，相关方分工协作。唯有如此才能形成合力，将网络媒介素养教育真正落到实处。同时，我们还要充分发挥青少年的主观能动性，通过丰富多样的教育活动引导青少年进行自我教育，引导他们在使用网络的过程中以自省自悟的方式实现网络媒介素养的逐步提升。

第五节　网络文化安全管理

网络文化是网络空间中形成的各种文化相关物的集合，当前网络文化正在经历从不完善到完善发展的过程，人们对于网络文化的认识也逐渐从不理性走向理性，从不成熟走向成熟。但从目前来看，网络文化传播中仍存在一定的思想糟粕和不确定因素，可能给我国网络文化安全带来一定威胁，应引起我们的高度重视。

一、网络文化

（一）网络文化的概念

所谓网络文化是通过网络信息技术传播的一切文化的总称，是互联网技术、新媒体技术与文化内容相结合的产物。网络文化外延十分丰富，包括网络文化行为、网络文化产品、网络文化事件、网络文化现象（如黑客、恶搞、粉丝、网红、段子、表情包等）、网络文化精神、网络文化产业、网络文化制度、网络文化秩序与格局等内容。

在主流的网络文化之外，还存在一种网络次生文化，它是指那些游离于文化核心圈之外的、次一级的、边缘化的文化。青少年网络次生文化实际上是青少年彰显自我个性需要在网络文化领域的一种自然表达，往往带有明显的宣泄、自嘲特点。网络次生文化虽并不都是消极的，但对青少年的网络伦理会起到一定的影响作用，若引导不当则可能给网络文化安全带来一定负面影响。

（二）网络文化的特点

与现实中的文化相比，网络文化具有以下明显特征（王延隆、廖阳晨、孙孟瑶，2018；彭兰，2017）。其一，符号化。所谓符号化，是指网络环境的文化信息是以文字符号作为存储和表现的形式进行传播的。其二，虚拟性。网络世界是人类利用信息技术构建的一个虚拟空间，网民在网络中的行为也是通过技术手段对于现实社会的模拟或抽象，依托于网络而存在的网络文化，无论从传播方式上、表现形式上还是具体内容上都具有明显的虚拟特征。其三，多元平等。网络文化的多元化表现在网络主体的多元化、网络形式的多元化，以及价值取向的多元化三个方面。在网络中各个国家、民族、意识形态的文化呈现出并存的、和谐共生的现象，在此基础上形成的网络文化也带有多元性和平等性特征。其四，开放性。不同于传统媒体时代自上而下的文化生产方式，网络技术的出现使得每一位网民均可在网络上发声，参与主流文化的生产。因此，网络信息传播时代的文化是全体网络用户共同参与的过程。从这个意义上说，网络文化又具有开放性的特点。其五，共享、互动。与传统媒体时代不同，信息传播与使用的权利仅掌握在少数人手中，网络的兴起打破了信息垄断和集权控制，不仅为人们提供了自由言论的平台，还扩大了公众对信息的选择机会，信息传播与使用权分散到了普罗大众手中，使他们既能参与到网络文化的生产过程中来，又能共同分享网络文化发展成果。不仅如此，网民还可以借助先进网络技术就这些网络文明成果开展深入、便捷的交流与沟通，在不同文化的角度和碰撞中进一步促进网络文化的繁荣发展。因此，网络文化不仅具有明显的共享性，还具有显著的互动特征。其六，集群性。在网络环境中存在众多群体以及临时形成的人群集合，正是借助于种种群体的力量，才使得网络上的声音具有了强大的影响力，成就了蔚为壮观的网络文化景观，网络文化的集群性由此而被凸显出来。

（三）网络文化的利与弊

网络文化作为一种独特的文化形态往往精华与糟粕同在，其对个体与社会的影响既有积极的一面也有消极的一面。积极的方面，网络文化可以通过其强大的交互性和渗透性宣传真善美，揭露假恶丑，从正反两方面对青少年的思想、道德、情感产生潜移默化的影响；可以通过提供全新的文化载体而为文化的传承做出贡献；可以通过提供丰富的教育内容、多元的教育渠道和创新的教育方法为青少年接触多元世界、感受多元文化提供便利（黄燕，2018)。消极因素方面，如网络中存在的一些文化糟粕和腐朽思想会对网民尤其是青少年网民产生腐蚀效应，造成其道德认知与价值观念的异化；网络文化传播自由、隐匿，任何人都可能通过网络来传播一些不良思想或过激言论，且监管相对困难，从而为个体道德行为失范提供了温床；当前网络文化充满了功利、浮躁和追求感官刺激的市井气息，缺乏理性的审美和最起码的思想深度，中华传统文化中的深厚底蕴被肤浅的浪漫、新奇、刺激所代替，长期构建起来的传统文化价值观念也因此面临瞬间崩塌的危险。总之，网络文化就如一把双刃剑，在发挥积极价值的同时也产生着消极影响（许建萍，2018；杨红英，2018）。

二、网络文化安全

近年来，随着网络信息技术的发展，网络在为社会带来极大便利的同时，网络安全隐患也在进一步上升。网络安全的内涵十分丰富，包括信息安全和个人安全（雷雳，2016）。其中，网络信息安全通常是由网络钓鱼行为、网络欺诈行为，以及恶意软件引发的。网络个人安全则与网络跟踪、网络欺凌、在线捕食、淫秽或令人愤怒的内容链接等密切相关。随着大数据时代的到来，网络安全的重要性越发明显，因为互联网安全事件动辄影响上千万人（郭旨龙，2014），关系到生活安全、公共安全、国家安全等方方面面。

网络文化安全是网络安全在文化领域的具体体现。近年来，我国学者纷纷对其进行了不同界定，其中一个简单的界定为：一个国家民族的网络文化能够系统正常运转并免受不良内容侵害，能够为民族国家的文化价值体系的持续发展提供动力，能够对国家文化利益产生积极正向影响的状态（丁烈云、赵刚，2007）。具体来说，网络文化安全包括网络物质文化安全、网络制度文化安全、网络精神文化安全三个层次（杨文阳、张屹，2007）。其中，网络物质文化安全是指与网络安全硬件设备和软件产品相关的安全问题，如防护墙技术是否成熟就属此类，它是网络文化安全的基石；网络制度文化安全是指与网络监管法律、法规、制度密切相关的网络文化安全问题，相对物质文化安全又更深一层，如相关法律法规能否有效防范网络犯罪就属此类；网络精神文化安全是指与个体心理行为或意识状态密切相关的网络安全问题，是网络文化安全的核心层面，如个体是否有足够的意识防范网络风险即为此类。还有学者（卢成观、黄德熊，2020），把文化自信和网络文化安全联系起来，将网络文化安全进一步归纳为网络政治文化安全、网络中华文化安全、网络伦理文化安全，分别对应马克思主义意识形态、中国特色社会主义文化、社会主流价值观。可见网络文化安全对文化自信、民族精神的重要性。

总之，网络文化安全是国家安全的重要组成部分，不仅关系到普通老百姓的切身利益，也是一个国家政治经济社会和谐发展的重要基础，更是全球化背景下，赢取网络意识形态斗争胜利的重要保障。

三、我国网络文化安全存在的主要问题

目前，我国网络文化安全建设和管理取得了显著成效，网民越来越趋于理性、网络观点态度愈来愈积极、网络正能量逐渐增加、网民社会意识不断提升（敖锋、焦新平，2018)，网络文化安全基本形势总体向好。但不可否认的是，我国网络文化安全仍存在诸多现实问题需要解决。

（一）我国传统文化和价值观受到网络文化传播的强烈冲击

传统文化是历史沉淀的精华，有着深厚的思想底蕴。然而，网络文化强调对当下热点话题的关注，常常来也匆匆去也匆匆，浮躁功利气息充斥其中，媚俗文化、低俗文化、庸俗文化频现，传统文化和价值观在网络空间常常处于被挤压的尴尬境地；同时，由于网络文化高度开放，西方文化也经由网络不断向国内渗透，宣扬西方资本主义的普世价值观、宗教文化，对我国传统文化和意识形态安全造成了严重威胁。因此，网络文化的传播给我国传统文化与价值观念的进一步传承和发展带来了不小的挑战。

（二）我国网络文化安全管理难以适应新形势发展要求

网络文化作为一个相对新生的事物，正悄无声息地改变着人们的工作、学习和生活方式，相应地也要求网络文化管理做出及时的响应，以适应这种变化。然而，我国网络文化管理在很多方面还没有完全转变过来，比如管理观念还比较落后，网络文化安全法律法规建设滞后，行政管制措施不够规范，技术管制受制于互联网和计算机核心技术的匮乏，等等。

（三）我国网络媒体从业者的职业素质堪忧

受功利主义思潮影响，为博取网民眼球，拉高网络流量，当前国内部分网络媒体从业人员，尤其是商业媒体从业者置最基本的职业道德和社会责任于不顾，无原则、无底线地迎合受众低级趣味，纷纷在娱乐节目、花边新闻上大做文章，甚至歪曲事实进行虚假报道、有偿报道，给我国的网络文化安全带来了极大危害。

（四）不良网络文化诱发我国青少年犯罪的风险依然存在

虽然近几年我国网络文化监管取得了不小成就，但不良信息在网络中仍难以禁绝，网络影视剧中血腥暴力的击杀，网络文学对病态色情行为及各式犯罪手段的描写，网络互动中的人肉搜索、恶意诽谤、造谣中伤、黑客攻击，网络宣传中迷信、邪教、诈骗、恐怖信息的泛滥随处可见。这对青少年网民造成不小的冲击，甚至可能成为青少年网民走上犯罪道路的诱因，大大增加了青少年网络与现实犯罪的风险。

此外，网络文化内容低俗化、娱乐化，网络文化产品质量参差不齐，网络信任机制缺失，网络思维理性势弱，网络民粹主义滋生蔓延，网络安全风险日益平民化，网络公共事件出现可能性增大等也是当前我国网络文化安全存在的不可小觑的实际问题（张筱荣、朱平，2015；胡春阳，2017；王燕、杨文阳、张屹，2008；周宗奎，2012)。

四、青少年网络文化安全体系构建

网络文化安全是一个世界性课题，不同国家纷纷从不同侧面对网络文化采取各种管理措施，以确保网络文化安全。例如，美国从法律层面和技术层面对于网络色情问题的管理采取了多种措施；新加坡、韩国等东南亚国家则从法律法规上加大了对网络文化安全的管理。网络文化安全管理涉及范畴十分广泛，当前我国针对网络文化安全管理的法律及相应监管措施还不完善，网络文化安全问题日益严峻。为此，近年来，不少学者纷纷围绕青少年网络文化安全体系的构建提出了自己独到的见解。

姚伟钧和彭桂芳（2010）提出网络文化管理应从物质技术保障、法律技术保障、网民素质保障三方面展开。首先，物质技术保障包括计算机硬件安全、计算机软件安全和网络通信技术安全。网络文化是以计算机和通信技术为基础的。目前计算机主要技术掌握在西方国家手里，中国在进口计算机技术的同时也进口了安全隐患，因此要实现网络文化安全必须要在网络技术上有突破，掌握网络信息的检测和过滤、网络信息的控制和阻断、网络病毒以及网络文化安全的预警等核心技术。唯有如此，才能不再受制于人，尽可能降低网络文化带来的安全威胁。其次，法律制度保障包括规范物质安全和规范行为安全的法律法规。过去我国已出台了许多互联网管理的法规（如《中华人民共和国网络安全法》《互联网电子公告服务管理规定》《计算机信息网络国际联网管理暂行规定》《互联网站禁止传播淫秽色情等不良信息自律规范》《关于网络游戏发展和管理的若干意见》等），这些法律法规在一定程度上有效约束和规范了网民的言行，对网络文化安全起到了一定的积极作用。但当前的网络立法仍存在片面且执行难等困难，制定一套专门规范网络文化管理的法规已经成为当务之急。再次，网民素质保障包括网络安全意识、网络伦理道德、网络安全行为三个方面。这要求尽快在全社会形成网络素养的基本共识，使网民对各种信息要有基本的警觉性和判断力，做好事先防范工作，及时修复安全漏洞、加强隐私信息保护、谨慎进行网络平台交易，警惕并远离一切涉黑、涉黄、涉赌、涉毒、涉意识形态颠覆的网民和网站；要正确认识网络价值和处理好网络生活与现实生活的关系，避免沉溺网络虚拟世界而造成身心伤害；同时也要求每个人都担负起网络道德的责任，用成熟的理性去支配自己的网络行为。对于青少年而言，网络文化安全管理则应立足思想阵地，从教育的角度入手，做好以下三方面（王延隆、廖阳晨、孙孟瑶，2018）工作。

第一，从网络文化的本质出发，树立青少年健康积极的网络文化生态观。具体来说，包括培育网络政治文化、培育积极向上的网络精神文化，以及培育与时俱进的网络法制文化。其中，树立健康的网络政治文化，是指结合当前国内国外的政治环境，在青少年群体中开展马克思主义理论宣传，引导青少年树立网络契约意识、网络政治参与意识以及网络信息理性鉴别意识、时代创新意识等，坚定青少年文化自信，使青少年网络文化具有鲜明的时代特色；培育健康的网络精神文化，是指通过对青少年人文类网络精神文化和技术类网络精神文化的影响，引导青少年远离网络成瘾、提升青少年群体的综合素质、帮助青少年树立坚定的理想信念，从而达到培育具有中国时代特色的、着眼于全球视野的网络精神文化的目的；创建健康的网络法制文化，是指针对当前网络文化中的不良现象，结合日新月异的网络环境，构建系统的网络法制文化，促进网络德育和网络文化的共生共存，为网络文化安全保驾护航。

第二，从青少年网络文化建设的内容出发，对青少年开展网络法制教育、网络伦理教育以及网络心理教育等。其中，网络法制教育即从整个社会主义法治教育的宏观层面入手，将与网络相关的法制教育纳入整个社会主义法制体系中，使网络法制观念融入青少年原有的法律观念之中；网络伦理教育即着眼于当前网络文化中存在的伦理道德缺陷，对青少年进行有目的的网络伦理教育；网络心理教育即对青少年群体中网络成瘾等负面状态进行心理干预和疏导，培养青少年良好的网络生活方式和网络心理素质。

第三，从青少年网络文化建设的过程出发，青少年网络文化安全管理可从以下四方面展开。其一，要通过及时转变教育者的施教观念、适应当前网络文化发展需求拓宽青少年网络文化建设的理念、思路，增强网络文化建设对青少年的吸引力；其二，通过运用临时性载体搭建青少年网络文化建设的实践平台，建立网络德育网站，充分发挥网络信息交互平台在网络文化建设中的优势作用；其三，通过立足国际视野，树立在吸收各国文化精髓的同时又警惕西方文化入侵的辩证思维，充分运用各种自媒体不断拓宽网络文化宣传渠道，寻求网络文化与艺术创作的结合，提高网络文化传播艺术性等多种方式，创新青少年网络文化建设形式和途径；其四，要做到以平等姿态认知青少年网络次生文化的内涵、以包容心态应对青少年网络次生文化的挑战、以人文关怀引导青少年网络次生文化的发展，充分尊重青少年自主创造的网络次生文化，并以此提高青少年参与网络文化建设的自觉性。

除此之外，对于网络媒体和政府管理部门而言，网络文化安全建设则应从以下两个方面展开。一是网络媒体要加强行业自律，在明确相关从业人员的职责和权限基础上，强化网络媒体审查义务，充分发挥外部监督作用，在严厉惩处违背职业道德传播行为的同时，对举报、曝光网络违法行为的个体与组织予以必要奖励（杨文阳、张屹，2007）。二是政府要创新管理理念，对网络进行自上而下的行政规制，系统谋划网络文化管理体系构建，积极开发适用于我国国情的网络文化安全预警平台，制定网络文化内容的技术分级标准，为网络内容监管和不良信息检测、过滤与阻断提供依据（杨文阳、张屹，2007；王岑，2009）。

参考文献

[1] Ross, E. A. (reprinted 1921). Social psychology: An outline and source book[M]. New York, NY: MacMillan, 1908.

[2] Smelser, N.J. Theory of collective behavior[M]. New York: FreePress，1963.

[3] 敖锋，焦新平 . 国家安全视角下的网络文化安全形势与对策 [J]. 国防科技，2018，39（3）：45-49.

[4] 曹茹，王秋菊 . 心理学视野中的网络舆论引导研究 [M]. 北京：人民出版社，2013.

[5] 陈晓慧，刘铁珊，赵鹏 . 公民教育与媒介素养教育的相关性研究 [J]. 中国电化教育，2013（4）：35-39.

[6] 邓纯余.论自媒体时代大学生网络舆论的生成与演化[J].中南民族大学学报：人文社会科学版，2018，38（5）：170-173.

[7] 邓希泉.网络集群行为的主要特征及其发生机制研究[J].社会科学研究，2010（1）：103-107.

[8] 丁烈云，赵刚.网络文化安全及其监管关键技术研究[J].信息网络安全，2007（10）：34-36.

[9] 董瑜.网络媒介视阈下地方政府形象改善路径研究[J].新媒体研究，2019，5（9）：84-85.

[10] 杜骏飞，魏娟.网络集群的政治社会学：本质，类型与效用[J].东南大学学报（哲学社会科学版），2010，12（1）：43-50.

[11] 杜骏飞.网络群体事件的类型辨析[J].国际新闻界，2009（7）：76-80.

[12] 段兴利.网络意见领袖的产生、特征及培养[J].科学·经济·社会，2010，28（3）：78-81.

[13] 冯支越，彭雪松.青年学生网络媒介素养培养路径研究[J].思想教育研究，2012（11）：67-70.

[14] 方建移.传播心理学[M].杭州：浙江教育出版社，2016.

[15] 关莹，祁凯.网络集群行为发生机制及引导策略研究[J].科技传播，2018，10（19）：8-11.

[16] 郭庆光.传播学教程[M].北京：中国人民大学出版社，1999.

[17] 郭旨龙.网络安全的内容体系与法律资源的投放方向[J].法学论坛，2014，29（6）：35-44.

[18] 胡春阳.用理性消解网络文化的消极面[J].人民论坛，2017（35）：20-122.

[19] 胡凯，等.大学生网络心理健康素质提升研究[M].北京：中国书籍出版社，2013.

[20] 黄澄辉.网络舆论发展过程及其治理[J].南华大学学报（社科版），2013，14（3）：54-57.

[21] 黄燕.高校网络文化的育人功能及其实现路径探析[J].思想理论教育，2008（9）：82-86.

[22] 黄永宜.浅论大学生的网络媒介素养教育[J].新闻界，2007（3）：38-39.

[23] 季静.大学生网络媒介素养教育目标探寻[J].江苏高教，2018（7）：91-93.

[24] 蒋成贵，李春华.网络意见领袖的现状及培养[J].思想教育研究，2016（7）：56-60.

[25] 蒋宏大. 大学生网络媒介素养现状及对策研究 [J]. 中国成人教育, 2007（19）: 54-55.

[26] 蒋雪梅. 当前我国网络舆论监督的特点及其发展趋势探析 [J]. 统计与管理, 2012（6）: 139-140.

[27] 雷雳. 互联网心理学: 新心理与行为研究的兴起 [M]. 北京: 北京师范大学出版社, 2016.

[28] 李红. 浅析我国网络舆论监督的特点 [J]. 太原理工大学学报（社会科学版）, 2014（6）: 81-83.

[29] 李华君. 网络舆情危机中政府形象修复的影响维度与路径选择 [J]. 现代传播（中国传媒大学学报）, 2013（5）: 69-72.

[30] 刘庆, 郭瑾. 高校大学生网络媒介素养教育研究 [J]. 新闻知识, 2012（8）: 58-59.

[31] 卢成观, 黄德雄. 文化自信背景下网络文化安全探讨 [J]. 长春理工大学学报（社会科学版）, 2020, 33（1）: 84-88.

[32] 卢峰. 媒介素养之塔: 新媒体技术影响下的媒介素养构成 [J]. 国际新闻界, 2015, 37（4）: 129-141.

[33] 罗昕. 网络舆论暴力的形成机制探究 [J]. 当代传播, 2008（4）: 78-80.

[34] 孟德华. 网络编辑何以成为另一种推手 [J]. 新闻实践, 2009（8）: 18-20.

[35] 倪建均. 青年学生参与网络集群行为的社会心理机制和风险管控 [J]. 当代青年研究, 2018（5）: 80-86.

[36] 彭兰. 社会化媒体时代的三种媒介素养及其关系 [J]. 上海师范大学学报（哲学社会科学版）, 2013, 42（3）: 52-60.

[37] 彭兰. 网络传播概论: 第 4 版 [M]. 北京: 中国人民大学出版社, 2017.

[38] 彭榕. 基于同群效应的网络舆论的形成与发展 [J]. 编辑之友, 2016（9）: 65-68.

[39] 生奇志, 展成. 大学生媒介素养现状调查及媒介素养教育策略 [J]. 东北大学学报（社会科学版）, 2009, 11（1）: 66-70.

[40] 谭伟. 网络舆论概念及特征 [J]. 湖南社会科学, 2003（5）: 188-190.

[41] 谭轶涵. 微博意见领袖的舆论引导作用探究: 以"杨超越网络走红"现象为例 [J]. 传媒, 2019（14）: 88-91.

[42] 王岑. 从人—机—环境看网络文化安全体系的构建 [J]. 福建论坛（人文社会科学版）, 2009（4）: 147-151.

[43] 王荟，伏竹君.网络舆论生态视域下的网络舆论引导问题探析 [J].甘肃社会科学，2015（6）：252-255.

[44] 王秋菊.网络编辑对网络舆论形成与传播的影响 [J].新闻界，2010（5）：44-45.

[45] 王延隆，李俊奎.微信舆论场的生成、传播与舆情管控：基于青年受众的研究视角 [J].湖北社会科学，2018（11）：193-198.

[46] 王延隆.名微博舆情调查及其对青年的影响 [J].当代青年研究，2013（2）：5-11.

[47] 王燕，杨文阳，张屹.中国网络文化安全发展现状及相关政策研究 [J].情报杂志，2008（4）：145-147.

[48] 王延隆，廖阳晨，孙孟瑶.网络德育与青年社会化 [M].北京：人民日报出版社，2018.

[49] 温静，龙军锋，卢鹏.大学生网络意见领袖的形成、现状及培养路径研究 [J].重庆理工大学学报（社会科学版），2015，29（12）：133-138.

[50] 夏天静，钱正武.大学生网络媒介素养的现状及其提升途径：以常州某高校为例 [J].黑龙江高教研究，2011（10）：148-150.

[51] 谢建芬.论网络集群事件中的社会控制机制构建 [J].前沿，2010（22）：80-82.

[52] 邢瑶.大学生网络媒介素养教育的现状、问题与对策 [J].传媒，2017（6）：83-85.

[53] 许建萍.网络文化对公民道德有何影响 [J].人民论坛，2018（14）：60-61.

[54] 许志红.网络集群行为的社会心理机制分析 [J].学术论坛，2013（3）：181-185.

[55] 薛宝琴.网络舆论引导机制研究 [M].北京：人民日报出版社，2018.

[56] 严峰.网络群体性事件与公共安全 [M].上海：上海三联书店，2012.

[57] 杨红英.推进网络文化建设增强社会主义核心价值观凝聚力 [J].学校党建与思想教育：下，2018（8）：20-23.

[58] 杨维东.“90后”大学生的网络媒介素养与价值取向 [J].重庆社会科学，2013（4）：36-42.

[59] 杨文阳，张屹.试论网络文化安全的有效途径 [J].现代远距离教育，2007（5）：73-75.

[60] 姚伟钧，彭桂芳.构建网络文化安全的理论思考 [J].华中师范大学学报（人文社会科学版），2010（3）：71-76.

[61] 尹秀娟.青年学生网络意见领袖的作用及其培养路径 [J].铜陵学院学报,
     2013（5）：127-129.

[62] 于翠玲，刘斌.大学生媒介素养概论 [M].北京：北京师范大学出版社,
     2010.

[63] 余树英.不同类型网络意见领袖的影响力及发生机制 [J].中国青年研究,
     2018（7）：90-94.

[64] 乐国安，薛婷，陈浩.网络集群行为的定义和分类框架初探 [J].中国人民公
     安大学学报（社会科学版），2010，26（6）：99-104.

[65] 张筱荣，朱平.网络文化低俗化论析 [J].甘肃社会科学，2015（2）：230-
     233.

[66] 张雪黎，肖亿甫.信息化发展对大学生网络媒介素养的影响 [J].中国青年社
     会科学，2020（1）：78-84.

[67] 郑欣.集群行为：要素分析及其形成机制 [J].青年研究，2000（12）：33-
     37.

[68] 周丽娟，张烨，胡雯雯.网络舆论反转的心理效应及调控策略 [J].青年记者,
     2017（20）：11-12.

[69] 周晓虹.集群行为：理性与非理性之辨 [J].社会科学研究，1994（5）：53-
     57.

[70] 周宗奎.网络文化安全与大学生网络行为 [M].广州：世界图书出版广东有限
     公司，2012.

[71] 周宗奎.网络心理学 [M].上海：华东师范大学出版社，2017.